页岩储层多尺度多物理参数正反演技术

刘喜武　刘　炯　刘宇巍　霍志周　张金强　张远银　著

石油工业出版社

内容提要

本书针对页岩储层，以岩石物理学为基础，研究页岩储层的地震响应机理与规律；以各向异性为核心，研究水平层理发育强度、正交各向异性和裂缝参数反演，实现多尺度融合；以叠前反演为手段，构建了储层预测模型，并进行了应用。

该书理论和实际结合，可供地震勘探科研人员及高等院校相关专业的师生参考。

图书在版编目（CIP）数据

页岩储层多尺度多物理参数正反演技术 / 刘喜武等著 .—北京：石油工业出版社，2022.1

ISBN 978-7-5183-4950-0

Ⅰ . ①页… Ⅱ . ①刘… Ⅲ . ①油页岩 – 储集层 – 地球物理勘探 Ⅳ . ① P618.130.2

中国版本图书馆 CIP 数据核字（2021）第 238411 号

出版发行：石油工业出版社

（北京安定门外安华里 2 区 1 号　100011）

网　址：www.petropub.com

编辑部：（010）64251539　　图书营销中心：（010）64523633

经　　销：全国新华书店

印　　刷：北京晨旭印刷厂

2022 年 1 月第 1 版　2022 年 1 月第 1 次印刷

787×1092 毫米　开本：1/16　印张：9.5

字数：220 千字

定价：100.00 元

（如出现印装质量问题，我社图书营销中心负责调换）

前言 /PREFACE

20 世纪 90 年代以来，由于钻井和压裂改造技术的进步，泥页岩这种在传统意义被认为是烃源岩和盖层的地层获得重新认识，泥页岩层也可成为油气资源的一种重要储层。新认识、新技术带来的页岩油气的成功开发，已演变成为一场新的化石能源革命。

以地震勘探为主的地球物理技术在页岩油气勘探开发中发挥了不可替代的重要作用。从页岩油气勘探选区评价到钻完井设计，从测井识别页岩储层到“甜点”段评价，从地面三维地震“甜点”分布综合评价到微地震压裂裂缝监测，地球物理技术已经融入页岩油气勘探开发的各个阶段，成为页岩油气选区、选目标、井位设计、储层评价和压裂改造不可或缺的技术手段。

然而，页岩油气“甜点”要素地震预测技术还面临着较大的困难和挑战，“甜点”预测的精度、可靠性和技术的有效性不高，背后的科学问题表现为地球物理响应机理规律不清，地质—工程“甜点”要素多，敏感属性参数厘定十分困难，页岩储层关键参数及裂缝多尺度多物理参数协同反演、融合预测的方法尚未建立。

在国家重大专项课题（2017ZX05049002）和国家自然科学基金委员会—中国石油化工股份有限公司石油化工联合基金项目（U1663207）资助下，对上述两个科学问题进行了攻关研究。本书重点介绍该项目的研究成果。全书共分 6 章：第一章绪言，阐述页岩储层地震勘探面临的问题和挑战；第二章页岩储层地震岩石物理计算方法，阐述页岩储层岩石物理正演及多尺度多物理参数协同反演方法；第三章介绍一种针对页岩储层地震资料全频带拓频处理技术；第四章给出页岩储层裂缝地震预测技术系列；第五章阐述页岩储层流体检测技术；第六章页岩油气“甜点”预测模型与综合评价，主要包括高精度弹性参数反演、“甜点”要素预测模型、地层压力预测方法，以及“甜点”综合评价。

本书由刘喜武、刘炯主持编写。各章节的主要执笔人如下：第一章刘炯、刘喜武；第二章刘喜武、刘炯、刘宇巍；第三章霍志周、刘喜武；第四章刘宇巍、刘喜武；第五章刘炯、刘宇巍；第六章张远银、张金强、刘喜武。全书由刘喜武、刘炯统稿、定稿。

本书编写得到中国石油化工股份有限公司石油勘探开发研究院、中国石油化工股份有限公司江汉油田、吉林大学、同济大学、中国科学院地质与地球物理研究所等单位的大力支持和帮助，在此一并表示衷心的感谢。

感谢石油工业出版社的编辑同志的耐心和卓有成效的工作，使本书得以出版。

由于著者水平所限，错误和不妥之处敬请各位读者批评指正。

目录 /CONTENTS

第一章　绪　　言

近年来，美国在页岩这种非传统化石能源开采上的突破性进展被称为“页岩革命”。页岩革命起先局限在“页岩气革命”，后来在页岩油的开采上也取得了成功，由此业内人士将页岩油气的成功统称为“页岩革命”。2020 年全球页岩气产量为 $7700\times10^8m^3$，占天然气总产量的 18%。2019 年美国页岩油产量为 4.16×10^8t，占美国石油总产量的 63.3%（贾承造，2021）。“页岩革命”对美国产生了巨大的影响。它的发展扭转了美国石油、天然气产量下降的趋势，使得美国由能源净进口国变为净出口国。2009 年美国超过俄罗斯成为世界第一大产气国，2015 年美国超过俄罗斯成为 OPEC 外的第一大产油国。美国能源安全提升后，在国家战略选择上能减少能源因素的掣肘，帮助美国外交战略中心从中东转到亚太地区。“页岩革命”带来的美国本土能源价格降低减少了制造业成本，使得美国制造业回流，帮助美国从次贷危机的经济低迷中恢复过来，增加了美国实力（尹冰洁，2017）。

“页岩革命”不仅改变了美国能源结构，而且改变了世界能源格局。页岩革命扩大了商业可采油气能源的外延，颠覆了以往非常规油气资源只是常规化石能源的补充的认知。曾经被称为非传统油气资源，但储量巨大的页岩油气藏一改长期被忽略的命运，变身为油气宝库，人们对化石能源耗竭的恐慌大大缓解。美国的“页岩革命”带动了世界页岩油气藏勘探、开发的高潮。“页岩革命”正在改变全球能源市场、重绘能源版图。

第一节　页岩气藏特点与勘探开发概况

页岩气是一种特殊的非常规天然气，赋存于有机质丰富的泥岩或页岩中，具有相对运移距离短、自生自储、无气水界面、大面积连续成藏、低孔、低渗等特征，一般无自然产能或低产，需要大型水力压裂和水平井技术才能进行经济开采，单井生产周期长，生产周期可达 30a 以上（Kaiser，2012）。

页岩气成因多样，可以是早期的生物作用生成的生物气，也可以是有机质进入生油窗之后的热成因气，也可具有石油、沥青等经裂解之后形成的裂解气。这些不同成因的页岩气除极少部分呈溶解状态赋存于干酪根、沥青和结构水中外，绝大部分天然气以吸附状态赋存于有机质颗粒的表面，或以游离状态赋存于孔隙和裂缝之中。此外页岩气藏还表现为“原地”成藏模式，即在含气页岩中，页岩兼具烃源岩、储层、盖层的角色。因此，有机质含量高的黑色页岩、高碳泥岩等常有利于页岩气发育。

美国是最早进行页岩气资源勘探开发的国家。早在 1821 年 Hart 在纽约州 Fredonia 镇钻探了美国陆上第一口油气井，首次成果获取了页岩气。20 世纪 40 年代，部分企业开始将页岩气作为一种非常规油气资源开始真正意义上的探索，并相继在 Antrim、Barnett 和

Devonian 等页岩气田进行了开发试验（Paul，2012）。20 世纪 90 年代末，米歇尔能源开发公司在 Fort Worth 盆地的 Barnett 页岩进行钻探，并采用水力压裂技术进行了开发，经大型水力压裂的气井前 120d 日均产量达到 $4.2\times10^4m^3$，至此 Barnett 页岩气田商业开发获得突破。2002 年收购了米歇尔能源开发公司的 Devon 能源公司进一步发展了水平井多段压裂技术，使得 Barnett 页岩气井产量大幅提高，也使得页岩气可采储量大为提高（Hughes，2014）。

Barnett 页岩气开发的成功经验，尤其是水平井多段压裂技术，在 Haynesville、Marcellus、Utica 等页岩气田中迅速得到了推广应用，美国页岩气产量迅猛增长，页岩气资源实现了高效开发，产量从 2002 年的 $54\times10^8m^3$ 跨越到 2016 年的 $4447\times10^8m^3$。尽管随后世界油气价格走低，但美国页岩气产业仍保持快速发展。

美国页岩气的商业开采引起了中国相关机构的重视。早在 2003 年，中国一些学者和科学机构开始借鉴美国成功经验，引入页岩气概念（张金川等，2003；李大荣，2004）。随后美国页岩气基础理论及勘探开发实践经验被介绍到中国，这为中国页岩气勘探开发起步工作奠定了基础。同时，中国主要石油企业、石油与地质类高等院校、国土资源部与国家能源局等相关机构，在四川盆地及周缘、湘西地区、鄂尔多斯盆地等区域开展了前期勘探评价。通过资料复查、地质钻探等手段取得了早期页岩气地质评价与页岩气资源潜力等关键参数，并将重点选定在威远、长宁—昭通、富顺—永川、涪陵、巫溪等区块，并进行了先导性试验（王晓川等，2018）。2009—2012 年，国土资源部开展了全国页岩气资源潜力调查，结果表明：中国陆上页岩气地质资源量为 $134.42\times10^{12}m^3$，约为常规天然气地质资源量的 2 倍，可采资源量为 $25.08\times10^{12}m^3$。2009 年中国石油与壳牌公司在四川盆地富顺—永川区块启动了中国第一个页岩气国际合作勘探开发项目。2010 年中原油田完成了中国石化首口页岩气井——方深 1 井的大型压裂。2012 年中国石化经过多年不断探索，以重庆涪陵地区的五峰组—龙马溪组为目的层钻探了焦页 1HF 井，获得日产量 $20.3\times10^4m^3$，自此中国第一个商业页岩气田——涪陵页岩气田被发现并大规模有效开采。随后中国石化又成功对威荣区块的五峰组—龙马溪组的海相页岩气进行了有效开发。截至 2019 年底中国石化探明页岩气地质储量为 $7255\times10^8m^3$，2019 年生产页岩气 $73.4\times10^8m^3$，2020 年产量达到 $84.1\times10^8m^3$。2014 年中国石油启动了川南地区 $26\times10^8m^3/a$ 页岩气产能建设。随后又对长宁、威远和昭通地区实施页岩气产能建设。截至 2019 年底，中国石油累计探明页岩气地质储量为 $10610\times10^8m^3$，2019 年生产页岩气 $80.3\times10^8m^3$，2020 年生产页岩气 $116.1\times10^8m^3$。

目前世界页岩气产业蓬勃发展，已有 30 多个国家开展了页岩气业务。2020 年世界页岩气总产量为 $7688\times10^8m^3$，其中美国 $7330\times10^8m^3$，中国 $200\times10^8m^3$，阿根廷 $103\times10^8m^3$，加拿大 $55\times10^8m^3$。中国已经成为全球第二大页岩气生产国。

第二节　页岩油藏特点与勘探开发概况

页岩油是指赋存于富有机质页岩层系中的石油。在富有机质页岩层系烃源岩内的粉砂岩、细砂岩、碳酸盐岩单层厚度不大于 5m，累计厚度占页岩层系总厚度比例小于 30%。

无自然产能或低于工业石油产量下限，需采用特殊工艺技术措施才能获得工业石油产量（杜金虎等，2019）。

和页岩气一样，页岩油藏同样具有相对运移距离短、自生自储、无气水界面、大面积连续成藏、低孔、低渗等特征。和页岩气不同的是，页岩油需要一定的成熟度范围，页岩油成熟度低则为低成熟度页岩油，具有高密度、高黏度的物性特点，其流动性将受到限制，可开发性降低；如果页岩油成熟度高则演化为页岩气，因此页岩油藏的分布较为局限。根据北美页岩油勘探经验，一般认为成熟度在0.8%～1.2%的页岩具有较好的开发潜力（聂海宽等，2016）。此外页岩油和页岩气储集方式也存在显著的差异，页岩气主要以吸附态和游离态赋存，强调了吸附作用的重要性，而页岩油主要以游离态赋存，对渗透要求较页岩气高。

美国是最早进行页岩油开采的国家，也是目前页岩油产量最大的国家。美国页岩油分布广泛，主要产区包括威利斯顿盆地巴肯、墨西哥湾盆地鹰滩、二叠盆地博恩斯普林和沃尔夫坎普、丹佛盆地奈厄布拉勒和阿纳达科、东部阿巴拉契亚盆地尤提卡等区带。这些产地的页岩油具有油质较轻、含油饱和度高、气油比高、地层压力系数大、流动性好等特点，页岩层 R_o 多介于0.9%～1.3%（黎茂稳等，2019）。

美国页岩油开发经历了一个较长的准备期，到20世纪八九十年代，随着水力压裂和水平井技术的逐步成熟，页岩油开发才逐步崭露头角，但很长时间内并没有形成规模产能。在页岩气取得突破后，2000年巴肯组中段利用水平井成功商业开发了Alm Coulee油田，2006年鹰滩区带开始生产页岩油，2007年通过水平井分段压裂等手段巴肯组页岩油产量超过 2×10^4 bbl（EIA，2019a）。页岩油开始进入规模化商业开发阶段。2010年后美国页岩油进入快速增长阶段，2016年美国页岩油产量达到 2.12×10^8t，占美国石油总产量的52.6%。2018年美国页岩油产量达 3.2×10^8t，占石油总产量的64.7%，预测到2040年页岩油日产量将达到 129×10^4t，在美国石油总产量中占比约为67.3%（EIA，2019b）。

加拿大是美国之外最大的页岩油生产国，日产量在约 40×10^4 bbl水平波动。2014年以来，加拿大油砂的投资持续下降，而页岩油投资从2016年开始增长，到2018年增长了约100亿加元（Merryn等，2018）。近期壳牌公司、雪佛龙公司等在杜维纳页岩区开展了大量前期工作。阿根廷是北美以外首个实现页岩油商业开发的国家，目前阿根廷页岩油日产量约为 5×10^4 bbl。阿根廷页岩油主要位于中南部内乌肯盆地的瓦卡穆尔塔（Vaca Muerta）页岩区，是全球第四大页岩油资源区，与美国鹰滩页岩区具有一定相似性（EIA，2019c）。阿根廷积极吸引外资开发页岩油资源，预计2022年日产量可以达到 6×10^4 bbl。

中国页岩油资源非常丰富。据自然资源部估计，中国页岩油地质资源量为 397.46×10^8 t，可采资源量为 34.98×10^8 t，页岩油是中国油气勘探的重点领域（周志等，2017）。借鉴美国页岩革命的成功经验，中国油气行业于2010年前后陆续启动了页岩油勘探开发的探索工作。中国石化在济阳坳陷古近系沙河街组、江汉油田古近系潜江组、泌阳凹陷古近系核桃园组相继突破、出油。中国石油在准噶尔盆地吉木萨尔凹陷二叠系芦草沟组发现了中国第一个页岩油田，三级储量达 10×10^8t（匡立春等，2012）。随后，在鄂尔多斯盆地三叠系长 7 段、松辽盆地白垩系青山口组、沧东凹陷孔店组烃源岩层系也分别突破了出油关。在全国页岩油资源中高成熟度页岩油是中国页岩油战略突破的重点领域，中低成熟度页岩油规模经济开发具有更大潜力（金之钧，2019）。和美国页岩油主要富存于海相页岩，分布范围大，成熟度高，石油密度小，含蜡低，黏度低不同，中国页岩油主要分布在构造演化相对复杂的陆相盆地，分布范围小，成熟度低，石油密度大，含蜡高，黏度高，这使得中国页岩油勘探不能照搬美国的成功经验，页岩油勘探还存在巨大挑战。为此，中国石油、中国石化及相关油田正在制定页岩油勘探开发的计划，有针对性地研发适合中国页岩油特征的技术，有望在不久的将来取得进一步的突破。

第三节　页岩油气地震勘探面临的挑战和解决思路

地震勘探主要指通过观测和分析人工地震产生的地震波在地下的传播规律，推断地下岩层的性质和形态的地球物理勘探方法。相对于重力、磁法和电法勘探等地球物理方法，地震勘探具有探测深度大、精度高的特点，无论在石油物探普查还是在详查阶段都是最重要、最有效、应用最广的方法。

地震勘探在传统常规油气的勘探开发方面发挥了重要作用，但非常规油气勘探开发实践表明，许多建立在常规油气基础上的地震勘探方法面临新的挑战。对于页岩油气而言，地震勘探技术方法，特别是“甜点”预测评价技术，存在精度低、有效性和针对性差等问题。

（1）地震响应机理规律不清，地质—工程“甜点”要素多，敏感属性参数厘定十分困难。页岩微观矿物组成十分复杂、非均质性突出，宏观表现为水平层理发育、正交各向异性强，导致地球物理响应机理规律不清。具体表现为现行岩石物理模型应用于页岩油气储层预测的局限性，没有综合考虑纹理、裂缝、孔隙和有机孔等共同存在的复杂情况和针对性；页岩油气层地震波传播的规律和响应特征不能用常规模拟手段描述。

（2）页岩油气层关键参数及裂缝多尺度多物理参数协同反演、融合预测的方法尚未建立。页岩纹层发育及裂缝与油气富集关系密切，纹层发育、裂缝、流体性质及可流动性预测难度大，需要发展提高裂缝预测精度，发展纹层发育程度地震预测方法，探索裂缝参数、流体性质与可动性识别方法，发展裂缝多尺度综合预测方法。敏感弹性参数反演精度和预测模型影响“甜点”预测精度，关键页岩性质参数和裂缝预测的多尺度多物理参数协同反演方法尚未建立，需要发展岩石物理正反演、地震正反演技术，研发岩心、测井、地震融合预测技术，实现关键参数和裂缝预测。

本书以岩石物理为基础，研究介绍页岩油气储层的地震响应机理与规律；以各向异性为核心、研究水平层理发育强度、正交各向异性和裂缝参数反演，实现多尺度融合；以叠前反演为手段，构建预测模型，并进行应用。具体包括如下内容。

（1）地震岩石物理计算方法。基于岩石物理模型的地震响应特征的分析，微观尺度与地震宏观尺度不匹配，并不能完全反映地震尺度的响应特征；且基于实验室物理测量的方法和基于数字岩心图像处理的岩石物理计算方法，均不能直接获得地震波场的动态岩石物理弹性参数，需要获得真实地震波场尺度和频率段下的页岩油气层岩石物理参数和地震响应规律。利用地震波场数值模拟计算方法获取弹性参数，解决岩石物理实验测量面临的样品不足、尺度效应等问题，特别是对各向异性等特征的测量。可以通过小尺度地质数值建模、非均匀网格介质等效地球物理参数建模、非均匀非结构网格地震波场数值模拟、地震波岩石物理计算方法，建立一套有别于实验岩石物理、数字岩石物理的地震波岩石物理计算方法。

（2）各向异性动态等效岩石物理模型。宏观上，重点考虑 VTI 各向异性沉积层理纹理背景下，发育水平层理缝、垂直裂缝和微裂缝，构成复杂各向异性正交异性介质的特征；微观上，考虑 TOC、复杂矿物成分、微裂隙、基质孔、有机孔；同时考虑不同尺度的储集空间流体的流动效应；构建页岩油气层多尺度各向异性动态岩石物理等效模型，使得该模型能够表征正交各向异性、不同频带频散与衰减；基于各向异性岩石物理模型，采用有效的地震正演模拟方法，在测井尺度上研究地震响应特征，计算分析弹性参数及其与岩石性质、“甜点”要素之间的关系。基于岩石物理模型，实现测井曲线岩石物理反演，获得实际资料各向异性纵横波速度、岩石弹性参数、页岩孔隙结构参数、裂缝密度参数、各向异性参数、流体参数等，用于敏感弹性参数优选与岩石物理量版分析。在岩石物理模型构建中，要充分考虑页岩油和页岩气的差异性，在页岩油岩石物理模型构建中，除了基本矿物成分的差异，必须考虑水平层理的发育和流体流动性问题。

（3）正交各向异性介质反演。考虑页岩层系是一套正交各向异性介质，以往采用 HTI 各向异性介质理论和方法进行裂缝预测存在较大的误差，本书研究考虑采用正交各向异性介质理论。然而，正交各向异性反射系数公式十分复杂、参数多，无法实用化和求解。通过 AVAZ 正演模拟分析，推导反射系数公式，进一步反演各向异性参数，实现叠前正交各向异性裂缝预测。

（4）水平层理发育强度。水平层理纹理发育程度表征对传统地面地震采集是一个挑战。传统地表地震采集技术在不同方位可以反映垂直裂缝的发育，但对于与入射角有关的水平层理缝 VTI 各向异性淹没在沉积背景下，无法从地震叠前资料中进行解耦合反演。通过岩石物理正反演建立水平层理缝密度与各向异性参数的关系，VTI 叠前地震反演各向异性参数，得到层理纹层发育强度。

（5）裂缝多尺度融合预测。岩心描述裂缝参数粗化为测井曲线类型，指导、标定测井曲线裂缝评价；岩心裂缝密度控制常规测井定性评价曲线类型及参数选取；岩心描述裂缝宽度标定定量预测裂缝张开度、孔隙度，计算结果与井分析联动显示，评价裂缝储集性能；岩心描述裂缝密度与常规测井曲线等组成训练样本集，BP 神经网络预测裂缝发育密度，评价裂缝储集性能；岩心描述玫瑰图及标定测井计算玫瑰图。测井裂缝玫瑰图标定叠后属性裂缝发育方向。岩心标定、成像测井或常规测井获得裂缝密度曲线，利用地震属性进行优选，测井评价曲线与地震属性进行智能学习，实现裂缝密度多尺度融合智能预测。

（6）流体性质定量表征。推导地震反射波振幅随频率的表达式，并将振幅随频率的变化属性用于流体检测；将裂缝密度、裂缝长度、裂缝走向、流体性质等参数通过岩石物理模型引入到 HTI 介质反射系数方程中，根据方位、入射角度和频率分布的地震数据，实现裂缝参数和流体性质的定量反演和流体识别。

（7）高精度叠前弹性参数反演。大部分“甜点”要素与速度和密度参数相关。提高密度反演的精度十分关键。构建新的先验约束条件，建立新的非线性数学框架，提高密度反演精度。

（8）裂缝及“甜点”要素多尺度融合综合预测与评价。基于岩石物理分析，构建预测模型。对于裂缝“甜点”预测采用不同尺度融合构建新的裂缝“甜点”。对于地层压力，在一般地层压力预测理论的基础上，采用弹性参数拟合的思路。在“甜点”综合评价方面，将页岩地质和工程“甜点”要素归一化，依据其与原生和保存条件的相关性加权定量，探索综合评价。

本书后续章节将对上述进展进行详细的阐述。

第二章　页岩储层地震岩石物理计算方法

岩石物理学研究岩石各种物理性质之间的相互关系，比如研究孔隙度、渗透率等储层参数是如何同地震波速度、电阻率、温度等物理参数相关联。而地震岩石物理（seismic rock physics）特指研究弹性参数与储层参数之间的关系，是联系地震响应与地质参数的桥梁，是进行定量地震解释的基本工具，更是非常规页岩气储层研究的必需手段。

本章分别介绍基于地震波传播的页岩地震岩石物理计算方法、页岩储层等效岩石物理建模技术，以及基于岩石物理的从测井到地震多尺度多物理参数协同预测方法。

第一节　基于地震波传播的岩石物理计算方法

本节基于地震波传播的岩石物理计算方法是一种不通过岩石物理实验和数字岩心图像处理，而是直接通过数值模拟岩石中的地震波场特征，获得地震尺度岩石物理参数及其响应特征的方法。该方法基于岩心资料，首先构造页岩储层厘米—毫米级小尺度数值地质模型，随机加入有机质、有机孔、层间缝、垂直缝和基质孔隙等地质要素，在小尺度网格采用等效介质理论建立地球物理参数模型。然后进行不同角度非均匀平面地震波传播模拟，直接获取波长尺度的页岩模型真正地震岩石物理参数。通过改变地质参数，获得相应的地震波场响应特征，最后计算得到纵横波速度、弹性参数和各向异性参数。下面具体介绍基于地震波传播的岩石物理计算方法。

一、页岩储层小尺度地质建模和数值化

页岩储层有别于其他储层的核心是其强烈的非均质性，这一非均质性导致较大尺度的模型不能通过岩心简单放大“复制”来得到。因此针对岩心的实验测量结果，往往不能准确反映实际页岩储层的地球物理特征；由于非均质性，尺度效应变得更突出，这也限制了实验测量的可靠性；而基于均质模型的理论推导，由于没有充分考虑储层的非均质性，只能得到近似的岩石物理模型（一般通过假定岩石基质是 VTI 各向异性来考虑非均质）。图 2–1 是几个典型的页岩岩心照片，照片展示了页岩的层状、纹层状构造特征及其非均质性。

要通过数值模拟的方法来研究地震波在复杂页岩储层的传播过程和响应特征，进而得到页岩储层的岩石物理特性，需要解决两个关键问题，一是如何获得精细考虑小尺度非均匀的数值化的岩石物理模型，二是如何针对这一复杂介质进行地震波传播模拟。其中问题二可以采用比较成熟的有限差分、有限元、伪谱法等方法来实现，下面主要介绍第一个问题的解决方法。

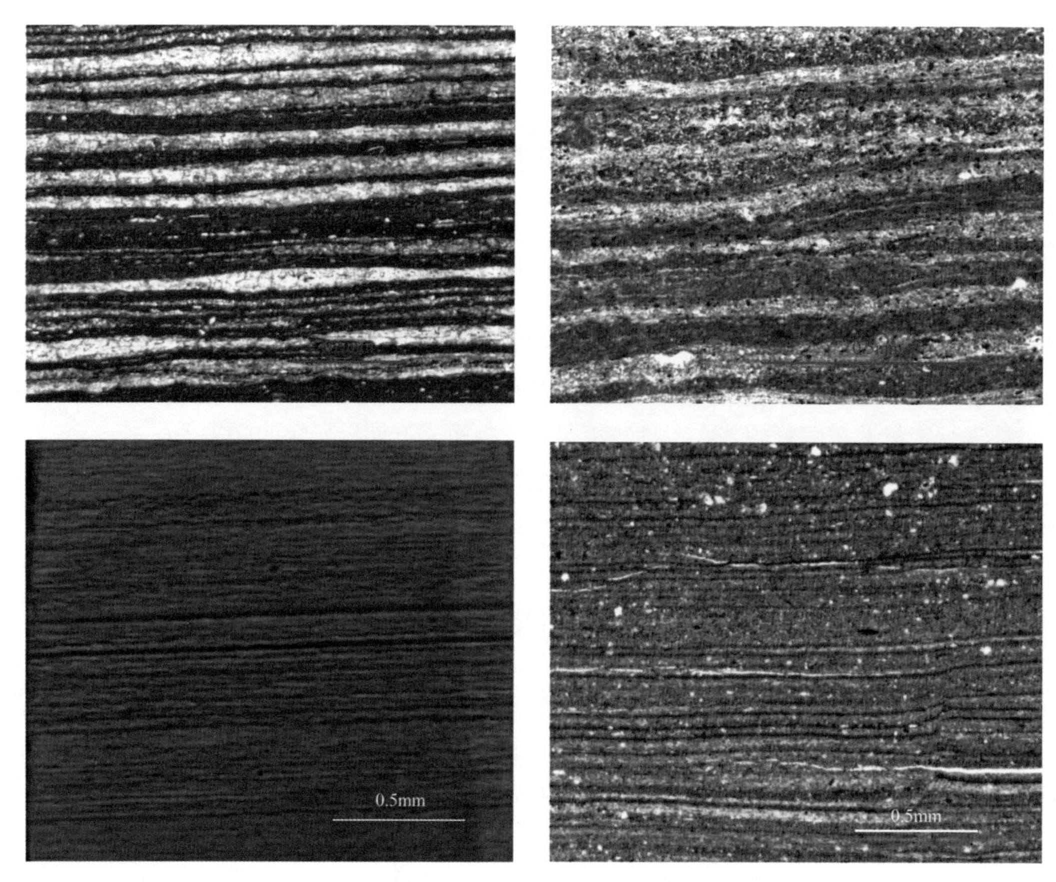

图 2-1　页岩储层岩心照片

1. 小尺度地质建模方法

页岩储层有别于常规岩石物理研究的关键是其“非均质”，数值建模应体现这一主要特征；以往的岩石物理研究是从“均质”出发，可将岩心简单放大“复制”，获得“地震波长”尺度的模型，而考虑“非均质”的页岩模型，不能通过“复制”岩心样品获得大尺度模型，必须从地层沉积的随机过程出发，而岩心样品，是用来获得这一随机过程的关键控制因素的依据。

从“均质”到“非均质”将使得岩石模型出现太多的变化，不同尺度下“非均质”将有不同的表现，因此在建模中将抓住页岩储层非均质的关键因素：（1）纹层结构；（2）层结构；（3）页岩矿物组分。

地质构造可以在不同尺度下无限细分，在建模中将抓住主要特征，将“层”的尺度定义在分米量级，将“纹层”的尺度定义在毫米量级，而横向非均质的尺度定义在十米量级。

矿物组分主要考虑几种主要成分，针对现有样品，采用的组分为：（1）黏土；（2）方解石；（3）石英；（4）有机质。

表 2-1 是基于一组实际岩心测量得到的主要岩相组合和分类，这一测量结果支持了上述建模策略。

表 2-1　岩相组合和分类

分类	厚度（m）	主要岩相组合类型	X 衍射全岩矿物组成（%，均值）			TOC（%）	结构构造	
			黏土矿物	石英	方解石		纹层状样品比例（%）	纹层组成
Ⅰ	35	纹层状泥质灰岩相	17.0	16.8	57.6	3.40	91	泥质纹层 + 灰质纹层
Ⅱ	52.5	纹层—层状泥质灰岩相	20.3	18.6	50.1	3.40	42	泥质纹层 + 灰质纹层 + 泥灰质纹层
Ⅲ	5	层—纹层状（含）泥质灰岩相	10.6	16	66.2	1.50	65	灰质纹层 + 泥质纹层
Ⅳ	47	纹层—层状（含）泥质灰岩相	13.0	14.9	61.8	1.60	45	灰质纹层 + 泥灰质纹层
Ⅴ	58.5	层状泥质灰岩、灰质泥岩相	23.9	20.3	44.1	3.76	5	泥质纹层 + 泥灰/灰泥质纹层

2. 基于马尔科夫链过程的地质模型数值化

将以上述建模策略为基础，利用地层沉积的马尔科夫链过程（邵树勋，1997）和矿物成分含量，来随机生成小尺度、精细地质模型。

将采用二维马尔科夫链模型生成小尺度地质模型。为此，将以一定长度的“层”和“纹层”为单元，而每个“层”和“纹层”又可以由不同的岩相构成，不同类型岩相的“层”或“纹层”单元构成了模型的基本单元；用 model（i,j）表示地质模型，model（i,j）对应某类岩相的“层”或“纹层”单元。在每个二维空间位置（i，j），由纵向和横向转移概率矩阵联合确定不同新事件（即各类不同岩相的基本单元）的发生概率，将这些概率顺序排列，组成一个长度为 1 的数轴；利用计算机产生随机数，随机数落在数轴的哪个区间中，该处就生成哪类基本单元。

令 $Z_{i,\ j}$ 表示 model（i，j），S_l 为基本单元类型，p_{mk}^{v} 是纵向转移概率矩阵中（m，k）处的元素，p_{lk}^{h} 是横向转移概率矩阵中（l，k）处的元素，则（i，j）处产生 S_k 的概率为

$$P_r\left(Z_{i,j}=S_k|Z_{i-1,j}=S_l,Z_{i,j-1}=S_m,Z_{N_x,j}=S_q\right)$$
$$=\frac{p_{lk}^{h}\left(p_{kq}^{h}\right)^{(N_x-i)}p_{mk}^{v}}{\sum_f p_{lf}^{h}\left(p_{fq}^{h}\right)^{(N_x-i)}p_{mf}^{v}}\qquad k=1,\cdots,n \tag{2-1}$$

式中，$Z_{N_x,\ j}$ 为远离的右侧边界处已知的基本单元类型；$Z_{i-1,\ j}$ 为紧邻的左侧邻域的已知的基本单元类型；$Z_{i,\ j-1}$ 为其上层的已知的基本单元类型；$\left(p_{kq}^{h}\right)^{(N_x-i)}$ 为（N_x–i）幂次方。

实际工作中，对多数不能明确给出横向转移概率矩阵的情况，可用将纵向转移概率矩阵中的对角元素放大一定的倍数来近似横向转移概率矩阵，这个倍数大小恰好反映了横向

均匀的程度。

对没有井约束情况，为完成二维建模，需先应用一维马尔科夫链模型生成model（1，j）和model（N_x，j），为在此后的地震模拟中横向应用循环边界，定义model（1，j）= model（N_x，j）；model（1，j）产生 S_k 的概率为

$$P_r\left(Z_{1,j}=S_k \mid Z_{1,j-1}=S_l\right)=p_{lk}^{v} \tag{2-2}$$

为完成二维建模，还需对底层初始化，即确定底层岩相序列（其层理类型同最左和右侧一致）；这也需应用一维马尔科夫链模型，model（i，1）产生 S_k 的概率为

$$P_r\left(Z_{i,1}=S_k | Z_{i-1,1}=S_l, Z_{N_x,1}=S_q\right)=\frac{\left(p_{kq}^{h}\right)^{(N_x-i)} p_{lk}^{h}}{\left(p_{lq}^{h}\right)^{(N_x-i+1)}} \tag{2-3}$$

理论上，若转移概率矩阵给的准确，当随机过程的时程足够长，是可以保证总的岩相构成与测量一致。实际工作中，由于岩心量和观测的限制，基于统计方法或经验得到的纵向转移概率矩阵总是近似的，为保证生成模型的岩相构成与测量一致，在基于马尔科夫链随机过程生成地质模型时，将根据已生成模型的岩相构成，修改不同基本单元的发生概率，已保证产出的整体地质模型其岩相构成与给定值吻合。具体实施方法：在基于发生概率生成1层模型，即model（i，j）（j=1，N_x）后，计算已生成模型的基本单元含量比例，用该比例值和观测得到的比例值相比，得到各种基本单元含量的相对变化，以此修改由马尔科夫链模型得到的 P_r，以此产生新一层的模型。

基于上述讨论，可以通过分析已知岩心样品、定义不同类型岩相的“层”或“纹层”基本单元和估计转移概率矩阵，来生成非均质的、波长尺度的页岩模型。具体流程如下。

（1）由典型岩心样品分析结果，决定方解石、黏土、石英、有机质的含量。

（2）确定“层”和“纹层”基本单元和其成分。以胜利Luo69井为例，确定3种不同岩相的“层”基本单元：含泥质灰岩层、泥质灰岩层、灰质泥岩层，其尺度定义为0.1m×10m。确定2种不同岩相的“纹层”单元：灰质纹层、泥质纹层，其尺度定义为0.001m×10m。

需指出的是，尽管“层”单元的尺度为0.1m×10m，但这一单元在地质模型中，实际上是由100×10000个离散点构成的，依据单元的矿物成分，这些离散点将分别对应方解石、黏土或石英这几种基本矿物；同理，“纹层”单元是由1×10000个离散点构成的，这些离散点将分别对应方解石、黏土或石英这几种基本矿物。这样，即可产生0.001m×0.001m分辨率的小尺度模型。

（3）确定转移概率矩阵，这一过程中将综合考虑岩心样品统计结果和模型的矿物成分含量。

（4）针对岩心分析结果，确定不同深度区间“层”和“纹层”的比例和分布模式。

（5）根据“层”和“纹层”的分布模式，确定在模型生成过程中生成“层”还是“纹层”及其厚度。

（6）若该区间生成“层”，基于空间位置（i，j）计算得到的发生概率，由“层”基本单元垒砌得到这一区间的地质模型。

（7）若该区间生成“纹层”，基于空间位置（i，j）计算得到的发生概率，由“纹层”基本单元垒砌得到这一区间的地质模型。

利用这7个步骤，可首先生成分辨率为0.001m×0.001m的“背景”地质模型，每一离散点分别对应方解石、黏土或石英；目前，模型中还不包括有机质、孔隙和裂缝。下面将分别在这一“背景”地质模型中添入有机质、孔隙和裂缝。

首先讨论有机质的添入，将仅考虑成熟的有机质，用有机质中的孔隙度来描述有机孔的存在。将根据有机质的含量，确定该模型具有的有机质总量，添加时将用有机质“点”替代“背景”地质模型中原来的方解石、黏土或石英，替代的原则是完成有机质添加后模型中方解石、黏土、石英和有机质的含量恰好等于测量结果。

有机质的添加将分三部分进行：（1）在整体模型中随机分布，一般这部分的比例较少；（2）在“层”部分，将根据其泥质含量大小，确定发生概率，随机“聚集”分布，其空间的随机性用计算机产生的两个随机数决定；（3）在“纹层”部分，将根据“纹层”的聚集情况，确定TOC含量的多少，有机质将沿层分布，不同横向部位的含量按高斯分布变化。

孔隙的添加将依据岩心样品统计得到的不同层位、不同岩相的孔隙度，对模型中的离散点赋上孔隙，对于有机质的离散点，其孔隙对应有机孔。

完成上述工作后，进一步在模型中随机加入层间缝和垂直缝。裂缝总量的多少由统计得到的裂缝密度决定。垂直缝的方向将由主应力方向控制，将通过同时产生两个随机数实现这一目标：用一个随机数决定方向，通过判断另一个随机数是在某个区间内决定该裂缝是否存在，而这一区间是受方向决定的，方向越靠近主应力方向，该区间就越大。

这样，即可得到包含孔隙、裂缝、有机孔的分辨率为0.001m×0.001m的小尺度地质模型，该模型的每个离散点对应一个0.001m×0.001m的基本矿物，这个矿物分别被近似为方解石、黏土、石英或有机质。

下文将给出应用上述方法和流程生成的系列小尺度地质模型的例子。图2–2a和图2–2b是在方解石含量为59%，黏土含量为18%，石英含量为17%，TOC含量为6%情况下生成的一小段纹层状模型的两个局部（过大将不能看清小尺度的细部），它们是在相同的深度位置，但横向位置不同。图2–2中黄色样点指示方解石，深蓝色样点指示黏土，天蓝色样点指示石英，红色样点指示TOC，长度单位是mm。对比图2–2a和图2–2b可知，它们很相近，却又不完全相同，这表明书中的模型生成方法既考虑了成层性，又考虑了横向变化。

图2–3a和图2–3b是TOC含量增加后生成的纹层状模型的两个局部，它们是在相同的深度位置，但横向位置不同；此时方解石含量为58%，黏土含量为15%，石英含量为15%，TOC含量为12%。图2–3中黄色样点指示方解石，深蓝色样点指示黏土，天蓝色样点指示石英，红色样点指示TOC，长度单位是mm。

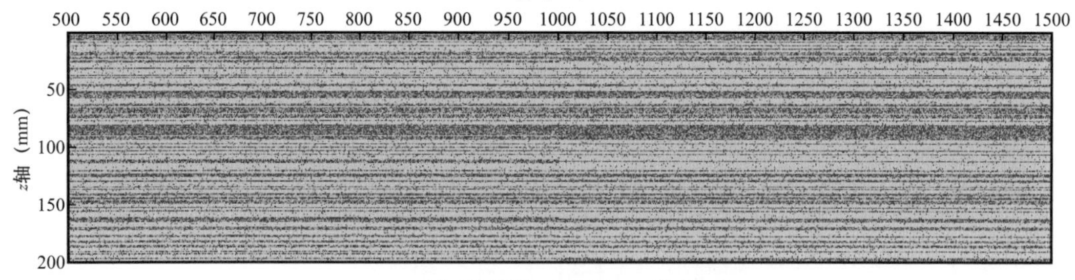

（a）纹层局部 $x \in [500\text{mm}, 1500\text{mm}]$

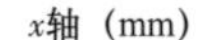

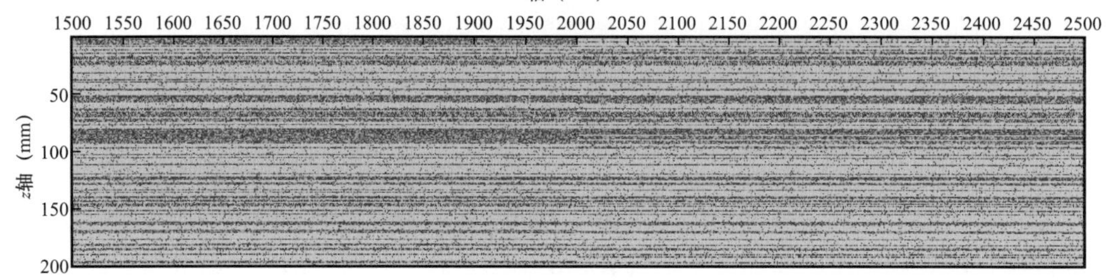

（b）纹层局部 $x \in [1500\text{mm}, 2500\text{mm}]$

图 2–2　纹层状模型

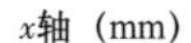

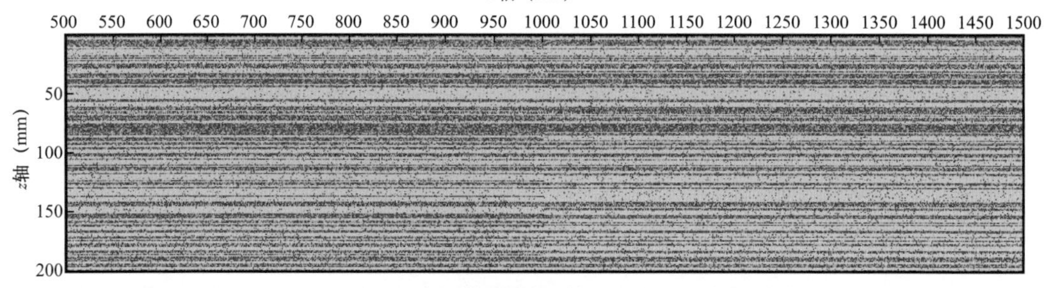

（a）TOC含量增加的纹层局部 $x \in [500\text{mm}, 1500\text{mm}]$

x轴（mm）

1500 1550 1600 1650 1700 1750 1800 1850 1900 1950 2000 2050 2100 2150 2200 2250 2300 2350 2400 2450 2500

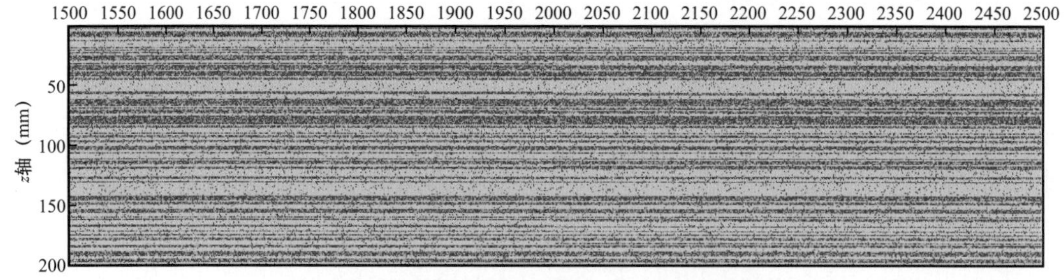

（b）TOC含量增加的纹层局部 $x \in [1500\text{mm}, 2500\text{mm}]$

图 2–3　TOC 含量增加后的纹层状模型

图 2–4a 和图 2–4b 是黏土和石英含量增加后生成的纹层状模型的两个局部，它们是在相同的深度位置，但横向位置不同；此时方解石含量为 39%，黏土含量为 29%，石英含量为 26%，TOC 含量为 6%。图 2–4 中黄色样点指示方解石，深蓝色样点指示黏土，天蓝色样点指示石英，红色样点指示 TOC，长度单位是 mm。

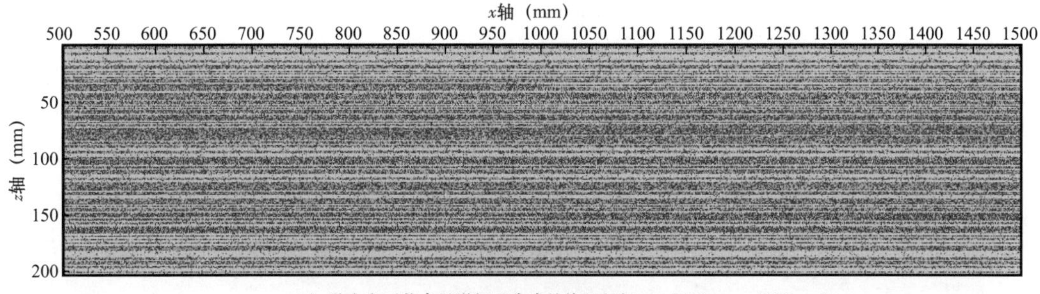

(a) 黏土和石英含量增加后生成的纹层局部 $x \in$ [500mm，1500mm]

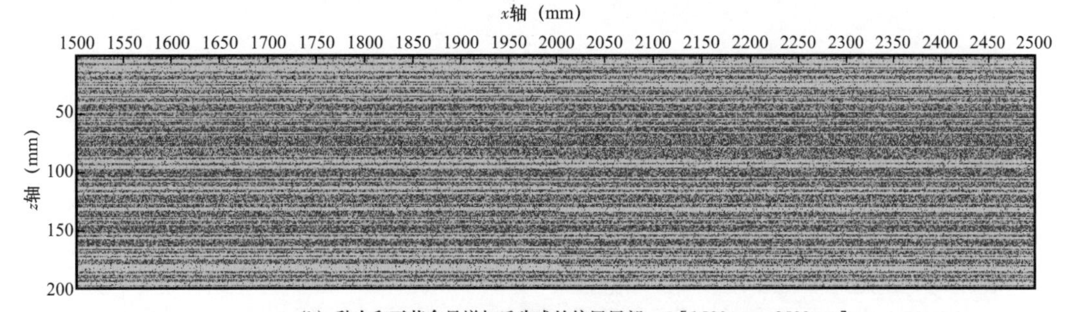

(b) 黏土和石英含量增加后生成的纹层局部 $x \in$ [1500mm，2500mm]

图 2-4　黏土和石英含量增加后生成的纹层状模型

采用的小尺度随机建模方法较好地生成了小尺度地质模型，反映了纹层状构造的关键地质特征。

下文将给出应用上述方法和流程生成的“层”状地质模型的例子。图 2-5 是在含泥质灰岩层占 18%，泥质灰岩层占 30%，灰质泥岩层占 52%，TOC 含量在 7% 情况下生成的一小段层状模型的局部。图 2-5 中黄色部分指示含泥质灰岩，深蓝色部分指示灰质泥岩，天蓝色部分指示泥质灰岩，红色样点指示 TOC，长度单位是 mm。

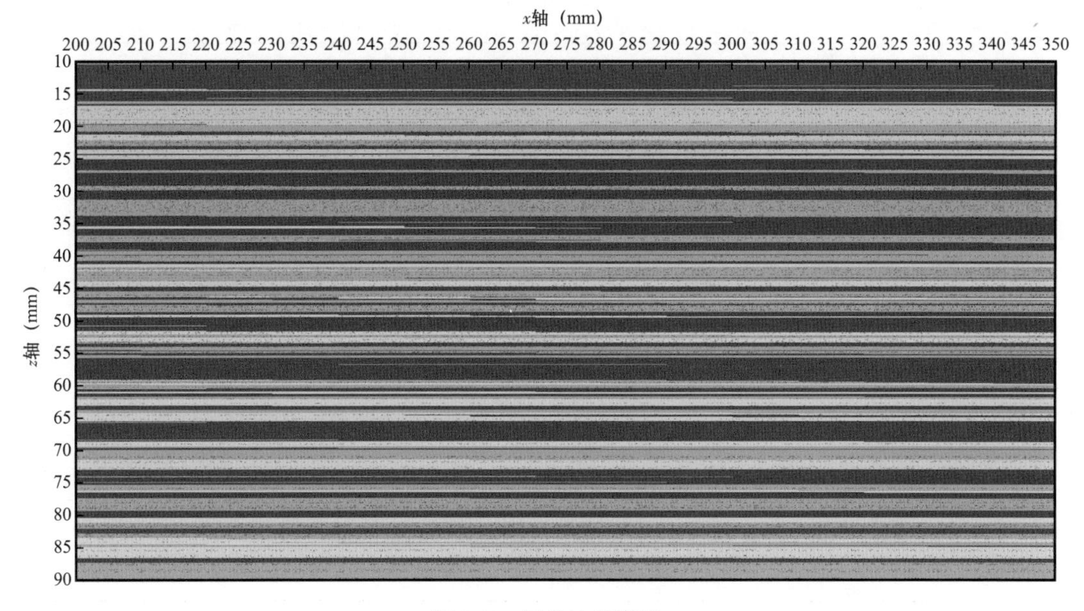

图 2-5　层状地质模型

可以看出，生成的模型很好地体现了“层”状沉积特征，但又有较弱的横向变化。图 2–6 是改变三种岩相比例后产生的局部模型，此时含泥质灰岩层占 13%，泥质灰岩层占 66%，灰质泥岩层占 21%，TOC 含量 6.2%。图 2–6 中黄色部分指示含泥质灰岩，深蓝色部分指示灰质泥岩，天蓝色部分指示泥质灰岩，红色样点指示 TOC，长度单位是 mm。

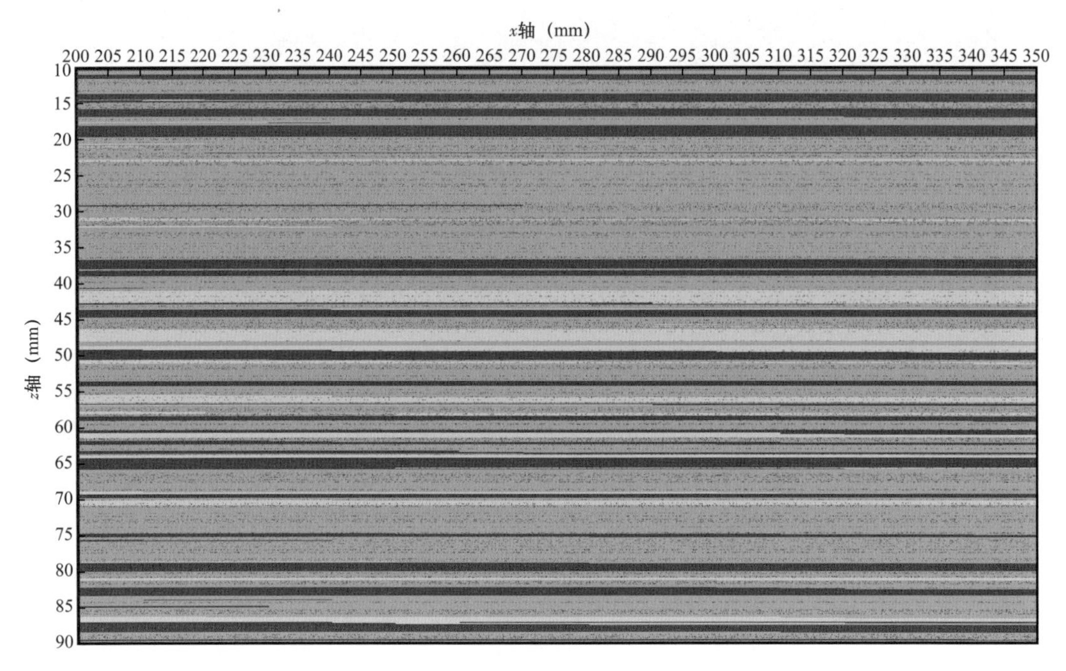

图 2–6　改变三种岩相比例后产生的局部模型

图 2–7 是增加含泥质灰岩后产生的局部模型，此时含泥质灰岩层占 45%，泥质灰岩层占 33%，灰质泥岩层占 22%，TOC 含量 5.3%。

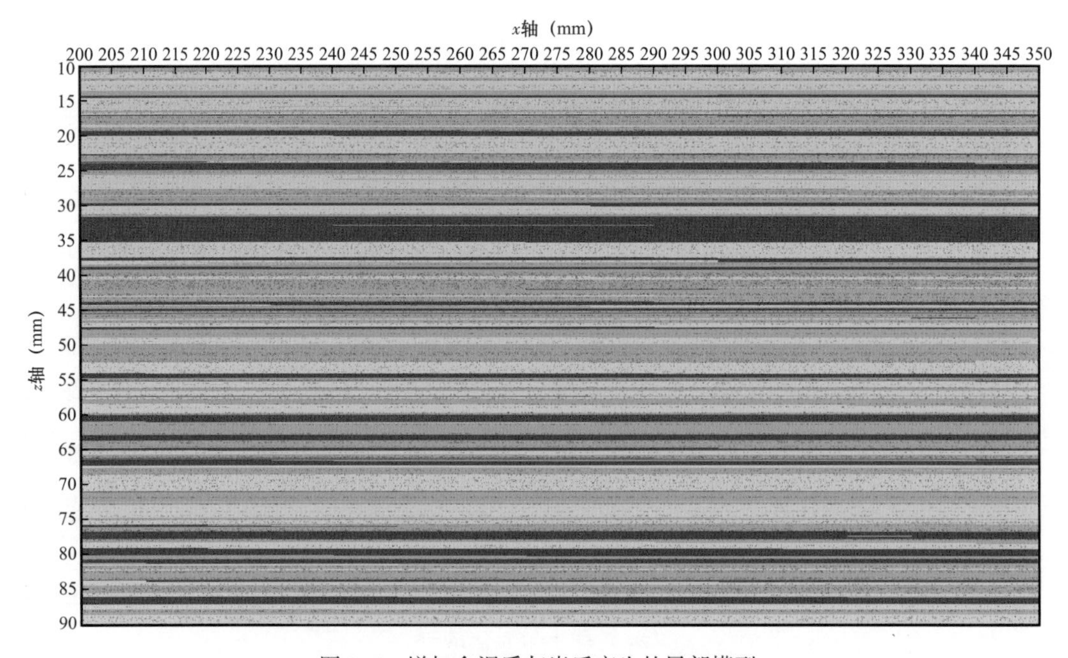

图 2–7　增加含泥质灰岩后产生的局部模型

可见研究所采用的小尺度随机建模方法较好地生成了小尺度地质模型，反映了层状构造的关键地质特征。

采用上述流程生成描述小尺度非均匀的波长尺度的地质模型后，就可采用岩石物理计算方法，求得不同特征页岩储层的岩石物理参数。为完成此项工作，必须针对该模型进行地震波传播数值模拟，利用模拟结果来提取不同方向地震波的传播速度和幅值特征。

二、页岩油气储层岩石物理参数提取

计算岩石物理参数是岩石物理研究的重要方法之一。当由于实验条件和岩心样品的限制，岩石物理参数不能用实验来准确获得时，可采用岩石物理计算方法获得储层的岩石物理参数。这一方法对依赖于尺度的岩石物理参数有重要的应用价值，它可以很好地考虑实际储层的非均质性。计算岩石物理参数的主要思路：（1）首先对复杂储层进行小尺度地质建模，获得波长大小的地质模型；（2）针对这一非均质、小尺度地质模型，建立相应的非均质、小尺度的地球物理模型（用弹性参数变化、孔隙和裂缝空间分布描述）；（3）对波长大小的非均质、小尺度的地球物理模型进行平面地震波传播模拟，通过获取平面P波和S波通过这一波长大小的非均匀介质地球物理模型的传播速度等信息，即可获取复杂非均质储层的岩石物理参数。这也就是本书提取三孔隙介质页岩储层岩石物理参数的基本思路。

地震波数值模拟是基于剖分若干有限尺度的网格来实现的。对每个网格而言，可基于数值化的地质模型，得到该网格包含的地质信息（方解石、石英、黏土、有机质含量，孔隙度，裂缝密度）。下一个关键步骤就是要由这些矿物自身的岩石物理参数，如P波和S波速度以及密度，获取该网格所含介质的等效弹性参数，即实现小尺度地球物理建模。获得小尺度地球物理模型后，就可通过模拟不同方向的平面波传播通过该模型，求得储层的岩石物理参数。

1. 小尺度地球物理参数建模

小尺度地球物理参数建模，就是针对每个网格的数值化的地质模型（方解石、石英、黏土、有机质含量，孔隙度，裂缝密度），利用各类岩石物理等效介质理论，求得该网格所含矿物的等效弹性参数。这一工作类似于现行的岩石物理建模方法，但不同于现行岩石物理建模思路，这一等效流程仅限于小尺度网格，因此可保留地质模型的非均质特征。由于岩石物理建模的各类等效方法均假定各类矿物成分、孔隙、裂缝是均匀分布的，因此常规的针对整个地质模型的等效将不能有效地考虑储层的非均质性，而这正是页岩储层有别于常规储层的关键之处。

针对小尺度网格内介质的地球物理建模可借鉴现行的等效理论。由于不需要刻意考虑矿物非均匀分布导致的各向异性，等效流程不需要首先建立一个各向异性的背景介质。具体过程如下。

（1）对波长厚度的页岩储层地质模型进行网格剖分，针对每个网格，统计该网格所含地质体的方解石、石英、黏土、TOC含量，孔隙度，裂缝密度。

（2）由于 TOC 内包含有机孔，有机孔内又包含了混合流体和气体，首先决定包含有机孔的 TOC 介质的等效弹性参数，具体方法如下。

首先利用 Wood 公式计算混合流体（包括气体）的等效压缩模量和密度，流体和气体的剪切模量均为 0：

$$\frac{1}{K_{\mathrm{R}}}=\sum_{i=1}^{N}\frac{f_i}{K_i},\quad \rho=\sum_{i=1}^{N}f_i\rho_i \tag{2-4}$$

式中，f_i、K_i、ρ_i 分别为混合流体（包括气体）中各种流体的体积比、体积模量和密度；K_{R} 为混合流体（包括气体）的等效体积模量；ρ 为等效密度。

利用 TOC 自身的压缩模量和剪切模量（考虑不成熟、成熟、过成熟），TOC 内有机孔的孔隙度，有机孔隙的长宽比，上面步骤 1 得到的混合流体的等效体积模量和密度，利用式（2-5）所示的自洽近似（SCA）理论（Berryman，1980），得到包含有机孔的 TOC 矿物的等效压缩模量和剪切模量：

$$\sum_{i=1}^{N}x_i\left(K_i-K_{\mathrm{SC}}^{*}\right)P^{*i}=0$$

$$\sum_{i=1}^{N}x_i\left(\mu_i-\mu_{\mathrm{SC}}^{*}\right)Q^{*i}=0 \tag{2-5}$$

式中，i 分别为 TOC 和混合流体；x_i 为 i 种组分（TOC 或混合流体）的体积比，可由有机孔的孔隙度得到；P 和 Q 为 SCA 理论涉及的各个矿物几何形状的几何系数，P 和 Q 的上标 $*i$ 表示第 i 种组分在背景介质模量为自洽等效模量 K_{SC}^{*} 和 μ_{SC}^{*} 时的系数。因此，式（2-5）需采用迭代方法求解等效模量 K_{SC}^{*} 和 μ_{SC}^{*}。K_{SC}^{*} 和 μ_{SC}^{*} 即是包含了有机孔的 TOC 矿物的等效压缩和剪切模量。

（3）考虑各类矿物成分，如 TOC、方解石、石英、黏土的压缩模量和剪切模量及密度，同时将孔隙作为一类真空成分，再次利用自洽近似（SCA）理论求得等效的干岩压缩模量和剪切模量；此时式（2-5）中的 x_i 分别代表 TOC（包括了有机孔及所含流体）、方解石、石英、黏土、孔隙的体积比，对应于孔隙的 K_i 和 μ_i 为 0；对应于 TOC 的 K_i 和 μ_i 为步骤 2 求得的 K_{SC}^{*} 和 μ_{SC}^{*}；对应于方解石、石英、黏土的压缩模量和剪切模量是该矿物固有的模量。迭代求解式（2-5）得到的 K_{SC}^{*} 和 μ_{SC}^{*}，即是网格内所含矿物的考虑了孔隙和有机孔的干岩模量。

（4）根据 Brown–Korring 广义 Gassmann 理论（Brown 和 Korringa，1975），利用式（2-6）实现孔隙的流体替换，得到网格内所含矿物的流体饱和的等效压缩模量和剪切模量：

$$\frac{K_{\mathrm{sat}}}{K_{\mathrm{S}}-K_{\mathrm{sat}}}=\frac{K_{\mathrm{dry}}}{K_{\mathrm{S}}-K_{\mathrm{dry}}}+\frac{K_{\phi\mathrm{S}}}{K_{\mathrm{S}}}\frac{K_{\mathrm{fl}}}{\phi\left(K_{\mathrm{S}}-K_{\mathrm{fl}}\right)},\quad \mu_{\mathrm{sat}}=\mu_{\mathrm{dry}} \tag{2-6}$$

式中，K_{dry} 和 μ_{dry} 为步骤 3 得到的等效的干岩体积和剪切模量；K_{fl} 为孔隙中流体的体积模量；ϕ 为孔隙度；K_{S} 和 $K_{\phi\mathrm{S}}$ 为引入的一类由矿物成分决定的新模量；K_{sat} 和 μ_{sat} 即为网格内

介质的流体饱和的等效体积模量和剪切模量。

（5）针对步骤 4 得到的等效体积模量和剪切模量，根据裂缝密度加入水平裂缝，由 Hudson 理论得到含有水平裂缝的等效弹性模量（Hudson，1980），如下：

$$c_{ij}^{\text{eff}} = c_{ij}^{0} + c_{ij}^{1} + c_{ij}^{2} \tag{2-7}$$

其中：

$$c_{ij}^{0} = \begin{bmatrix} \lambda+2\mu & \lambda & \lambda & 0 & 0 & 0 \\ \lambda & \lambda+2\mu & \lambda & 0 & 0 & 0 \\ \lambda & \lambda & \lambda+2\mu & 0 & 0 & 0 \\ 0 & 0 & 0 & \mu & 0 & 0 \\ 0 & 0 & 0 & 0 & \mu & 0 \\ 0 & 0 & 0 & 0 & 0 & \mu \end{bmatrix} \tag{2-8}$$

$$\begin{aligned}
c_{11}^{1} &= -\frac{\lambda^{2}}{\mu}\varepsilon U_{3} \\
c_{13}^{1} &= -\frac{\lambda(\lambda+2\mu)}{\mu}\varepsilon U_{3} \\
c_{33}^{1} &= -\frac{(\lambda+2\mu)^{2}}{\mu}\varepsilon U_{3} \\
c_{44}^{1} &= -\mu\varepsilon U_{1} \\
c_{66}^{1} &= 0 \\
c_{11}^{2} &= \frac{q}{15}\frac{\lambda^{2}}{(\lambda+2\mu)}(\varepsilon U_{3})^{2} \\
c_{13}^{2} &= \frac{q}{15}\lambda(\varepsilon U_{3})^{2} \\
c_{33}^{2} &= \frac{q}{15}(\lambda+2\mu)(\varepsilon U_{3})^{2} \\
c_{44}^{2} &= \frac{2}{15}\frac{\mu(3\lambda+8\mu)}{(\lambda+2\mu)}(\varepsilon U_{1})^{2} \\
c_{66}^{2} &= 0
\end{aligned} \tag{2-9}$$

式中，λ 和 μ 为步骤 4 得到的等效体积模量和剪切模量对应的拉梅系数；ε 为裂缝密度。$q = 15\frac{\lambda^{2}}{\mu^{2}} + 28\frac{\lambda}{\mu} + 28$，$U_1$ 和 U_3 分别为

$$U_1=\frac{16(\lambda+2\mu)}{3(3\lambda+4\mu)}，\quad U_3=\frac{4(\lambda+2\mu)}{3(\lambda+\mu)} \tag{2-10}$$

针对每个小尺度网格完成上述步骤，就可完成小尺度地质模型到小尺度地球物理模型的转换，这一地球物理建模过程考虑了有机孔、孔隙和裂缝的三孔隙介质特征。

为验证上述流程的正确性，我们将这一等效流程应用于实际的地质模型。通过根据岩心分析获取地层的矿物组分、裂缝、孔隙、长宽比等地质参数，利用上述流程预测出井邻域的纵、横波速度和密度，这一结果与实际测井获得的纵、横波速度和密度吻合很好，证明了这一流程的有效性。图 2-8 给出了预测和实测纵波速度、横波速度和密度的对比曲线，可以看出，二者吻合很好。

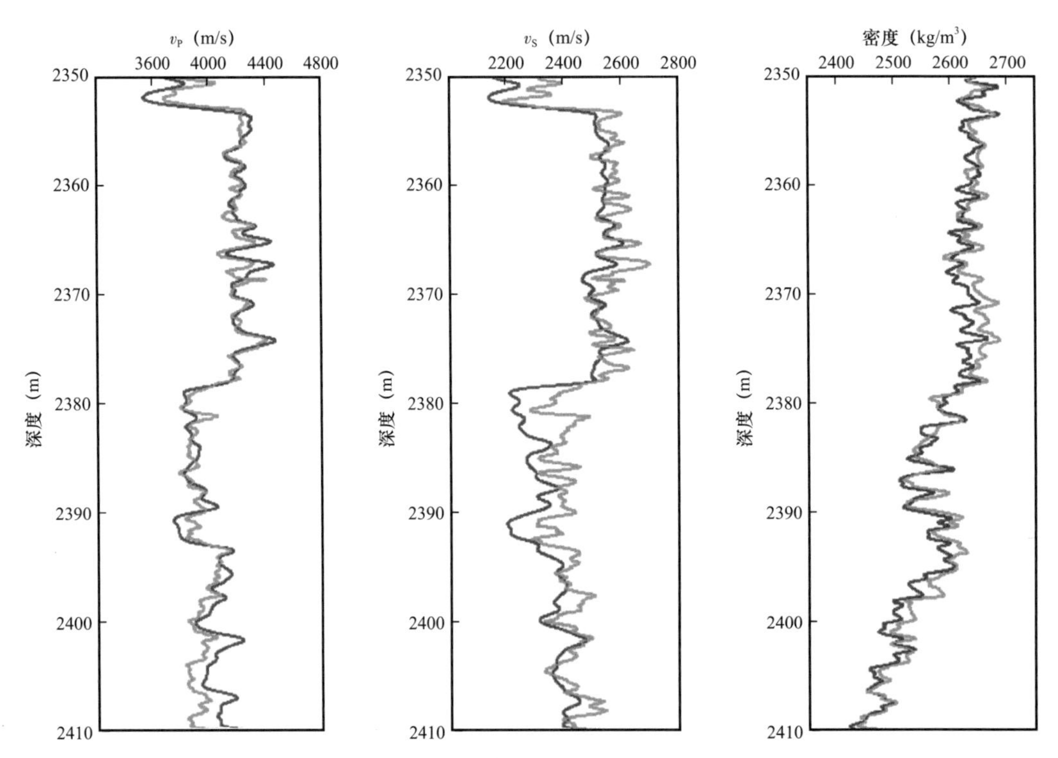

图 2-8　预测和实测纵波速度、横波速度和密度对比图

绿色曲线是预测结果

得到小尺度的地球物理模型，就可以通过模拟不同角度入射的平面地震波，获得储层的 P 波、S 波速度和各向异性参数，从而实现复杂非均匀储层的岩石物理参数提取。

2. 基于波场数值模拟提取岩石物理参数

以胜利罗家的页岩储层为例，该储层主要由含泥质灰岩层、泥质灰岩层和灰质泥岩层三类岩层构成，三类岩层将分别形成层状和纹层状，通过各自的纹层比例控制该岩层形成纹层的多少；针对勘探中所关心的 TOC，可分别考虑不成熟、成熟、过成熟三种情况。

针对胜利 Luo69 井的岩心分析结果，即含泥质灰岩层占 18%，泥质灰岩层占 30%，灰质泥岩层占 52%，三种岩性中纹层比例分别为 0.4、0.7、0.05，进行岩石物理参数提取，分别计算了不同 TOC 含量下储层的 P 波、S 波速度和各向异性参数。

储层的三孔隙数据如下：三种岩层各自的孔隙度分别为 5.9%、5.1%、4.3%；考虑成熟的 TOC，其有机孔隙含量为 4.5%；裂缝密度定义随方解石含量变化，平均裂缝密度为 5%。

为充分反映非均质页岩储层的尺度效应，基于上述参数生成了厚度为一个波长，即 100m 厚、1000m 宽的地质模型；为减少基于地震波模拟来拾取地震波传播速度时的误差，通过重叠该模型，得到更大的模型，图 2–9 给出了该模型对应的地震模型，图中色彩代表了 P 波速度。

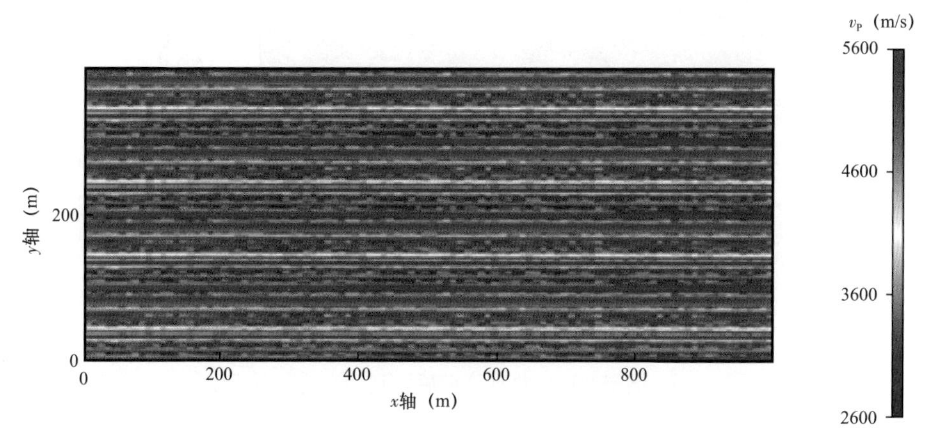

图 2–9 双层的储层模型的地球物理参数表示图

图中色彩代表了 P 波速度

采用数值方法提取岩石物理参数，改变 TOC、纹层比例、矿物组分以及三孔隙等参数，就可以得到不同储层的小尺度地质模型，进而得到其岩石物理模型，然后可通过数值模拟得到不同储层的地球物理参数。

采用如下方法求取地球物理参数：储层的地球物理模型放置到一个均匀背景中，如图 2–10 所示；在均匀介质中放置 P 波平面波震源，记录两个时刻的波场快照，如图 2–11 所示；在两个波长快照上拾取平面波峰值，记录其 x 坐标，就可以根据波场快照的时间差 Δt（0.15s），重叠储层的厚度 L，均匀背景的 P 波速度 v_{P0}，求得储层的垂直方向 P 波速度：

$$\frac{1}{v_P}=\frac{1}{L}\left(\Delta t-\frac{x_2-x_1-L}{v_{P0}}\right) \tag{2-11}$$

在均匀介质中放置 S 波平面波震源，记录两个时刻的波场快照，如图 2–12 所示；在两个波长快照上拾取平面波峰值，记录其 x 坐标，就可以根据波场快照的时间差 Δt（0.18s），重叠储层的厚度 L，均匀背景的 S 波速度 v_{S0}，求得储层的垂直方向 S 波速度：

$$\frac{1}{v_S}=\frac{1}{L}\left(\Delta t-\frac{x_2-x_1-L}{v_{S0}}\right) \tag{2-12}$$

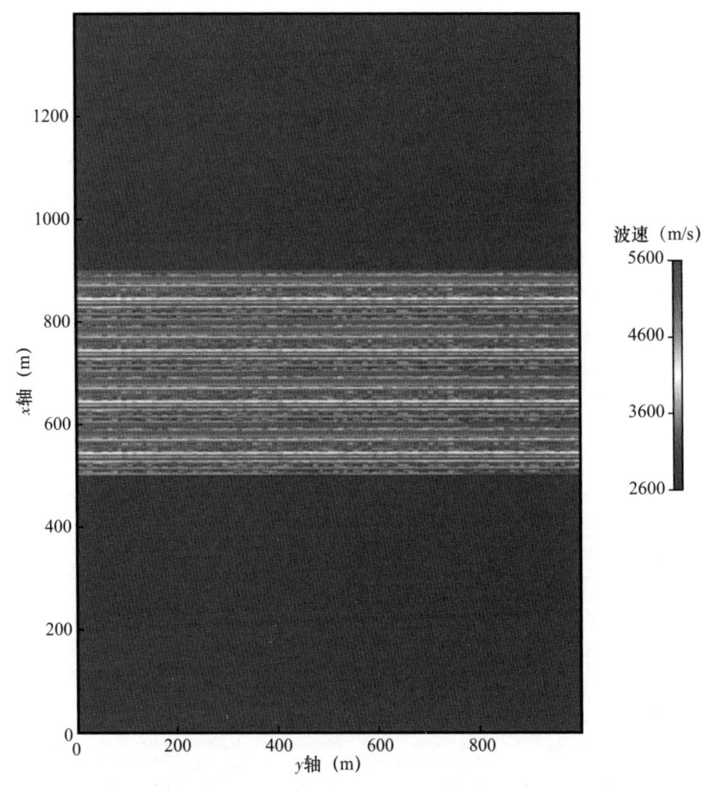

图 2-10　储层的地球物理模型放置到一个均匀背景中

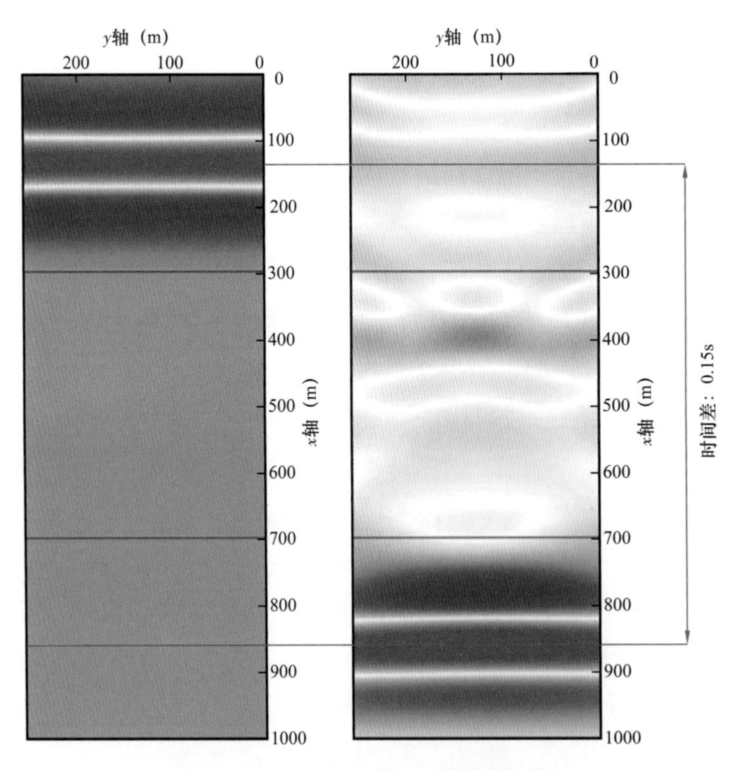

图 2-11　垂直入射平面 P 波的波场快照

图中两条黑线所夹的区域是储层

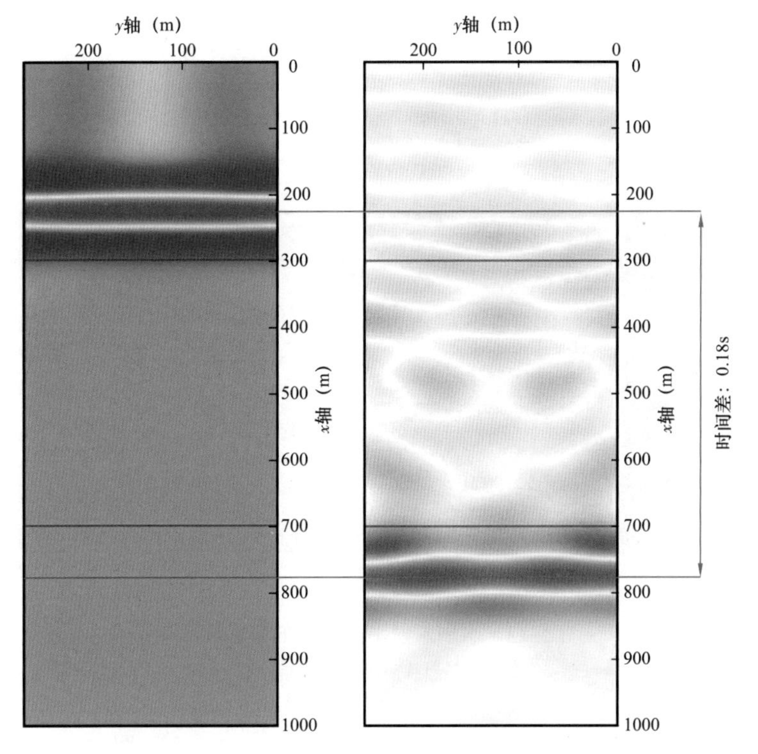

图 2–12　垂直入射平面 S 波的波场快照

沿平行储层方向放置 P 波震源，如图 2–13 所示，在两个波长快照上拾取平面波峰值，记录其 y 轴坐标，就可以根据波场快照的时间差 Δt（0.12s），求得储层的平行方向的 P 波速度：

$$\frac{1}{v_{\mathrm{P}}}=\frac{y_2-y_1}{\Delta t} \tag{2-13}$$

将储层模型斜放置，如图 2–14 所示，在两个波长快照上拾取平面波峰值，记录其 x 轴坐标，就可以根据波场快照的时间差 Δt（0.19s），重叠储层的厚度 L，储层的倾斜角度 θ，均匀背景的 P 波速度 v_{P0}，求得储层的角度 θ 方向的 P 波速度：

$$\frac{1}{v_{\mathrm{P}}}=\frac{\sin\theta}{L}\left(\Delta t-\frac{x_2-x_1-L/\sin\theta}{v_{\mathrm{P0}}}\right) \tag{2-14}$$

由垂直、平行、斜入射得到的三个 P 波速度，就可由式（2–15）求得储层的各向异性参数 ε 和 δ：

$$\frac{v_{\mathrm{P}}(\theta)}{v_{\mathrm{P0}}}=1+2\delta\sin^2\theta\cos^2\theta+2\varepsilon\sin^4\theta \tag{2-15}$$

目前开展的数值模拟是在二维介质中进行，下一步在三维介质中进行数值模拟就可以激发和接收到不同的 S 波（SV 波和 SH 波），这样就可以通过下面的公式求取各向异性参数 ε、δ 以及 γ：

$$
\begin{aligned}
\frac{v_{\mathrm{SV}}(\theta)}{v_{\mathrm{S0}}} &= 1+\frac{v_{\mathrm{P0}}^{2}}{v_{\mathrm{S0}}^{2}}(\varepsilon-\delta)\sin^{2}\theta\cos^{2}\theta \\
\frac{v_{\mathrm{SH}}(\theta)}{v_{\mathrm{S0}}} &= 1+\gamma\sin^{2}\theta
\end{aligned}
\tag{2-16}
$$

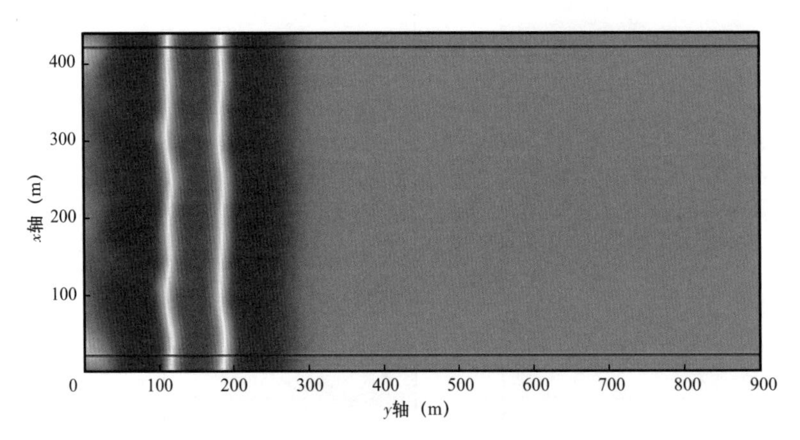

图 2-13　水平入射平面 P 波的波场快照

图中两条黑线所夹的区域是储层

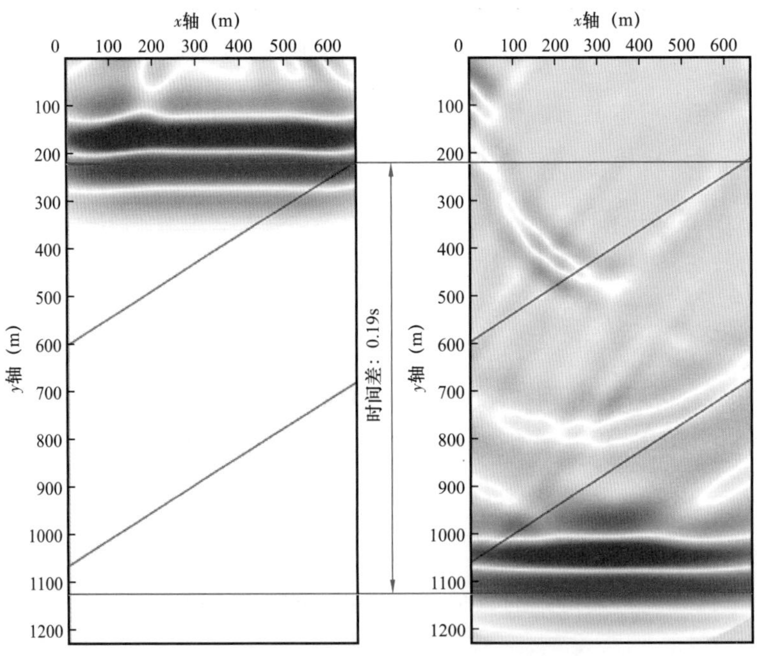

图 2-14　倾斜入射平面 P 波的波场快照

图中两条黑线所夹的区域是储层

三、页岩油气储层各向异性特征分析与地震敏感参数遴选

以胜利罗家的页岩储层为例，通过计算岩石物理方法获取储层的各向异性特征，进而求得反映储层 TOC 含量的地震敏感参数。该储层主要由含泥质灰岩层、泥质灰岩层和灰质泥岩层三类岩层构成，三类岩层将分别形成层状和纹层状，通过各自的纹层比例控制该

岩层形成纹层的多少；针对勘探中所关心的TOC，分别计算了不同TOC含量下储层的P波、S波速度和各向异性参数。各个储层模型的三类岩层的占比、矿物组分、三孔隙测井的孔隙度等参数如表2–2至表2–8所示，这些模型分别对应TOC含量为3%、6%、9%、12%、15%、18%、21%等7种情况。

表2–2 TOC含量为3%的储层模型

参数	含泥质灰岩	泥质灰岩	灰质泥岩
储层中占比（%）	28.6	38.2	33.2
方解石（%）	74	54	27
石英（%）	8.5	16.5	30
黏土（%）	10	21	35
TOC（%）	1.6	3.4	3.7
孔隙度（%）	5.9	5.1	4.3
有机孔孔隙度（%）	3	4.5	3
裂缝密度（%）	7.4	5.4	2.7

表2–3 TOC含量为6%的模型

参数	含泥质灰岩	泥质灰岩	灰质泥岩
储层中占比（%）	28.6	38.2	33.2
方解石（%）	72.7	52	25.9
石英（%）	8.4	15.9	28.8
黏土（%）	9.8	20.2	33.6
TOC（%）	3.2	6.8	7.4
孔隙度（%）	5.9	5.1	4.3
有机孔孔隙度（%）	3	4.5	3
裂缝密度（%）	7.27	5.20	2.59

表2–4 TOC含量为9%的模型

参数	含泥质灰岩	泥质灰岩	灰质泥岩
储层中占比（%）	28.6	38.2	33.2
方解石（%）	71.4	50.0	24.8
石英（%）	8.2	15.3	27.6
黏土（%）	9.7	19.4	32.2
TOC（%）	4.8	10.2	11.1

续表

参数	含泥质灰岩	泥质灰岩	灰质泥岩
孔隙度（%）	5.9	5.1	4.3
有机孔孔隙度（%）	3	4.5	3
裂缝密度（%）	7.14	5.00	2.48

表 2-5　TOC 含量为 12% 的模型

参数	含泥质灰岩	泥质灰岩	灰质泥岩
储层中占比（%）	28.6	38.2	33.2
方解石（%）	70.2	48	23.7
石英（%）	8.0	14.7	26.4
黏土（%）	9.5	18.6	30.8
TOC（%）	6.4	13.6	14.8
孔隙度（%）	5.9	5.1	4.3
有机孔孔隙度（%）	3	4.5	3
裂缝密度（%）	7.02	4.80	2.37

表 2-6　TOC 含量为 15% 的模型

参数	含泥质灰岩	泥质灰岩	灰质泥岩
储层中占比（%）	28.6	38.2	33.2
方解石（%）	68.9	46.0	22.6
石英（%）	7.9	14.0	25.2
黏土（%）	9.3	17.9	29.4
TOC（%）	8.0	17.0	18.5
孔隙度（%）	5.9	5.1	4.3
有机孔孔隙度（%）	3	4.5	3
裂缝密度（%）	6.89	4.60	2.26

表 2-7　TOC 含量为 18% 的模型

参数	含泥质灰岩	泥质灰岩	灰质泥岩
储层中占比（%）	28.6	38.2	33.2
方解石（%）	67.6	44.0	21.5
石英（%）	7.8	13.4	24.0

续表

参数	含泥质灰岩	泥质灰岩	灰质泥岩
黏土（%）	9.1	17.1	28.0
TOC（%）	9.6	20.4	22.2
孔隙度（%）	5.9	5.1	4.3
有机孔孔隙度（%）	3	4.5	3
裂缝密度（%）	6.76	4.40	2.15

表 2-8　TOC 含量为 21% 的模型

参数	含泥质灰岩	泥质灰岩	灰质泥岩
储层中占比（%）	28.6	38.2	33.2
方解石（%）	66.3	42.0	20.5
石英（%）	7.6	12.8	22.8
黏土（%）	9.0	16.3	26.5
TOC（%）	11.2	23.8	25.9
孔隙度（%）	5.9	5.1	4.3
有机孔孔隙度（%）	3	4.5	3
裂缝密度（%）	6.63	4.20	2.05

首先利用本书发展的小尺度地质建模方法建立数值化的储层地质模型，然后利用小尺度岩石物理建模方法获得小尺度的地球物理模型，再利用岩石物理参数提取方法获取储层的岩石物理参数。本书发展的岩石物理计算方法可得到由于岩心和尺度等问题，导致难以由实验方法获得的储层地球物理特征。

由小尺度地质模型得到小尺度岩石物理模型需要利用各类矿物的岩石物理参数，本书采用的参数如表 2-9 所示。

表 2-9　各类矿物的岩石物理参数

矿物	体积模量（GPa）	剪切模量（GPa）	密度（g/cm^3）
石英	37.00	44.00	2.65
方解石	76.80	32.00	2.71
黏土	25.00	9.00	2.55
干酪根（不成熟）	3.50	1.75	1.10
干酪根（成熟）	5.00	2.50	1.30
干酪根（过成熟）	7.98	4.18	1.40

续表

矿物	体积模量（GPa）	剪切模量（GPa）	密度（g/cm^3）
水	2.25	0	1.04
石油（不成熟）	0.57	0	0.90
石油（成熟）	0.48	0	0.80
天然气（成熟）	0.01	0	0.10
天然气（过成熟）	0.07	0	0.10

图 2–15 给出了储层垂直方向 P 波速度随 TOC 含量变化的曲线，从图 2–15 中可看出，随 TOC 含量的增加，P 波速度迅速降低，由最高的 4800m/s 降到 3600m/s。

图 2–16 给出了储层垂直方向 S 波速度随 TOC 含量变化的曲线，从图 2–16 中可看出，随 TOC 含量的增加，S 波速度也降低，但降低的幅度少于 P 波速度。

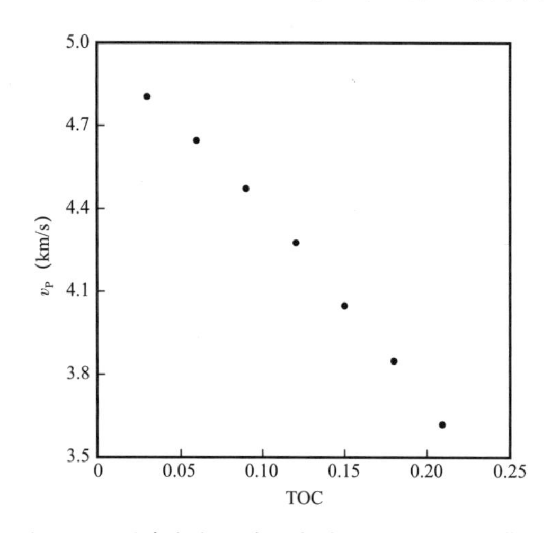

图 2–15　垂直方向 P 波速度随 TOC 含量变化曲线

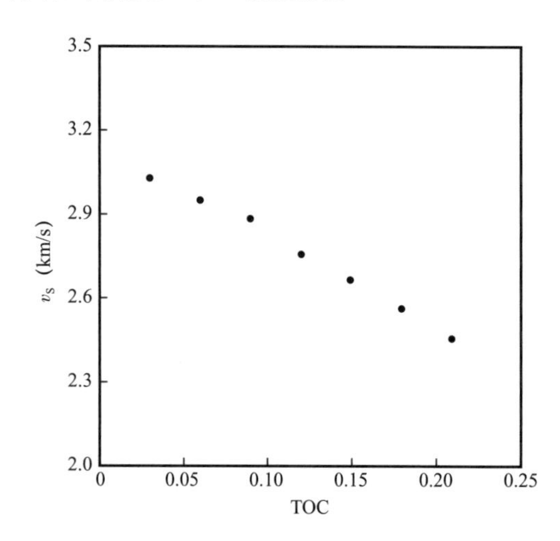

图 2–16　垂直方向 S 波速度随 TOC 含量变化曲线

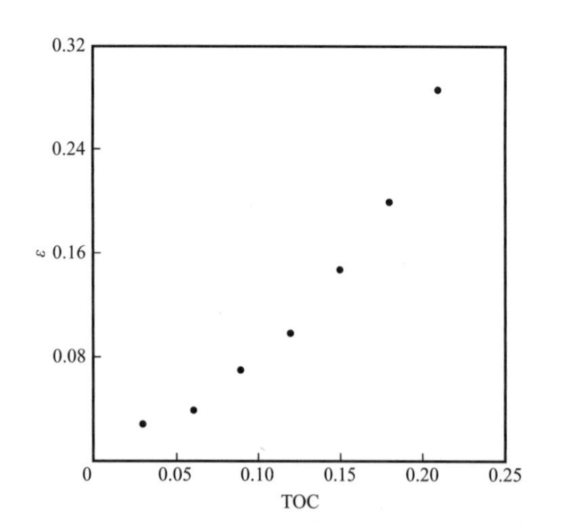

图 2–17　各向异性参数 ε 随 TOC 含量变化曲线

图 2–17 给出了储层各向异性的 ε 随 TOC 含量变化的曲线，可见随 TOC 含量的增加，ε 也快速增加，这表明 TOC 含量增加导致储层的各向异性迅速增加，因此各向异性的大小是反映储层 TOC 含量的重要指标。

图 2–18 给出了储层各向异性的 δ 随 TOC 含量变化的曲线，可见随 TOC 含量的增加，δ 也快速增加，但 δ 的增加幅度小于 ε 的增加幅度。这再次表明 TOC 含量增加导致储层的各向异性迅速增加，因此各向异性的大小是反映储层 TOC 含量的重要指标。

上述物理参数变化曲线表明（表 2–10），各向异性是反映储层 TOC 含量的重要指标，综合 P 波速度和 ε 的变化，本书建议使用储层 TOC 含量的敏感参数，即 ε/v_P。图 2–19 给出了 ε/v_P 随 TOC 含量变化的曲线，可见随着 TOC 含量的增加，敏感参数 ε/v_P 迅速增加，由 0 迅速增加到 0.3 以上。

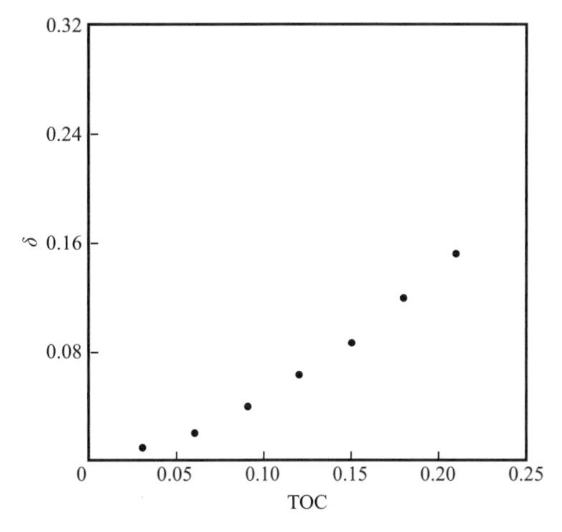

图 2–18　各向异性参数 δ 随 TOC 含量的变化曲线

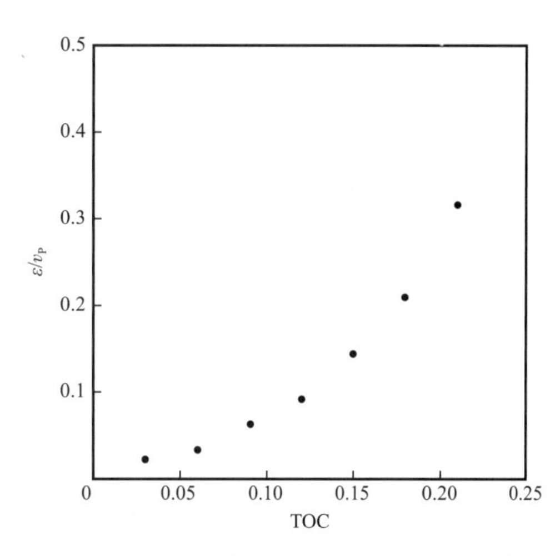

图 2–19　敏感参数随 TOC 含量变化曲线

表 2–10　7 种情况的岩石物理参数

TOC 含量（%）	v_P（m/s）	v_S（m/s）	ε	δ
3	4805	3023	0.028	0.0102
6	4646	2952	0.039	0.0203
9	4472	2882	0.070	0.0405
12	4276	2754	0.098	0.0631
15	4052	2663	0.147	0.0872
18	3849	2561	0.200	0.1194
21	3619	2453	0.286	0.1521

四、页岩油气储层地震响应特征

经过偏移处理等流程，可以由反射地震资料获取地下介质的随入射角变化的反射特征。这一反射特征是进一步识别储层速度、密度、泊松比、各向异性参数的基础，各类反演技术就是利用这些反射特征获取储层的波阻抗和泊松比。

为利用反射地震资料识别页岩储层，需要首先认识页岩储层的反射特征，这是利用地震资料识别这一储层的基础。基于前文得到的具有不同 TOC 含量的页岩储层的物理参数，利用弹性各向异性地震波模拟技术，获得了这些储层的随角度变化的反射系数，这些反射特征将为未来利用反射地震资料识别页岩储层奠定重要基础。

为获得对应实际地震勘探情况的反射系数，将 100m 厚的页岩储层置于一个均匀的弹性介质中，爆炸源在储层上方 800m；在与爆炸源相同的深度位置，设置检波器，接收储层的反射波。模型如图 2–20 所示，这基本反映实际勘探情况。

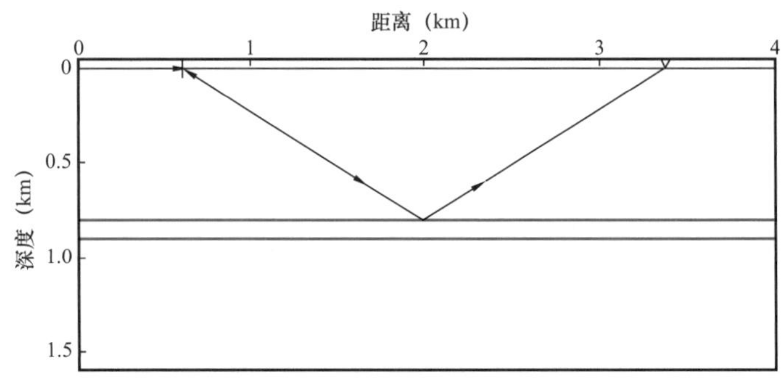

图 2–20　计算反射特征的地质模型

针对表 2–2 至表 2–8 的储层模型，本书将其对应的、由岩石物理计算方法得到的各向异性参数（v_{P}，v_{S}，ε，δ，ρ）赋给图 2–20 模型中的储层，数值模拟 P 波震源入射时的地震响应。

图 2–21 是表 2–2 储层对应的垂直速度和水平速度的炮记录，储层上、下界面的反射 P 波（图 2–21a）和反射的转换 S 波（图 2–21b）清晰可见，层间多次反射也可观察到。

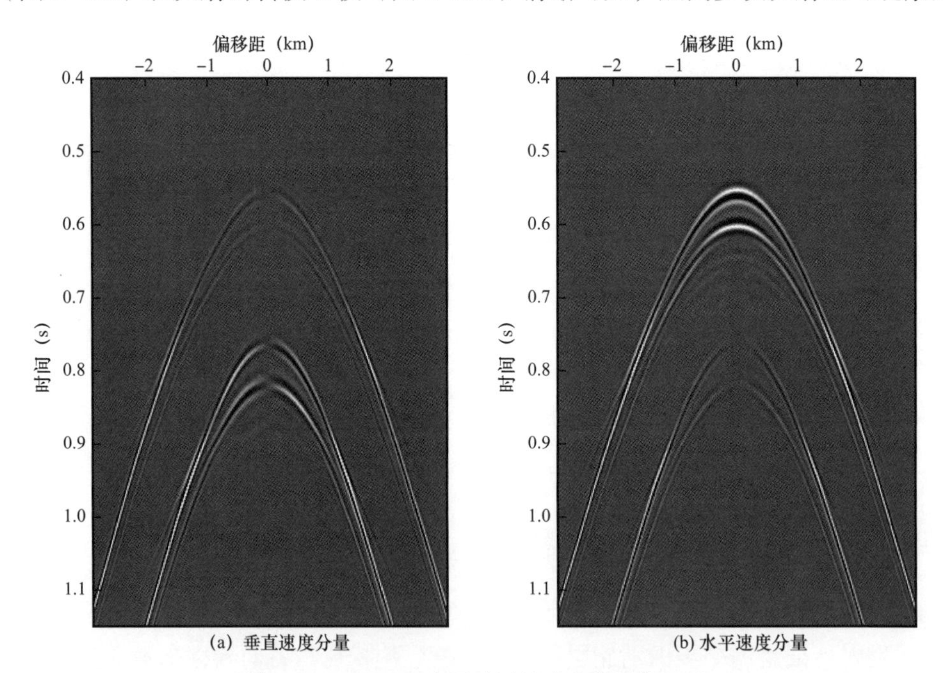

图 2–21　3%TOC 含量储层的速度分量炮记录

从炮记录中可以观察到反射同相轴幅值随偏移距的变化。但这一幅值变化是受两方面影响的，一是储层的反射系数大小，另一个是地震波传播的球面扩散效应。为此，在拾取反射波幅值时对其进行了球面扩散补偿，保证反射幅值仅由反射系数引起；由于偏移距的反射强度强烈地受到界面深度的影响，本书将偏移距转换为入射波和界面法线的夹角。

由于在现行地震资料处理流程中，一般是用记录到的垂直分量来近似 P 波，图 2–22 给出了 P 波反射的反射系数随角度的变化曲线（由垂直速度得到的近似 P 波入射），这一曲线对应表 2–2 储层模型。图 2–23 给出了基于记录的垂直速度和水平速度分量合成的 P 波，得到的 P 波入射 P 波反射对应的 PP 反射系数随角度的变化曲线；图 2–24 给出了两者的对比，可见基于垂直速度分量近似得到的反射系数在小角度和中等角度有较好的精度，大角度时误差增加。这一比较也指示了采用垂直分量代替 P 波的应用范围。

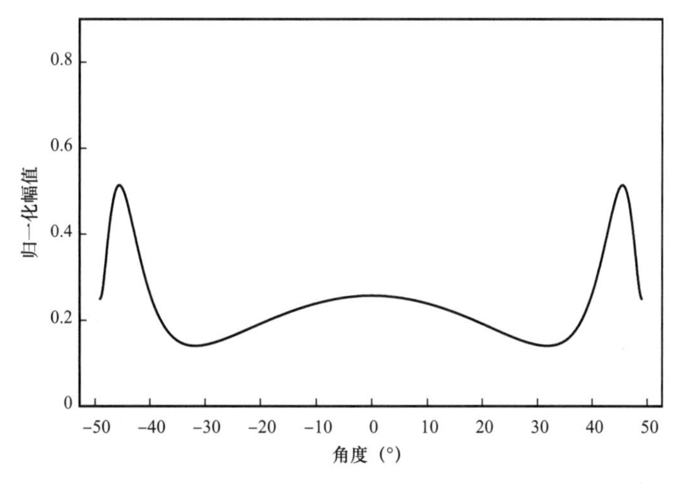

图 2–22　P 波反射的随角度变化反射系数曲线（由垂直速度分量得到的近似 P 波入射）

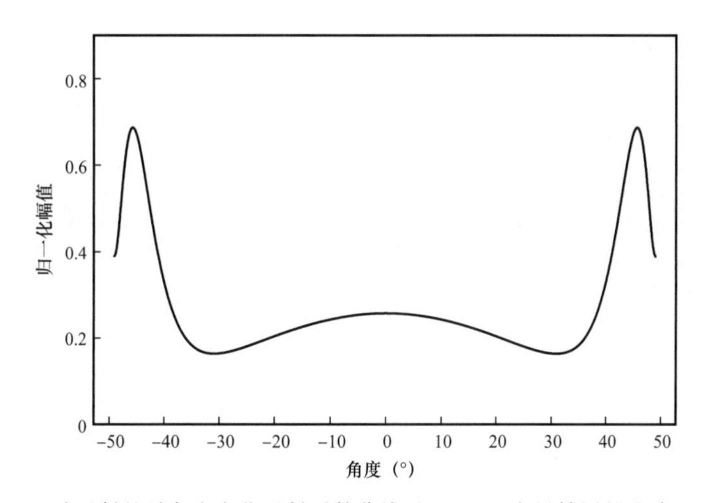

图 2–23　P 波反射的随角度变化反射系数曲线（3%TOC 含量储层的准确 P 波入射）

图 2–25 是表 2–3 中储层的垂直速度和水平速度分量的炮记录。图 2–26 给出了准确的 PP 反射系数和由垂直速度得到的反射系数。图 2–27 给出了反射系数的对比。这一比较表明，随 TOC 含量增加，储层小角度和中等角度的反射系数相应减小，而大角度的反射系数增加；因此波阻抗和大角度的反射系数斜率可作为指示 TOC 含量的指标。

图 2–28 是表 2–4 中储层的垂直速度和水平速度分量的炮记录。图 2–29 给出了准确的 PP 反射系数和由垂直速度分量得到的反射系数。图 2–30 给出了 6%TOC 含量和 9%TOC 含量储层的准确反射系数对比。

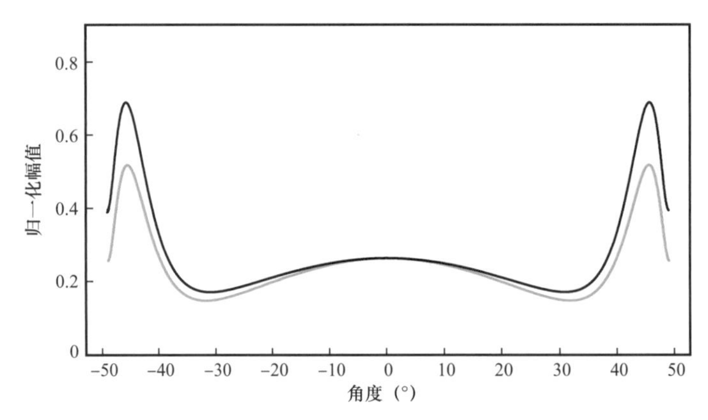

图 2-24　3%TOC 含量储层的近似和准确的 PP 反射系数比较

绿线是由垂直速度分量得到的近似反射系数

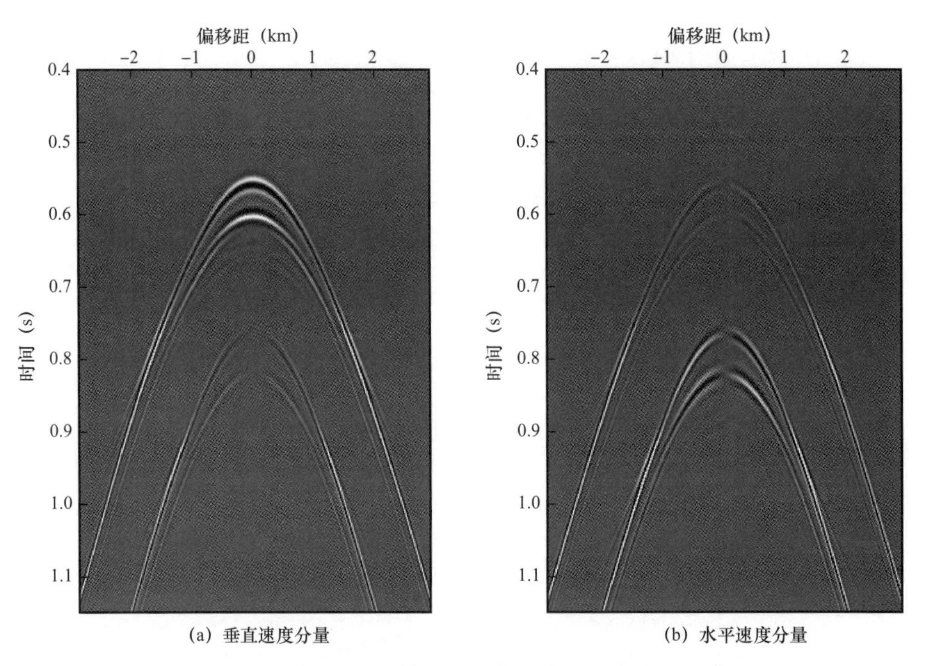

图 2-25　6%TOC 含量储层的垂直和水平速度分量炮记录

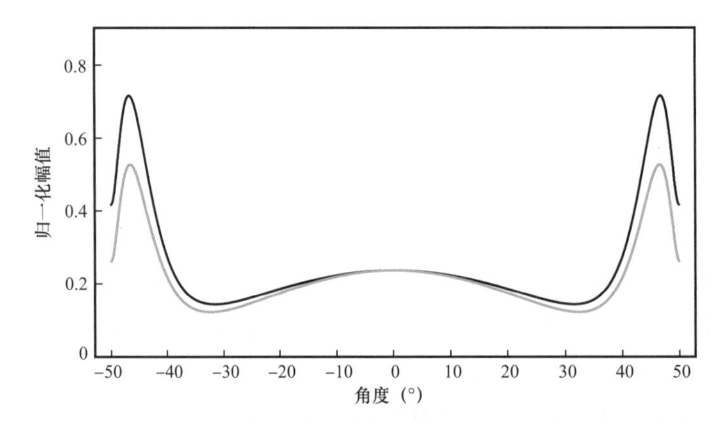

图 2-26　6%TOC 含量储层的近似和准确 PP 反射系数随角度变化曲线

绿线是由垂直速度分量得到的近似反射系数

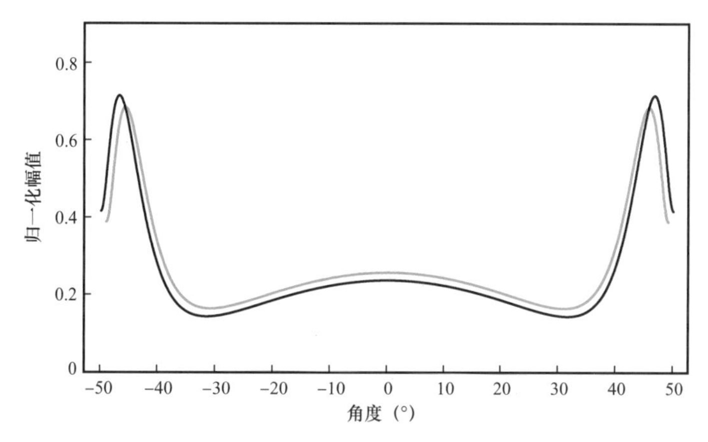

图 2–27　3% 和 6%TOC 含量储层的角度反射系数比较

绿线是 3%TOC 含量储层的反射系数

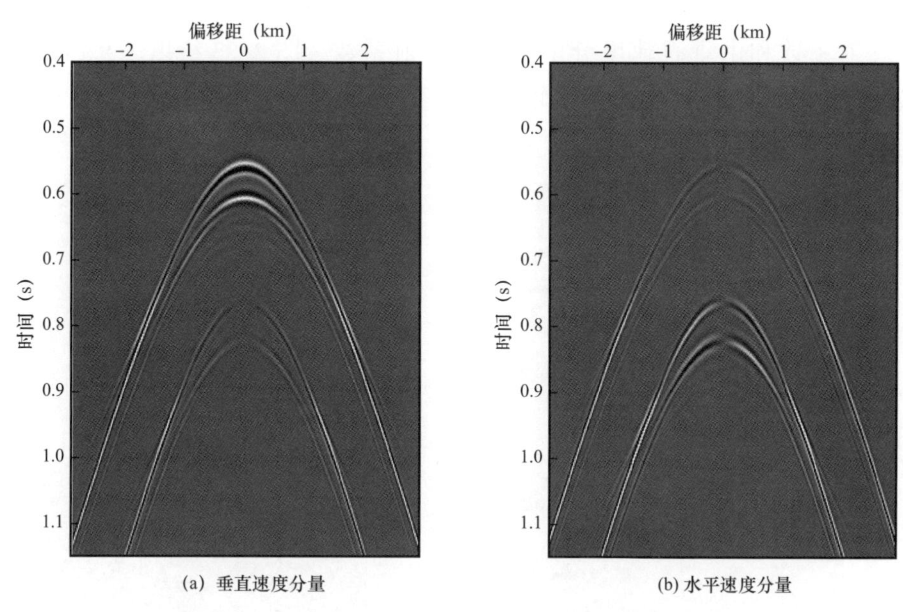

图 2–28　9%TOC 含量储层的垂直和水平速度分量炮记录

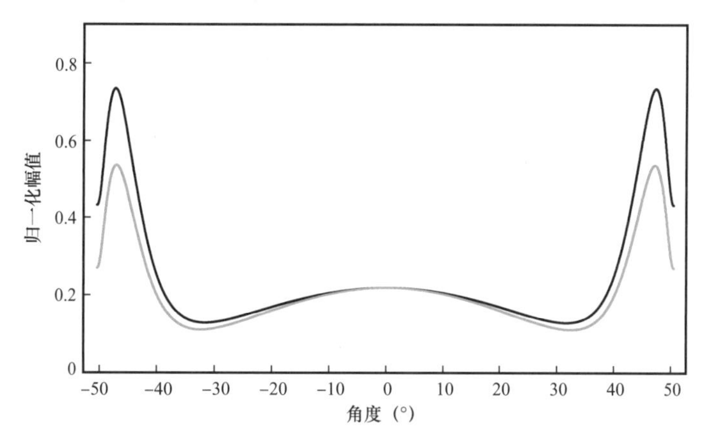

图 2–29　9%TOC 含量储层的近似和准确 PP 反射系数随角度变化曲线

绿线是由垂直速度分量得到的近似反射系数

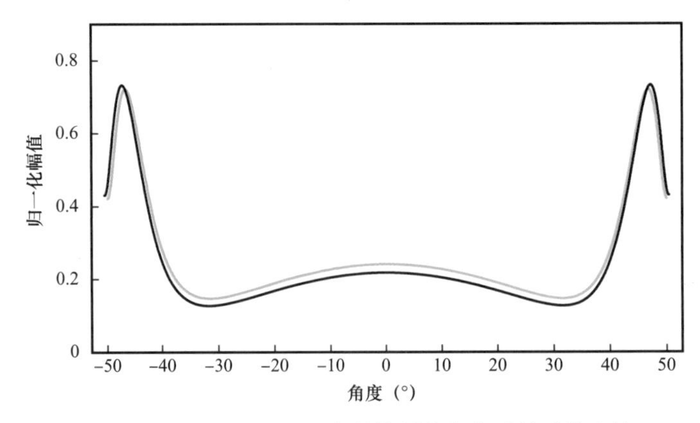

图 2–30　6% 和 9%TOC 含量储层的角度反射系数比较

绿线是 6%TOC 含量储层的反射系数

图 2–31 是表 2–5 中储层的垂直速度和水平速度分量的炮记录。图 2–32 给出了准确的 PP 反射系数和由垂直速度分量得到的反射系数。图 2–33 给出了 9%TOC 含量和 12%TOC 含量储层的准确反射系数对比。

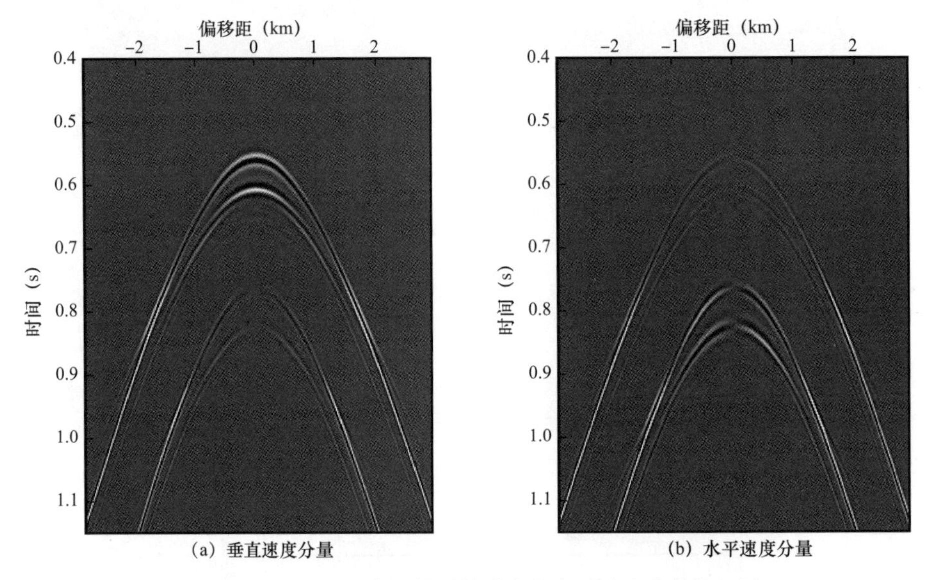

图 2–31　12%TOC 含量储层的垂直和水平速度分量炮记录

图 2–34 是表 2–6 中储层的垂直速度和水平速度分量的炮记录。图 2–35 给出了准确的 PP 反射系数和由垂直速度分量得到的反射系数。图 2–36 给出了 12%TOC 含量和 15%TOC 含量储层的准确反射系数对比。

图 2–37 是表 2–7 中储层的垂直速度和水平速度分量的炮记录。图 2–38 给出了准确的 PP 反射系数和由垂直速度分量得到的反射系数。图 2–39 给出了 15%TOC 含量和 18%TOC 含量储层的准确反射系数对比。

图 2–40 是表 2–8 中储层的垂直速度和水平速度分量的炮记录。图 2–41 给出了准确的 PP 反射系数和由垂直速度分量得到的反射系数。图 2–42 给出了 18%TOC 含量和 21%TOC 含量储层的准确反射系数对比。

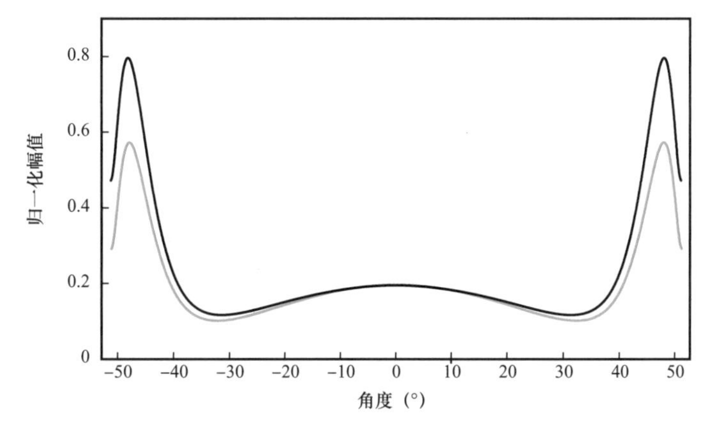

图 2-32 12%TOC 含量储层的近似和准确 PP 反射系数随角度变化曲线

绿线是由垂直速度分量得到的近似反射系数

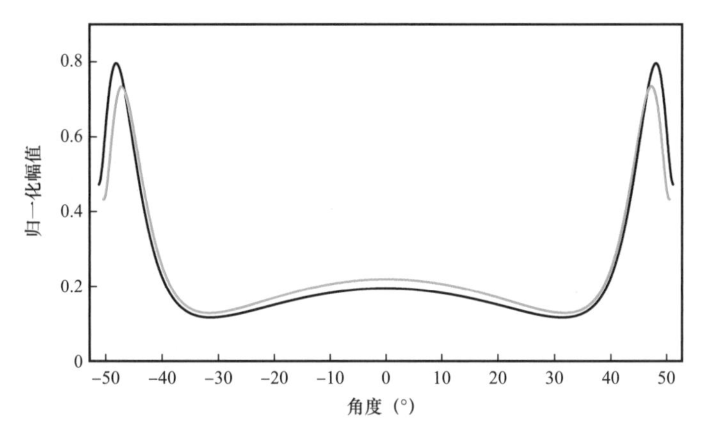

图 2-33 9% 和 12%TOC 含量储层的角度反射系数比较

绿线是 9%TOC 含量储层的反射系数

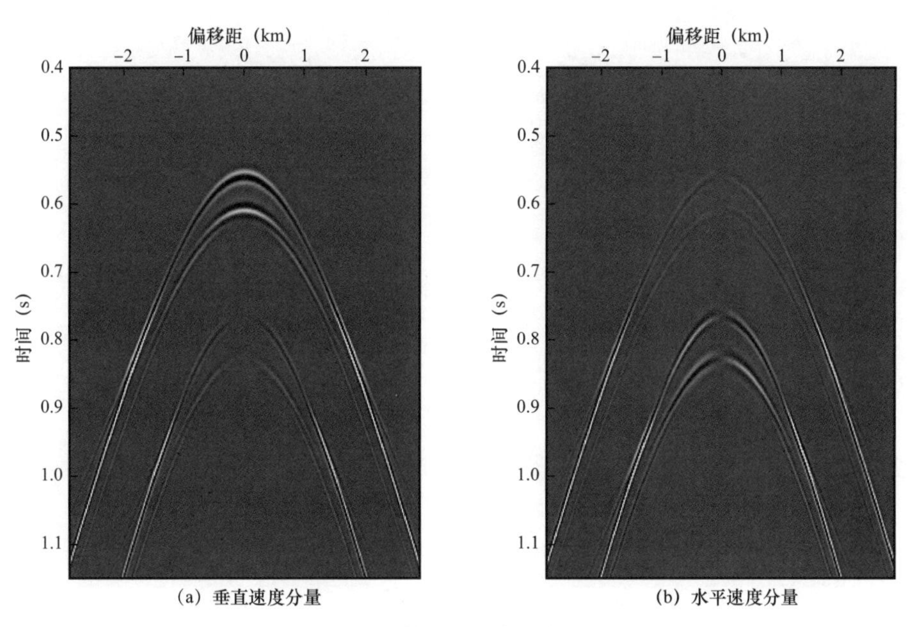

图 2-34 15%TOC 含量储层的垂直和水平速度分量炮记录

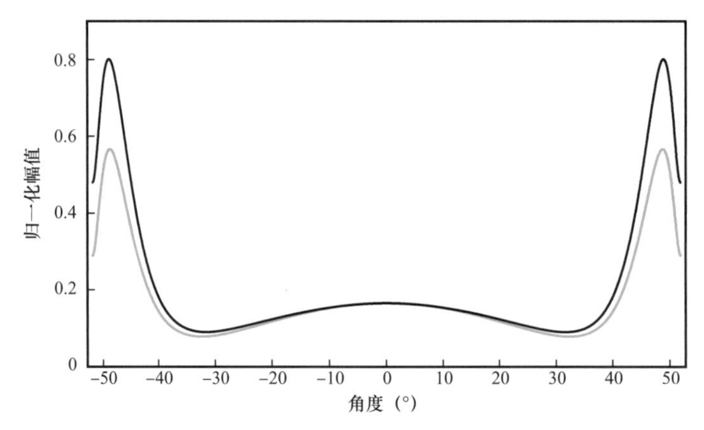

图 2-35　15%TOC 含量储层的近似和准确 PP 反射系数随角度变化曲线

绿线是由垂直速度分量得到的近似反射系数

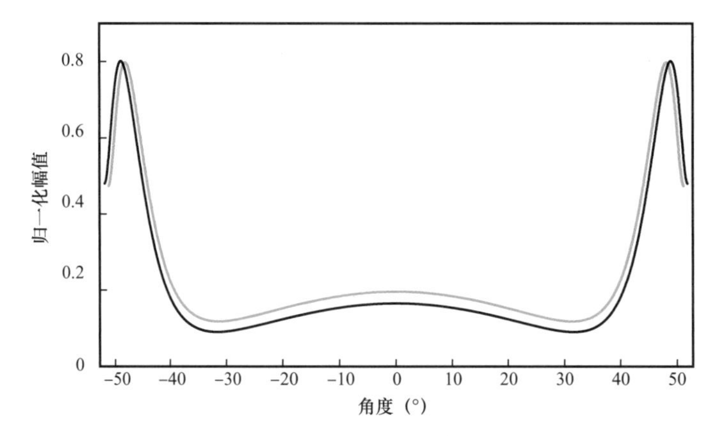

图 2-36　12% 和 15%TOC 含量储层的角度反射系数比较

绿线是 12%TOC 含量储层的反射系数

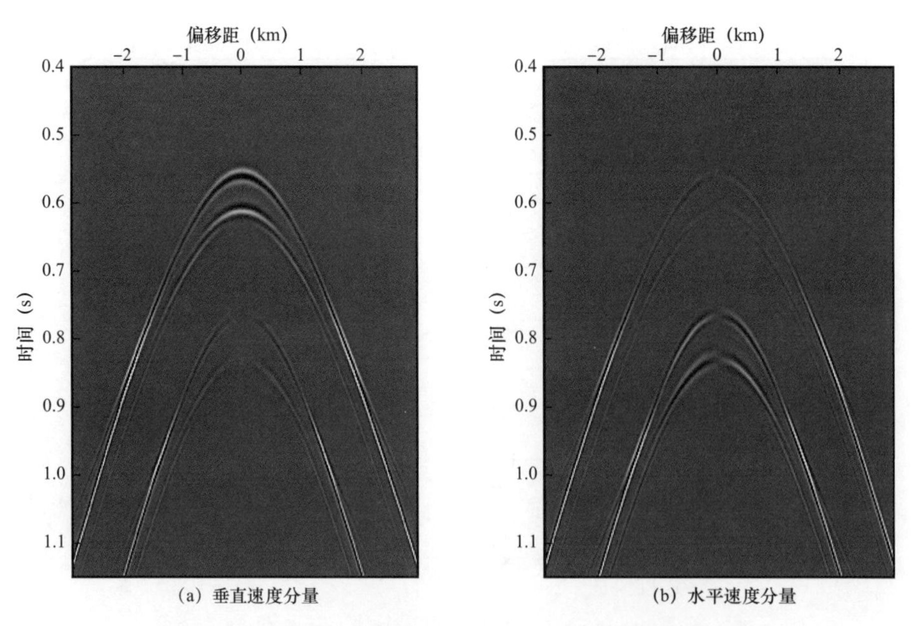

图 2-37　18%TOC 含量储层的垂直和水平速度分量炮记录

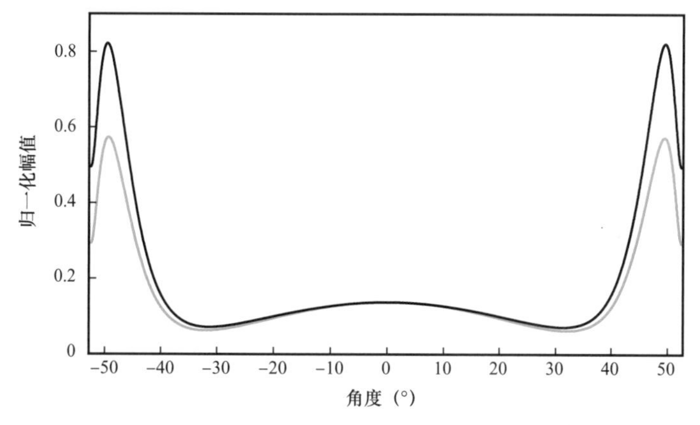

图 2-38　18%TOC 含量储层的近似和准确 PP 反射系数随角度变化曲线

绿线是由垂直速度分量得到的近似反射系数

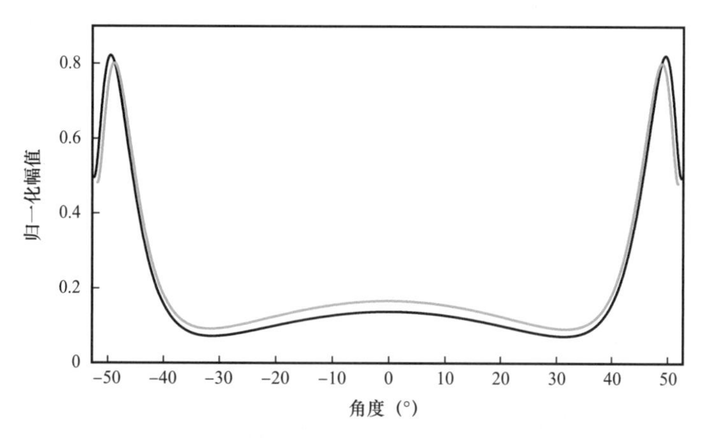

图 2-39　15% 和 18%TOC 含量储层的角度反射系数比较

绿线是 15%TOC 含量储层的反射系数

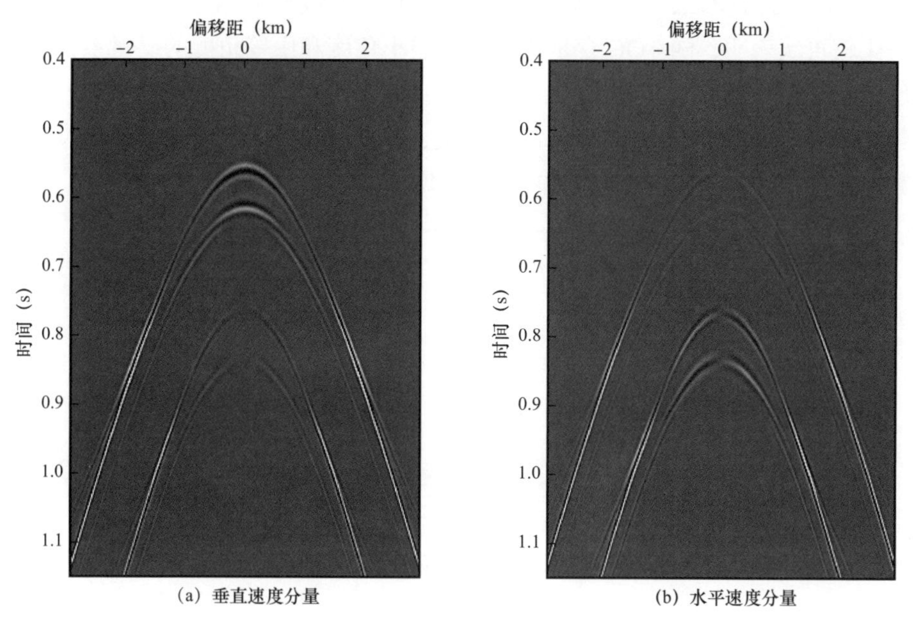

图 2-40　21%TOC 含量储层的垂直和水平速度分量炮记录

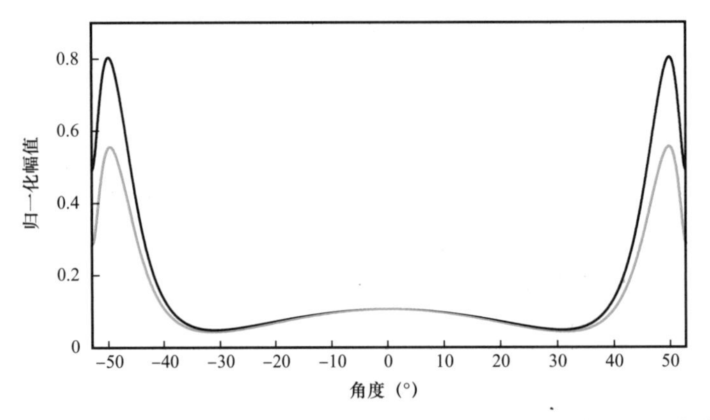

图 2-41　21%TOC 含量储层的近似和准确 PP 反射系数随角度变化曲线

绿线是由垂直速度分量得到的近似反射系数

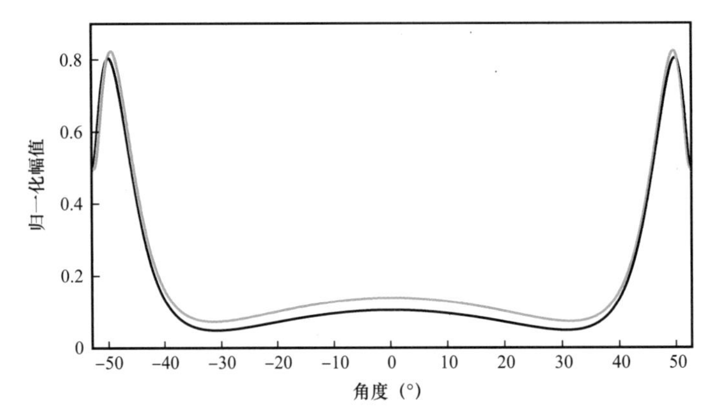

图 2-42　18% 和 21%TOC 含量储层的角度反射系数比较

绿线是 18%TOC 含量储层的反射系数

图 2-43 给出了 TOC 含量由 3% 增加到 21% 时（曲线自上而下）角度反射系数的变化。这一比较再次表明，随 TOC 含量增加，储层小角度和中等角度的反射系数相应减小，而大角度的反射系数增加；随 TOC 含量增加，反射系数减小的幅度也随之减少。图 2-44 进一步给出了小角度反射系数部分的局部放大，从图 2-44 中可看出，在小入射角范围，反射系数随角度减小，减小的梯度随 TOC 含量增加而稍微减小。

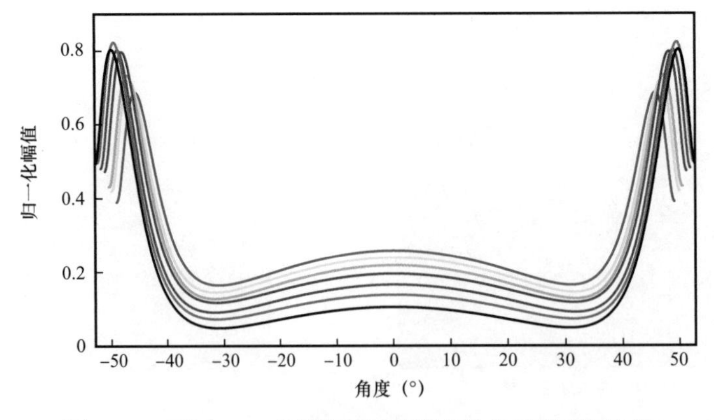

图 2-43　不同 TOC 含量储层随角度变化的反射系数比较

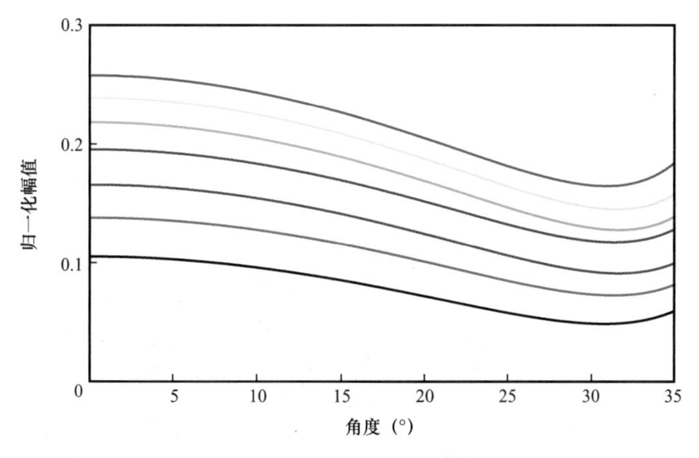

图 2-44 中、小角度反射系数局部放大比较

当考虑储层存在垂直裂缝或沉积过程存在明显的方向性时，储层又将呈现方位角相关的 HTI 各向异性。对此，需采用三维弹性各向异性模拟方法，获得储层的方位相关的反射特征。

第二节 页岩储层岩石物理建模

岩石物理等效模型是储层特性与地震特性之间的桥梁，在油气勘探工业中有非常广泛的应用。本节主要介绍两类页岩油气储层的岩石物理模型：各向异性动态等效模型和成熟度等效模型。

一、各向异性动态等效模型

为更符合实际情况，可以根据已有地质资料和地球物理数据分析结果，进行泥页岩储层岩石物理建模。岩石物理建模示意图如图 2-45 所示，相应的岩石物理建模理论流程如图 2-46 所示。首先，由 HS（Hashin-Shtrikman）上下界限平均理论（Hashin 和 Shtrikman，1963）计算泥页岩中石英、方解石、白云石以及干酪根等非黏土类组分等效颗粒模量，得到模型 A。之后引入压实指数参数，描述黏土颗粒不同程度的定向排列引起的各向异性，并由 Backus（1962）平均理论计算页岩 VTI 各向异性固体基质的弹性参数，得到模型 B。之后，应用 Chapman 的多尺度裂缝理论（Chapman 等，2003），将孔隙—裂缝系统引入到 VTI 固体基质中，并考虑水平微裂缝的形状、孔缝系统连通性、流体类型和黏滞性等因素，得到由模型 C 描述的 VTI 各向异性泥页岩弹性模量。最后，由 Schoenberg 和 Helbig（1997）的等效介质理论在泥页岩 VTI 各向异性背景上加入垂直裂缝，得到正交各向异性模型 D。

岩石物理建模的关键是计算黏土矿物定向排列和水平缝引起的各向异性：

$$\boldsymbol{C}_{6\times6}^{\mathrm{VTI}}\left(CL,\varepsilon_{\mathrm{H}}\right)=\boldsymbol{C}_{6\times6}^{\mathrm{Backus}}\left(CL\right)+\Delta\boldsymbol{C}_{6\times6}^{\mathrm{Chapman}}\left(\varepsilon_{\mathrm{H}}\right) \tag{2-17}$$

式中，泥页岩的弹性系数矩阵 $\boldsymbol{C}_{6\times6}^{\mathrm{VTI}}$ 与黏土矿物压实指数 CL 和水平裂缝密度 ε_{H} 有关，具

体定义将在下文给出。由各向异性Backus理论计算随参数CL变化的岩石基质弹性系数矩阵$\boldsymbol{C}_{6\times6}^{\mathrm{Backus}}(CL)$，由Chapman多尺度裂缝理论计算水平缝密度$\varepsilon_{\mathrm{H}}$变化引起的扰动$\Delta\boldsymbol{C}_{6\times6}^{\mathrm{Chapman}}(\varepsilon_{\mathrm{H}})$。

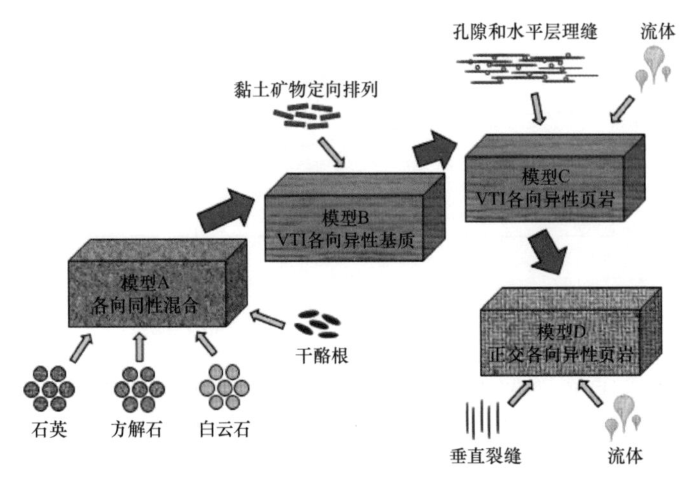

图2-45　各向异性页岩岩石物理建模示意图

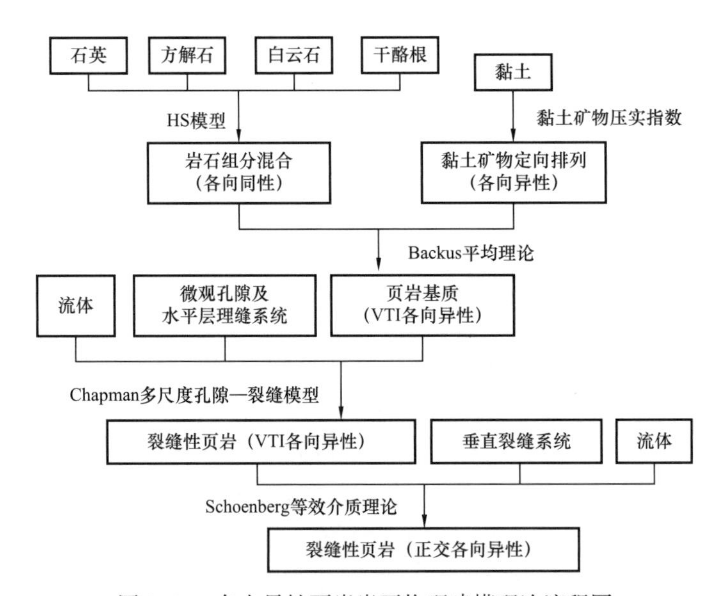

图2-46　各向异性页岩岩石物理建模理论流程图

在岩石物理精细建模的过程中，如何划分孔隙空间是一个重要问题，即在已知总孔隙度的情况下，如何划分微观孔隙、水平裂缝和垂直裂缝等孔缝空间的比例。根据地质资料，孔缝类型与矿物组分有关，即如果某种矿物的组分含量较高，则与该矿物有关的孔隙或裂缝在总孔隙空间中比例也越高。因此，在岩石物理建模过程中以矿物组分的比例划分孔隙空间。根据上文分析，假设微观孔隙比例与干酪根和石英含量正相关，水平裂缝比例与黏土和方解石含量之和正相关，垂直裂缝比例和方解石含量正相关。目前，由于尚未有具体理论或数据确定垂直裂缝和水平裂缝的比例关系，因此假设与方解石有关的水平和垂直裂缝比例各为一半。

黏土矿物的压实指数为一重要参数。Guo 等（2015）在研究 Barnett 页岩各向异性岩石物理建模过程中，提出黏土压实指数参数 CL，用于描述黏土定向排列引起的垂直方向纵、横波速度与各向同性情况的偏离程度：

$$v_{\mathrm{P\_clay\_vertical}}(CL) = v_{\mathrm{P\_clay\_iso}} \times (1-CL) \tag{2-18}$$

$$v_{\mathrm{S\_clay\_vertical}}(CL) = v_{\mathrm{S\_clay\_iso}} \times (1-CL) \tag{2-19}$$

式中，CL 的增加使黏土矿物垂直方向的速度降低，CL 为 0 时对应黏土颗粒完全随机分布的各向同性情况。可以预见，黏土矿物定向排列与泥页岩层理发育有关，定向排列程度越高，岩石的弹性各向异性越强。

1. Hashin–Shtrikman 岩石物理边界理论

在已知各组分体积含量和弹性模量的情况下，岩石物理边界理论能够预测岩石等效弹性模量的上下限。岩石的等效模量位于上下界限之间，其均值能够给出等效弹性模量的初步估计。当矿物形态未知时，能够得到的最窄的上下界限范围由 Hashin–Shtrikman 理论（Hashin 和 Shtrikman，1963）给出，对于两种矿物组分情况：

$$\begin{aligned} K^{\mathrm{HS}\pm} &= K_1 + \frac{f_2}{(K_2-K_1)^{-1} + f_1\left(K_1+\frac{4}{3}\mu_1\right)^{-1}} \\ \mu^{\mathrm{HS}\pm} &= \mu_1 + \frac{f_2}{(\mu_2-\mu_1)^{-1} + \dfrac{2f_1(K_1+2\mu_1)}{5\mu_1\left(K_1+\frac{4}{3}\mu_1\right)}} \end{aligned} \tag{2-20}$$

式中，K_1、K_2 为各成分的体积模量；μ_1、μ_2 为各成分的体积模量；f_1、f_2 为各成分的体积含量。

对于多矿物组分，该理论表达式的一般形式为（Berryman，1995）：

$$\begin{aligned} &K^{\mathrm{HS+}} = \Lambda(\mu_{\max}), K^{\mathrm{HS-}} = \Lambda(\mu_{\min}) \\ &\mu^{\mathrm{HS+}} = \Gamma\left[\zeta(K_{\max},\mu_{\max})\right], \mu^{\mathrm{HS-}} = \Gamma\left[\zeta(K_{\min},\mu_{\min})\right] \end{aligned} \tag{2-21}$$

其中：

$$\begin{aligned} \Lambda(z) &= \left\langle \frac{1}{K(r)+\frac{4}{3}z} \right\rangle^{-1} - \frac{4}{3}z \\ \Gamma(z) &= \left\langle \frac{1}{\mu(r)+z} \right\rangle^{-1} - z \\ \zeta(K,\mu) &= \frac{\mu}{6}\left(\frac{9K+8\mu}{K+2\mu}\right) \end{aligned} \tag{2-22}$$

混合矿物弹性模量可由 Hashin–Shtrikman 理论上下限的平均值估算。

2. 各向异性 Backus 理论

Vernik 和 Nur（1992）应用各向异性 Backus 平均理论模拟 Bakken 页岩的弹性各向异性。该理论计算岩石矿物组分与干酪根的微观互层结构引起的等效 VTI 各向异性：

$$
\begin{aligned}
c_{11}^{*} &= \left\langle c_{11} - c_{13}^{2} c_{33}^{-1} \right\rangle + \left\langle c_{33}^{-1} \right\rangle^{-1} \left\langle c_{33}^{-1} c_{13} \right\rangle^{2} \\
c_{33}^{*} &= \left\langle c_{33}^{-1} \right\rangle^{-1} \\
c_{13}^{*} &= \left\langle c_{33}^{-1} \right\rangle^{-1} \left\langle c_{33}^{-1} c_{13} \right\rangle \\
c_{55}^{*} &= \left\langle c_{55}^{-1} \right\rangle^{-1} \\
c_{66}^{*} &= \left\langle c_{66} \right\rangle
\end{aligned} \tag{2-23}
$$

式中，符号〈 〉为对不同类型矿物组分弹性参数的加权平均；c_{11}、c_{33}、c_{13}、c_{55}、c_{66} 为矿物弹性参数。本章采用各向异性 Backus 理论计算页岩基质的 VTI 各向异性。

3. 多尺度 Chapman 裂缝介质理论

Chapman 等（2003）基于裂缝性孔隙岩石的喷射流动机制提出多尺度裂缝介质模型，它假设岩石的孔隙空间由随机各向同性分布的扁球状微裂隙、球形等径孔隙以及定向排列的扁球状裂缝组成。其中，微裂隙和孔隙的半径与岩石颗粒尺寸相同，而裂缝的半径可远大于颗粒尺寸但小于地震波波长。微裂隙之间、孔隙之间以及微裂隙与孔隙之间可相互连通，每条裂缝可以与多个微裂隙或孔隙连通，但每条微裂隙、每个孔隙至多与一条裂缝连通，裂缝之间互不连通。图 2-47 给出了模型中孔—缝系统示意图。扁球状微裂隙与球形等径孔隙的随机各向同性分布以及裂缝的定向排列使得 Chapman 模型所描述的裂缝性孔隙介质具有六方对称性。

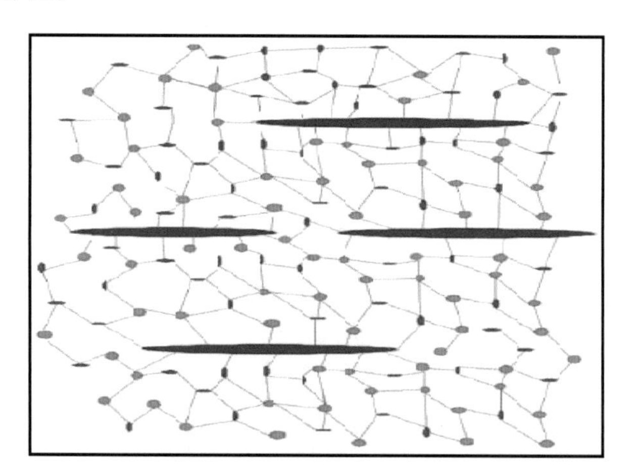

图 2-47　Chapman 模型中裂缝、微裂隙与孔隙组成的孔—缝系统示意图

当裂缝性孔隙介质中存在波诱导的流体压力梯度时，在波诱导的流体压力梯度作用下，岩石空隙空间中不同的相邻单元之间发生流体流动作用，基于流体渗流的达西定律，两个相邻空隙单元 a 和 b 之间的流体质量流量由式（2-24）表示：

$$\partial_t m_a = \frac{\rho_0 K \varsigma}{\eta}\left(p_b - p_a\right) \tag{2-24}$$

式中，m_a 为单元 a 内的流体质量；ρ_0 为流体密度；η 为流体黏滞系数；K 为渗透率；ς 为颗粒尺寸；p_i 为第 i 个单元内的流体压力。

Chapman（2003）模型有效刚度张量（effective stiffness tensor）的表达式为

$$\boldsymbol{C} = \boldsymbol{C}^0 - \phi_p \boldsymbol{C}^1 - \varepsilon_c \boldsymbol{C}^2 - \varepsilon_f \boldsymbol{C}^3 \tag{2-25}$$

式中，$\boldsymbol{C}^0$ 为各向同性岩石基质的弹性张量，由拉梅常数 λ 和 μ 表示；$\boldsymbol{C}^1$、$\boldsymbol{C}^2$、$\boldsymbol{C}^3$ 为孔隙、微裂隙和裂缝的影响，分别乘以孔隙度 ϕ_p、微裂隙密度 ε_c 以及裂缝密度 ε_f。$\boldsymbol{C}^1$、$\boldsymbol{C}^2$ 和 $\boldsymbol{C}^3$ 为与拉梅常数、流体和裂缝性质、频率、与喷射流动相关的松弛时间等参数的函数。两种尺度的流体流动对应着两个流体压力松弛时间（或特征频率）。微裂隙与孔隙之间的流体流动与传统的喷射流动的特征喷流频率有关 $\omega_m=1/\tau_m$，τ_m 表示微裂隙与孔隙之间的流体压力松弛时间，其表达式为

$$\tau_m = \frac{c_v \eta \left(1 + K_c\right)}{\sigma_c K \varsigma c_1} \tag{2-26}$$

式中，c_v 为单个裂隙体积；c_1 为裂隙与孔隙之间的连接数目；$\sigma_c=\pi\mu r/[2(1-v)]$ 为临界应力；$K_c=\sigma_c/k_f$，其中 k_f 为流体体积模量；v 为泊松比；r 为微裂隙或裂缝的纵横比。与裂缝有关的流体压力松弛由松弛时间 τ_f 描述：

$$\tau_f = \frac{a_f}{\varsigma}\tau_m \tag{2-27}$$

式中，a_f 为裂缝半径；ς 为颗粒尺寸。τ_f 与裂缝半径 a_f 成正比，即随着裂缝半径的增加，裂缝表面积与体积的比值减小，为了达到流体压力平衡将有更多流体通过单位表面积，因而需要更多的时间。流体压力松弛时间 τ_f 导致地震频段内的速度频散和衰减，使得裂缝引起的地震各向异性具有频率相关性。

Chapman（2003）模型等效刚度张量取决于以下参数：固体颗粒的拉梅常数 λ 和 μ、岩石密度 ρ、孔隙度 ϕ_p、微裂隙密度 ε_c、裂缝密度 ε_f、裂缝和裂隙纵横比 r、裂缝半径 a_f、流体体积模量 k_f 和松弛时间 τ_m。Chapman 等（2003）假设某一频率的各向同性岩石纵横波速度 v_P^0 和 v_S^0，由它们计算对应的弹性模量 λ^0 和 μ^0：

$$\mu^0 = \left(v_S^0\right)^2 \rho, \quad \lambda^0 = \left(v_P^0\right)^2 \rho - 2\mu^0 \tag{2-28}$$

式中，ρ 为饱和岩石的密度。引入新的拉梅常数 Λ 和 Υ，可由 Λ 和 Υ 在某一频率 f_0 经过微裂隙和孔隙校正后，计算各向同性速度 v_P^0 和 v_S^0：

$$\lambda^0 = \Lambda - \phi_{c,p}\left(\lambda^0, \mu^0, f_0\right), \quad \mu^0 = \Upsilon - \phi_{c,p}\left(\lambda^0, \mu^0, f_0\right) \tag{2-29}$$

式中，$\phi_{c,p}$ 为微裂隙和孔隙作用的模量扰动函数。各向同性刚度张量可以表示为 Λ 和 Υ 的函数 $\boldsymbol{C}^0$（Λ，Υ），Λ 和 Υ 可以由可测量的各向同性速度 v_P^0 和 v_S^0 计算得到。式（2-25）可以写成

$$\boldsymbol{C}(f)=\boldsymbol{C}^{0}(\Lambda,\Upsilon)-\phi_{\mathrm{p}}\boldsymbol{C}^{1}(\lambda^{0},\mu^{0},f)-\varepsilon_{\mathrm{c}}\boldsymbol{C}^{2}(\lambda^{0},\mu^{0},f)-\varepsilon_{\mathrm{f}}\boldsymbol{C}^{3}(\lambda^{0},\mu^{0},f) \tag{2-30}$$

式中，f 为频率；$\omega=2\pi f$ 为角频率。$\boldsymbol{C}(f)$ 的各独立分量表达式分别为

$$\begin{aligned}c_{11}=&(\Lambda+2\Upsilon)-\varepsilon_{\mathrm{c}}\left[\frac{8L_2(1-v)}{3\mu^0}+\frac{128}{45}\frac{1-v}{2-v}\mu^0-\frac{8L_2(1-v)}{\mu^0}G_1-\frac{8k^2(1-v)}{\mu^0}G_2\right.\\&\left.-\frac{8\lambda^0k(1-v)}{3\mu^0}G_3\right]-\phi_{\mathrm{p}}\left\{\frac{3}{4\mu^0}\frac{1-v}{1+v}\times\left[3(\lambda^0)^2+4\lambda^0\mu^0+\frac{36+20v}{7-5v}(\mu^0)^2\right]\right.\\&\left.-\left(1+\frac{3k}{4\mu_0}\right)(3kD_1+\lambda^0D_2)\right\}-\varepsilon_{\mathrm{f}}\left[\frac{8(\lambda^0)^2(1-v)}{3\mu^0}-\frac{8\lambda^0k(1-v)}{\mu^0}F_1-\frac{8(\lambda^0)^2(1-v)}{3\mu^0}F_2\right]\end{aligned} \tag{2-31}$$

$$\begin{aligned}c_{33}=&(\Lambda+2\Upsilon)-\varepsilon_{\mathrm{c}}\left[\frac{8L_2(1-v)}{3\mu^0}+\frac{128}{45}\frac{1-v}{2-v}\mu^0-\frac{8L_2(1-v)}{\mu^0}G_1-\frac{8k^2(1-v)}{\mu^0}G_2\right.\\&\left.-\frac{8(\lambda^0+2\mu^0)k(1-v)}{3\mu^0}G_3\right]-\phi_{\mathrm{p}}\left\{\frac{3}{4\mu^0}\frac{1-v}{1+v}\times\left[3(\lambda^0)^2+4\lambda^0\mu^0+\frac{36+20v}{7-5v}(\mu^0)^2\right]\right.\\&\left.-\left(1+\frac{3k}{4\mu^0}\right)\left[3kD_1+(\lambda^0+2\mu^0)D_2\right]\right\}-\varepsilon_{\mathrm{f}}\left[\frac{8(\lambda^0+2\mu^0)^2(1-v)}{3\mu^0}-\frac{8(\lambda^0+2\mu^0)k(1-v)}{\mu^0}F_1\right.\\&\left.-\frac{8(\lambda^0+2\mu^0)^2(1-v)}{3\mu^0}F_2\right]\end{aligned} \tag{2-32}$$

$$\begin{aligned}c_{12}=&\Lambda-\varepsilon_{\mathrm{c}}\left[\frac{8L_4(1-v)}{\mu^0}+\frac{64}{45}\frac{1-v}{2-v}\mu^0-\frac{8L_4(1-v)}{3\mu^0}G_1-\frac{8k^2(1-v)}{\mu^0}G_2\right.\\&\left.-\frac{8\lambda^0k(1-v)}{3\mu^0}G_3\right]-\phi_{\mathrm{p}}\left\{\frac{3}{4\mu^0}\frac{1-v}{1+v}\times\left[3(\lambda^0)^2+4\lambda^0\mu^0-\frac{4+20v}{7-5v}(\mu^0)^2\right]\right.\\&\left.-\left(1+\frac{3k}{4\mu^0}\right)(3kD_1+\lambda^0D_2)\right\}-\varepsilon_{\mathrm{f}}\left[\frac{8(\lambda^0)^2(1-v)}{3\mu^0}-\frac{8\lambda^0k(1-v)}{\mu^0}F_1-\frac{8(\lambda^0)^2(1-v)}{3\mu^0}F_2\right]\end{aligned} \tag{2-33}$$

$$\begin{aligned}c_{13}=&\Lambda-\varepsilon_{\mathrm{c}}\left[\frac{8L_4(1-v)}{\mu^0}+\frac{64}{45}\frac{1-v}{2-v}\mu^0-\frac{8L_4(1-v)}{3\mu^0}G_1-\frac{8k^2(1-v)}{\mu^0}G_2\right.\\&\left.-\frac{8(\lambda^0+2\mu^0)k(1-v)}{3\mu^0}G_3\right]-\phi_{\mathrm{p}}\left\{\frac{3}{4\mu^0}\frac{1-v}{1+v}\times\left[3(\lambda^0)^2+4\lambda^0\mu^0-\frac{4+20v}{7-5v}(\mu^0)^2\right]\right.\\&\left.-\left(1+\frac{3k}{4\mu^0}\right)\left[3kD_1+(\lambda^0+\mu^0)D_2\right]\right\}-\varepsilon_{\mathrm{f}}\left[\frac{8\lambda^0(\lambda^0+\mu^0)(1-v)}{3\mu^0}-\frac{8(\lambda^0+\mu^0)k(1-v)}{\mu^0}F_1\right.\\&\left.-\frac{8\lambda^0(\lambda^0+\mu^0)(1-v)}{3\mu^0}F_2\right]\end{aligned} \tag{2-34}$$

$$c_{44}=\Upsilon-\varepsilon_{\mathrm{c}}\left[\frac{32}{45}\mu^{0}(1-v)(1-G_{1})+\frac{32}{45}\frac{1-v}{2-v}\mu^{0}\right]-15\phi_{\mathrm{p}}\frac{1-v}{7-5v}\mu^{0}-\varepsilon_{\mathrm{f}}\frac{16(1-v)}{3(2-v)}\mu^{0} \tag{2-35}$$

$$c_{66}=\frac{1}{2}(c_{11}-c_{12}) \tag{2-36}$$

$$\begin{aligned}D_{1}=&\left[(1-l)\xi+\frac{(1-l)\beta}{1+i\omega\tau_{\mathrm{f}}}+\left(l+\frac{l\beta}{1+i\omega\tau_{\mathrm{f}}}\right)\times\left(\frac{1+i\omega\xi\tau_{\mathrm{m}}}{1+i\omega\tau_{\mathrm{m}}}\right)\right]^{-1}\times\\&\left[\frac{l}{3(1+K_{\mathrm{c}})}+(1-l)\gamma'-\frac{i\omega\tau_{\mathrm{m}}}{1+i\omega\tau_{\mathrm{m}}}\left(\frac{l}{3(1+K_{\mathrm{c}})}+\gamma'\right)\times\left(l+\frac{l\beta}{1+i\omega\tau_{\mathrm{f}}}\right)\right]\end{aligned} \tag{2-37}$$

$$D_{2}=\left[(1-l)\xi+\frac{(1-l)\beta}{1+i\omega\tau_{\mathrm{f}}}+\left(l+\frac{l\beta}{1+i\omega\tau_{\mathrm{f}}}\right)\times\left(\frac{1+i\omega\xi\tau_{\mathrm{m}}}{1+i\omega\tau_{\mathrm{m}}}\right)\right]^{-1}\times\left[\frac{\beta}{(1+K_{\mathrm{c}})(1+i\omega\tau_{\mathrm{f}})}\right] \tag{2-38}$$

$$G_{1}=\frac{i\omega\tau_{\mathrm{m}}}{(1+K_{\mathrm{c}})(1+i\omega\tau_{\mathrm{m}})},\quad G_{2}=\frac{1+i\omega\xi\tau_{\mathrm{m}}}{1+i\omega\tau_{\mathrm{m}}}D_{1}-\frac{i\omega\tau_{\mathrm{m}}\gamma'}{1+i\omega\tau_{\mathrm{m}}},\quad G_{3}=\frac{1+i\omega\xi\tau_{\mathrm{m}}}{1+i\omega\tau_{\mathrm{m}}}D_{2} \tag{2-39}$$

$$F_{1}=\frac{1}{1+i\omega\tau_{\mathrm{f}}}\left[\frac{1+i\omega\xi\tau_{\mathrm{m}}}{1+i\omega\tau_{\mathrm{m}}}lD_{1}+(1-l)D_{1}+\frac{il\omega\tau_{\mathrm{m}}}{1+i\omega\tau_{\mathrm{m}}}\left(\frac{1}{3(1-K_{\mathrm{c}})}-\gamma'\right)\right] \tag{2-40}$$

$$F_{2}=\frac{1}{1+i\omega\tau_{\mathrm{f}}}\times\left[\frac{i\omega\xi\tau_{\mathrm{m}}}{1+K_{\mathrm{c}}}+l\frac{1+i\omega\xi\tau_{\mathrm{m}}}{1+i\omega\tau_{\mathrm{m}}}D_{2}+(1-l)D_{2}\right] \tag{2-41}$$

$$L_{2}=(\lambda^{0})^{2}+\frac{4}{3}\lambda^{0}\mu^{0}+\frac{4}{5}(\mu^{0})^{2},\quad L_{4}=(\lambda^{0})^{2}+\frac{4}{3}\lambda^{0}\mu^{0}+\frac{4}{15}(\mu^{0})^{2} \tag{2-42}$$

式中，τ_{m} 和 τ_{f} 为微裂隙和中观尺度裂缝流体流动的松弛时间；参数 $\xi=\frac{3\pi}{8(1-v)}\left[1+\frac{4}{3}\frac{\rho_{\mathrm{s}}}{\rho_{\mathrm{f}}}\left(\frac{v_{\mathrm{S}}^{0}}{v_{\mathrm{f}}}\right)\right]$，$K_{\mathrm{p}}=\frac{4\mu^{0}}{3k_{\mathrm{f}}}$，$\gamma'=\xi\frac{1-v}{1+v}\frac{1}{1+K_{\mathrm{p}}}$；$v_{\mathrm{f}}$ 为流体声波速度；ρ_{s}、ρ_{f} 分别为饱和岩石和流体的密度；k_{f} 为流体体积模量；k 为体积模量；v 为泊松比；v 和 k 可由 λ^{0} 和 μ^{0} 计算得到。若假定裂隙的纵横比足够小使 K_{c} 远小于 1，则有

$$l=\frac{\frac{4}{3}\pi\varepsilon_{\mathrm{c}}}{\frac{4}{3}\pi\varepsilon_{\mathrm{c}}+\phi_{\mathrm{p}}},\quad \beta=\frac{\frac{4}{3}\pi\varepsilon_{\mathrm{f}}}{\frac{4}{3}\pi\varepsilon_{\mathrm{c}}+\phi_{\mathrm{p}}} \tag{2-43}$$

Chapman（2003）模型对裂缝尺寸和孔隙流体类型具很强的敏感性，能够对裂缝性储层中观测到的地震波速度频散和衰减进行解释。

4. Schoenberg 正交各向异性理论

如果储层在水平层理背景下发育垂直裂缝，则表现为正交各向异性，Schoenberg 和 Heibig（1997）在横向各向同性背景介质上利用线性滑移理论加入垂直裂缝，建立了正交

各向异性介质等效介质模型，弹性系数矩阵表示为

$$
\boldsymbol{c}=\begin{bmatrix}
c_{11_b}\left(1-\Delta_N\right) & c_{12_b}\left(1-\Delta_N\right) & c_{13_b}\left(1-\Delta_N\right) & 0 & 0 & 0 \\
c_{12_b}\left(1-\Delta_N\right) & c_{11_b}-\Delta_N\dfrac{c_{12_b}^2}{c_{11_b}} & c_{13_b}\left(1-\Delta_N\dfrac{c_{12_b}}{c_{11_b}}\right) & 0 & 0 & 0 \\
c_{13_b}\left(1-\Delta_N\right) & c_{13_b}\left(1-\Delta_N\dfrac{c_{12_b}}{c_{11_b}}\right) & c_{33_b}-\Delta_N\dfrac{c_{13_b}^2}{c_{11_b}} & 0 & 0 & 0 \\
0 & 0 & 0 & c_{44_b} & 0 & 0 \\
0 & 0 & 0 & 0 & c_{44_b}\left(1-\Delta_V\right) & 0 \\
0 & 0 & 0 & 0 & 0 & c_{66_b}\left(1-\Delta_H\right)
\end{bmatrix} \tag{2-44}
$$

其中：

$$
\Delta_N=\frac{Z_N\rho c_{11_b}}{1+Z_N\rho c_{11_b}} \tag{2-45}
$$

$$
\Delta_V=\frac{Z_V\rho c_{44_b}}{1+Z_V\rho c_{44_b}} \tag{2-46}
$$

$$
\Delta_H=\frac{Z_H\rho c_{66_b}}{1+Z_H\rho c_{66_b}} \tag{2-47}
$$

背景 VTI 介质的弹性系数矩阵 $\boldsymbol{c}_b$ 可以表示为

$$
\boldsymbol{c}_b=\begin{bmatrix}
c_{11_b} & c_{12_b} & c_{13_b} & 0 & 0 & 0 \\
c_{12_b} & c_{11_b} & c_{13_b} & 0 & 0 & 0 \\
c_{13_b} & c_{13_b} & c_{33_b} & 0 & 0 & 0 \\
0 & 0 & 0 & c_{44_b} & 0 & 0 \\
0 & 0 & 0 & 0 & c_{44_b} & 0 \\
0 & 0 & 0 & 0 & 0 & c_{66_b}
\end{bmatrix} \tag{2-48}
$$

式中，$c_{66_b}=\frac{1}{2}\left(c_{11_b}-c_{12_b}\right)$，共有 5 个独立参数，因此正交各向异性介质弹性系数矩阵可用 8 个独立参数表征，即 c_{11_b}、c_{13_b}、c_{33_b}、c_{44_b}、c_{66_b}、Δ_N、Δ_V 和 Δ_H。

对于 VTI 背景介质，本书用 Thomson 弱各向异性理论进行表示，它使用沿对称轴方向传播的纵波及横波的速度 α 和 β 以及额外的三个常数来表达：

$$
\alpha=\sqrt{c_{33}/\rho} \tag{2-49}
$$

$$
\beta=\sqrt{c_{44}/\rho} \tag{2-50}
$$

$$
\varepsilon=\frac{c_{11}-c_{33}}{2c_{33}} \tag{2-51}
$$

$$
\gamma=\frac{c_{66}-c_{44}}{2c_{44}} \tag{2-52}
$$

$$\delta=\frac{\left(c_{13}+c_{44}\right)^{2}-\left(c_{33}-c_{44}\right)^{2}}{2c_{33}\left(c_{33}-c_{44}\right)} \tag{2-53}$$

式中，ε 为纵波各向异性参数；γ 为横波各向异性参数；δ 为混合各向异性参数。

二、不同成熟度岩石物理等效模型

有机质页岩的独特之处在于其既含无机矿物又含有机质成分，这使得有机质页岩在地质历史中不仅要经过沉积、排水、压实、胶结等常规地质过程，还要经过有机质成熟演化这一特殊的地质过程。一般来说，有机质页岩在热演化过程中，其岩石骨架、干酪根性质、应力分布、孔隙空间（基质孔隙、有机质孔隙、微裂缝）、孔隙压力以及流体属性都将发生系统的物理和化学变化。Ahmadov（2011）、Kanitpanyacharoen（2013）、Yenugu（2014）等对有机质页岩在热演化过程中岩石组分、孔隙结构、纹理演化都做过详细的研究。尤其是页岩储层中的无机—有机相互作用方式在不同成熟度下其物理表征也差别很大。毫无疑问，这些变化也势必会影响有机质页岩的弹性响应和地震属性。因此，有机质页岩储层的岩石物理建模需要考虑成熟演化过程对岩石基本物理性质的影响。然而，目前国内外关于有机质页岩的岩石物理模型大多是针对某一种特定的地质状态建立的，而忽略了成熟度的影响，尤其是基于地质过程约束的岩石物理模型，并没有被系统的研究过。下面将从有机质页岩成熟演化的物理过程出发，针对低成熟（油页岩）、成熟（页岩油）、过成熟（页岩气）三种典型地质状态分别建立各自的岩石物理模型，并对其相应的岩石物理和地球物理响应机理进行研究。

1. 地质过程和干酪根成熟度刻画

有机质页岩储层岩石物理建模思路的核心在于对其地质过程的理解，岩石物理分析获得的物理参数与实际储层的匹配程度正是来自对地质过程理解的深刻程度。图 2–48 显示的是有机质页岩的一个大致形成过程，即经过沉积初期的悬浮，早期的压实、排水、机械压实胶结成岩作用。而在这一物理过程中，可以看到骨架孔隙度（无机孔隙度）随着压实的作用，其随着深度的增加不断的减小；而后进入成熟窗口后，随着温度和压力的增加，有机质孔隙度是在缓慢的增加的，而无机孔隙度继续缓慢的减小，所以总孔隙度大致保持不变。刻画有机质储层岩石地球物理特征的一个非常重要问题是干酪根在不同成熟度的页岩中扮演怎样的角色及其力学分布特征。图 2–49 是本书模拟的干酪根成熟的地质过程：在这里以Ⅱ型干酪根为例，将干酪根分成是有生产力的干酪根和不活跃的干酪根；而活跃的干酪根在成熟的第一阶段可以裂解成少量的气、油和残余物；而随着温度和压力的增加这一部分油继续裂解成气和残余有机碳；而在过成熟阶段，残余有机碳进一步裂解成天然气和石墨。

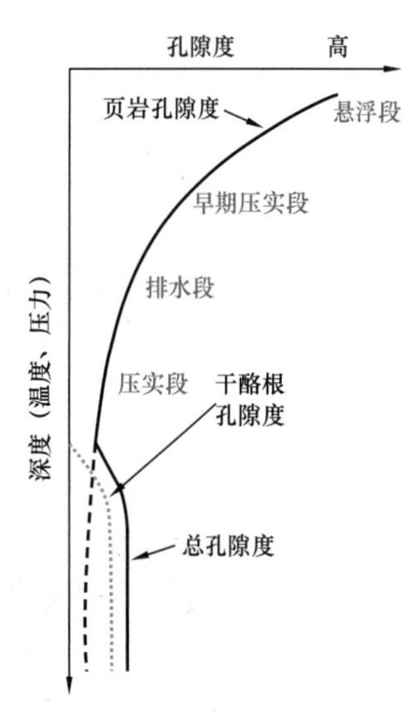

图 2–48　有机质页岩的形成过程及其孔隙度随深度的变化关系

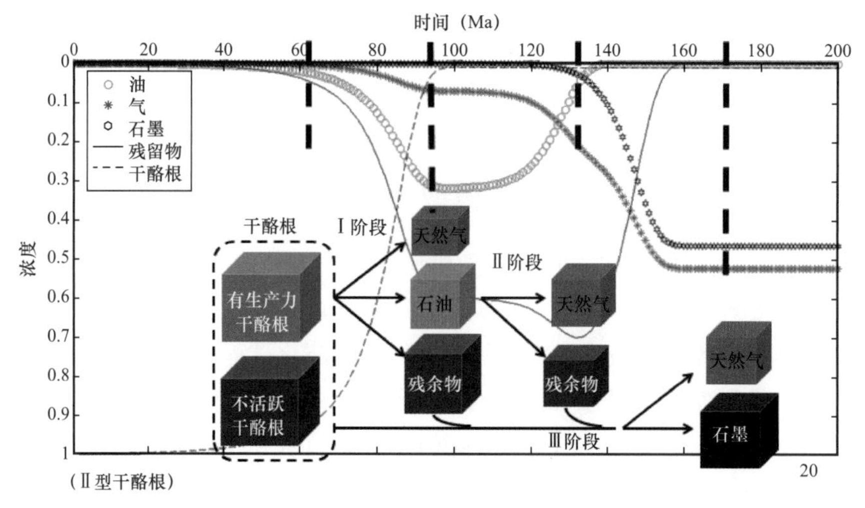

图 2-49　模拟干酪根随着温度压力变化的成熟过程

其中横坐标代表地质时间，设定沉积速率是 0.05km/Ma，而地热梯度是 25℃ /km

图 2-50 显示的是不同成熟度页岩干酪根的分布特征：低成熟页岩中的干酪根跟无机矿物一起经历了沉积和成岩过程，所以也会紧密地连接在一起。如图 2-50a 所示，在低成熟阶段，干酪根可以看成是岩石骨架的一部分，与岩石骨架一样承担着应力；而随着成熟度的增加，部分干酪根开始裂解成有机孔，而干酪根的分布也更多地呈现的是分散的颗粒状。如图 2-50b 所示，在有机质页岩的成熟阶段，干酪根的固体部分仍然与岩石骨架连接在一起发挥着应力承担的作用，而这些颗粒间的微小有机孔即使在很高的压力环境下仍保持着相当完整的几何形态。这些由于裂解作用生成的有机孔也会成为页岩油气的主要储集空间。对于过成熟的页岩来说（图 2-50c），随着温度和压力的进一步增加，干酪根变得更像孔隙充填物一样，这时候矿物颗粒被看成是岩石骨架并且承担主要的应力分布，而干酪根不再承担应力分布。这也是接下来本书岩石物理建模所参考的主要思路。

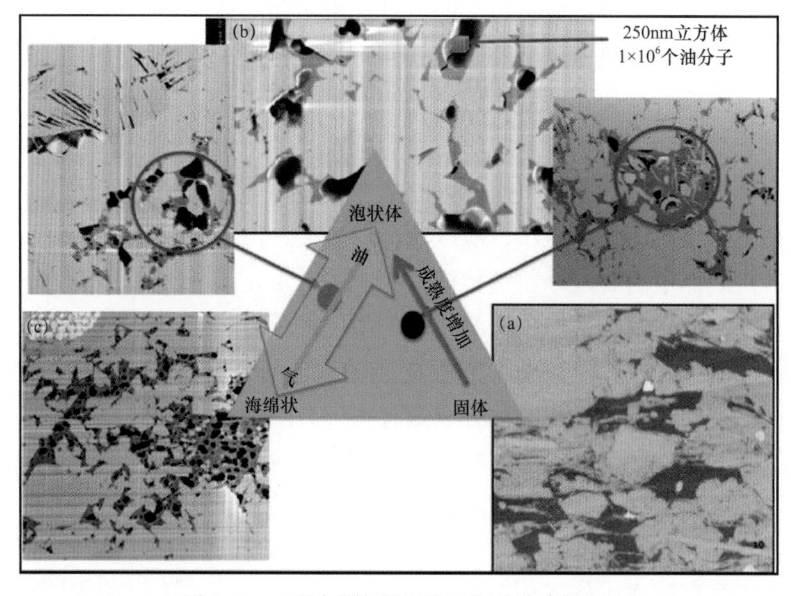

图 2-50　不同成熟度下干酪根的分布特征

2. 成熟度岩石物理建模框架和步骤

将有机质页岩的孔隙度分为两大类，一类是岩石骨架中的无机孔隙度 ϕ_{matrix}，一类是有机质裂解生成的有机孔隙度 $\phi_{kerogen}$。在成岩和有机质成熟过程中，孔隙水会被排出，一般认为没有水存在于干酪根的有机孔中。本书我们进一步将无机孔隙度分成两个部分：

$$\phi_{clay} = V_{clay}\phi_{matrix}\ ,\quad \phi_{nonclay} = \phi_{matrix} - \phi_{clay} \tag{2-54}$$

式中，ϕ_{clay} 为与黏土吸附水有关的黏土孔隙度，而无机孔隙度中的另外一部分 $\phi_{nonclay}$ 则充满着流动水。有机质页岩的岩石物理建模关键要解决两个问题：（1）怎样去描述有机质页岩骨架的弹性性质；（2）不同成熟度情况下有机质与无机质的相互作用方式如何（图 2–51）。具体的建模步骤如下（图 2–52）。

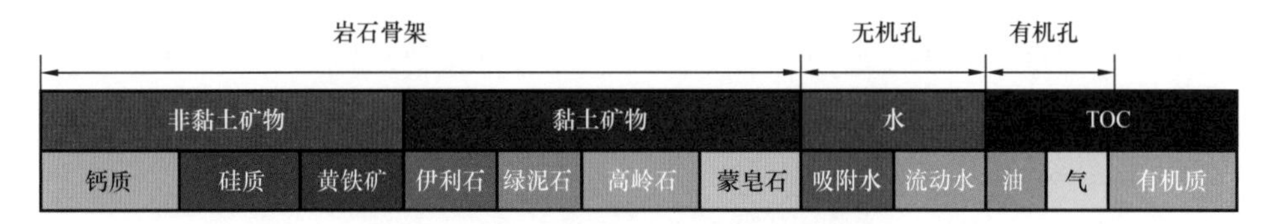

图 2–51　有机质页岩的主要组成成分

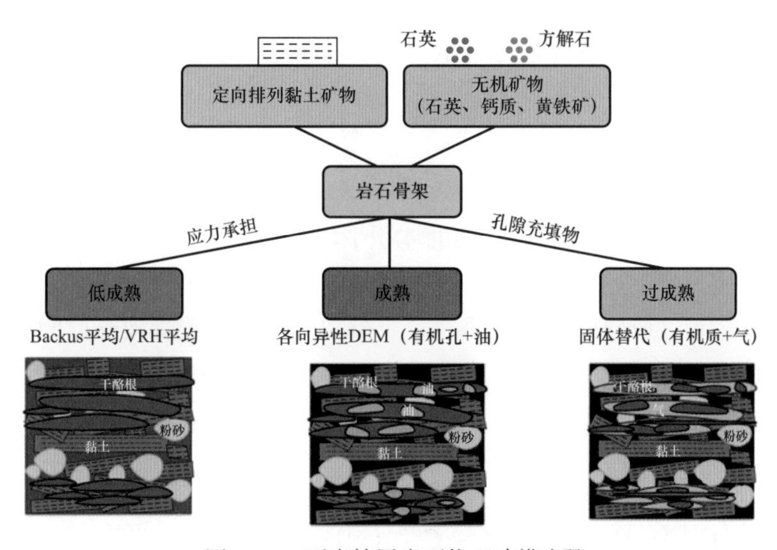

图 2–52　页岩储层岩石物理建模步骤

（1）步骤 1——描述背景黏土矿物的弹性特征：在压实程度较好的页岩中，黏土矿物由于其定向排列而呈现典型的 VTI（具有垂直对称轴的横向各向同性）各向异性特征。用 5 个独立的刚度系数来刻画背景黏土矿物的各向异性特征（Sayers，2013）：c_{11}=44.9GPa，c_{33}=24.2GPa，c_{44}=3.7GPa，c_{66}=11.6GPa，c_{13}=18.1GPa。需要指出的是，黏土矿物由于其极强的毛细管压力总是有吸附水，因此上述黏土矿物的刚度系数也包含了含吸附水的黏土孔隙度的作用。

（2）步骤 2——计算有机质页岩岩石骨架刚度系数：利用各向异性的自洽理论（anisotropic self-consistent approximation；Hornby 等，1994）来刻画含有黏土矿物、非黏土矿物以及含水无机孔隙的整体岩石骨架弹性模量 C_{matrix}。各向异性的自洽理论可以写成如下形式：

$$\sum_{r=1}^{N} v_r \left(\boldsymbol{C}^r - \boldsymbol{C}^{\text{SCA}}\right)\left[1 + \hat{\boldsymbol{G}}(\boldsymbol{C}^r - \boldsymbol{C}^{\text{SCA}})\right]^{-1} = 0 \tag{2-55}$$

式中，v_r（r=1，2，…，N）为各个组分的体积百分比；$\boldsymbol{C}^r$ 为各个组分的刚度系数；$\boldsymbol{C}^{\text{SCA}}$ 为自洽的混合体刚度系数；$\hat{\boldsymbol{G}}$为利用格林函数来刻画包合物几何形状的四阶张量。

（3）步骤 3——刻画有机质和无机质的相互作用：

① 低成熟有机质页岩。

对低成熟的页岩来说，干酪根可以看成岩石骨架的一部分，跟骨架一起承受了应力分布。对于呈散点状分布的有机质，可以用 Voigt–Reuss–Hill 平均混合的方法来计算干酪根和岩石骨架混合的弹性模量；而对于呈条带状分布的有机质，可以用 Backus 平均来计算干酪根和岩石骨架混合的弹性模量：

$$\begin{aligned}
c_{11}^{*} &= \left\langle c_{13}/c_{33}\right\rangle^{2}/\left\langle 1/c_{33}\right\rangle - \left\langle c_{13}^{2}/c_{33}\right\rangle + \left\langle c_{11}\right\rangle \\
c_{33}^{*} &= \left\langle 1/c_{33}\right\rangle^{-1} \\
c_{13}^{*} &= \left\langle c_{13}/c_{33}\right\rangle/\left\langle 1/c_{33}\right\rangle \\
c_{44}^{*} &= \left\langle 1/c_{44}\right\rangle^{-1} \\
c_{66}^{*} &= \left\langle c_{66}\right\rangle
\end{aligned} \tag{2-56}$$

式中，$\langle . \rangle$ 为有机质部分和无机岩石骨架的体积平均。

② 成熟有机质页岩。

对介于低成熟和过成熟的有机质页岩，干酪根仍然发挥着骨架支撑的作用，这一部分仍然可以用 Backus 平均来计算其混合弹性模量。而对于裂解生成的有机孔（含有流体）对整体弹性性质的贡献，可以用各向异性的微分等效介质模型（DEM）来处理（Xu 和 White，1995）：

$$\frac{\mathrm{d}}{\mathrm{d}v}\left(\boldsymbol{C}^{\text{DEM}}(v)\right) = \frac{1}{1-v}\left(\boldsymbol{C}^{\text{fluid}} - \boldsymbol{C}^{\text{DEM}}(v)\right) \times \left[\boldsymbol{I} + \hat{\boldsymbol{G}}\left(\boldsymbol{C}^{\text{oil}} - \boldsymbol{C}^{\text{DEM}}(v)\right)\right]^{-1} \tag{2-57}$$

式中，$\boldsymbol{C}^{\text{fluid}}$ 为有机孔内流体的弹性模量；$\boldsymbol{C}^{\text{DEM}}$（0）为无机岩石骨架和尚未裂解的固体有机质的混合刚度系数；v 为干酪根有机孔的体积分数。

③ 过成熟有机质页岩。

对过成熟的页岩，干酪根和流体的混合物可以看成是岩石骨架的充填物，不发挥应力承担的作用。在这里，由于干酪根和流体混合物的剪切模量不为零，可以用各向异性介质的固体替代公式（Ciz 和 Shapiro，2007）来处理干酪根和流体混合物对整体有机质页岩弹性性质的贡献。需要注意的是，对于干酪根和流体混合物的弹性性质本书假设是成不均匀的斑状混合分布的。各向异性介质的固体替代公式可以用柔度系数来表达：

$$s_{ijkl}^{\text{sat}} = s_{ijkl}^{\text{dry}} - \frac{\left(s_{ijmn}^{\text{dry}} - s_{ijmn}^{0}\right)\left(s_{klpq}^{\text{dry}} - s_{klpq}^{0}\right)}{\left[\left(s^{\text{dry}} - s^{0}\right) + \left(V_{\text{kerogen}} + \phi_{\text{kerogen}}\right)\left(s^{\text{mixture}} - s^{\phi}\right)\right]_{mnpd}} \tag{2-58}$$

式中，s^{dry} 为岩石骨架的有效柔度系数张量；s^{sat} 为含有干酪根—流体混合物的有机质页岩有效柔度系数张量；s^{0} 为岩石矿物的有效柔度系数张量；V_{kerogen} 为干酪根的体积分数；ϕ_{kerogen} 为干酪根中有机孔的体积分数；s^{mixture}、s^{ϕ} 分别为干酪根—流体混合的柔度系数张量和有机孔的柔度系数张量；下标 *ijkl*、*ijmn*、*nmpd* 为柔度系数张量分量。

需要指出的是，在有机质页岩成熟的过程中，岩石骨架的无机孔隙度由于压实作用相应的缓慢降低，而干酪根部分的有机孔隙度相应的增大，流体类型也逐渐由油转化成气。利用新提出的针对不同成熟度有机质页岩的岩石物理模板，可以进一步研究有机质页岩弹性响应对影响储层评价物理参数（矿物含量、TOC 丰度、孔隙度、含油饱和度、流通性能、可压裂性等）的敏感度。

图 2-53 至图 2-55 显示的是不同成熟度背景下弹性参数纵波阻抗和纵横波速度比对有机质含量和矿物含量的敏感性分析。图中的实验数据来自 Vernik 和 Liu（1997）测量的不同成熟度的有机质页岩实验数据，并且实验数据与模型结果显示了较好的吻合。不难看出纵波阻抗和纵横波速度比随着 TOC 含量的增加呈现降低的特征，但在不同脆性矿物含量时其敏感性不同，一般来说，在低脆性矿物含量时对 TOC 变化的敏感性会比高脆性矿物含量时的敏感性要高。另外在不同成熟度的背景下，弹性参数对 TOC 和脆性矿物含量的敏感性也不相同。

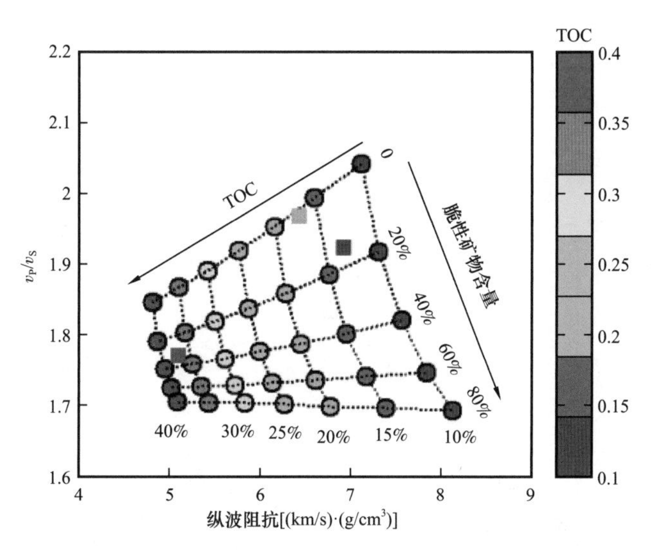

图 2-53　低成熟背景下纵波阻抗和纵横波速度比交会图

数据点颜色代表的是不同体积含量的 TOC，图中的实验数据来自 Vernik 和 Liu（1997）所测的低成熟度 Montery 页岩（R_o=0.42%～0.44%）

图 2-56 为利用过成熟有机质页岩岩石物理模板来解释涪陵龙马溪组有机质页岩储层 JY1、JY2、JY3、JY4 井测井数据。正如前面所阐述的那样，可以把影响有机质页岩弹性性质的影响因素主要分解成两大类：有效储层参数和脆性矿物含量。有效储层参数通常情

况下会降低纵波阻抗和纵横波速度比，而脆性矿物含量通常情况下会增加纵波阻抗和降低纵横波速度比。如图 2–56 所示，测井数据的大致趋势吻合岩石物理模板。根据岩石物理模板，龙马溪组页岩硅质含量大概整体在 40%～60% 之间，这也与实际的测井数据解释是一致的。另外，根据这个岩石物理模板，可以很好地识别龙马溪组页岩的储层质量：优质储层龙马溪组一段波阻抗和纵横波速度比较低；而龙马溪组二段和部分龙马溪组三段的波阻抗和纵横比速度比较高，这一部分对应的储层物性和含气性均较差。也可以利用这样的认识更好地指导利用地震数据预测优质储层分布。图 2–57 和图 2–58 展示了如何基于地震反演剖面和切片利用较低纵波阻抗和较低纵横波速度比来识别龙马溪组优质储层的分布。

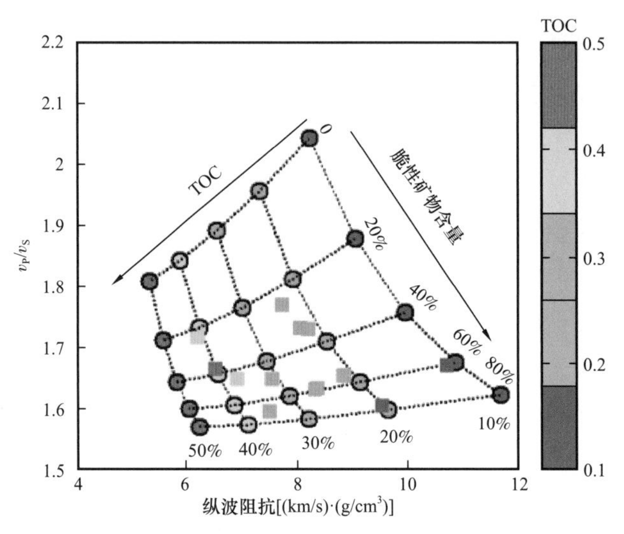

图 2–54　成熟背景下纵波阻抗和纵横波速度比交会图

数据点颜色代表的是不同体积含量的 TOC，图中的实验数据来自 Vernik 和 Liu（1997）所测的成熟致密油 Bakken 油页岩（R_o=0.61%～1.19%）

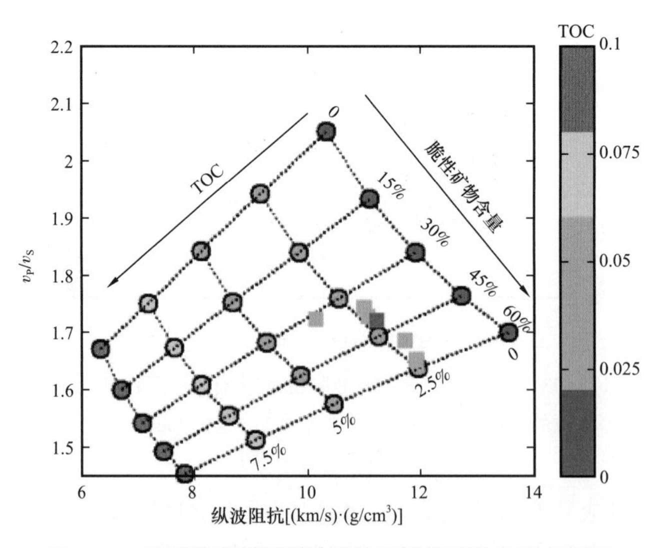

图 2–55　过成熟背景下纵波阻抗和纵横波速度比交会图

数据点颜色代表的是不同体积含量的 TOC，图中的实验数据来自 Vernik 和 Liu（1997）所测的过成熟致密油 Niobrara 油页岩（R_o=1.15%～1.46%）

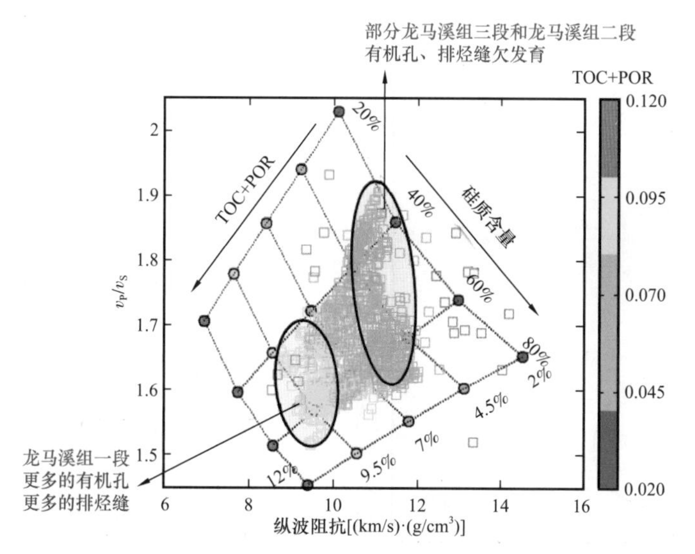

图 2-56　利用过成熟有机质页岩的岩石物理模板解释的龙马溪页岩气测井数据

数据点颜色代表的是不同的有效储层参数，数据点全部来自 JY1、JY2、JY3、JY4 井龙马溪组一段、二段、三段数据

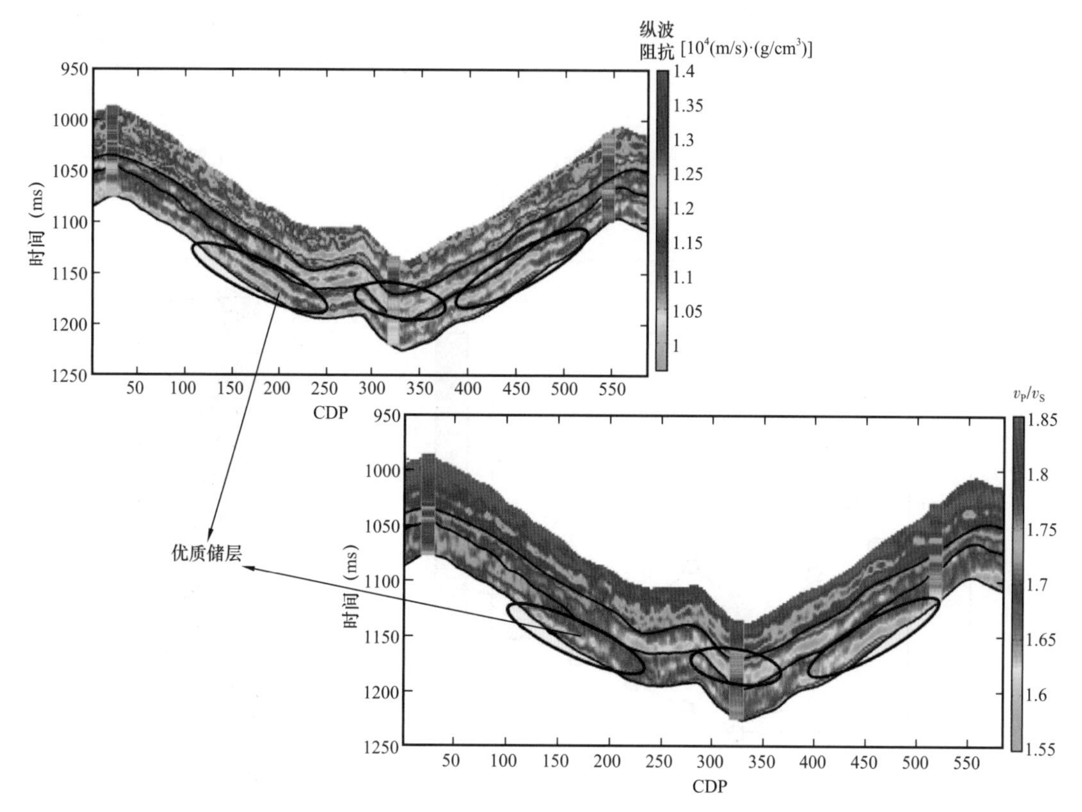

图 2-57　基于地震反演剖面，利用建立的岩石物理模板联合纵波阻抗和纵横波速度比来识别龙马溪组优质储层的垂向分布

图 2-59 显示的是利用过成熟有机质页岩解释 Barnett 页岩气储层的测井数据，由图 2-59 可以看到岩石物理模板能够较好地解释 TOC 和矿物含量的影响。

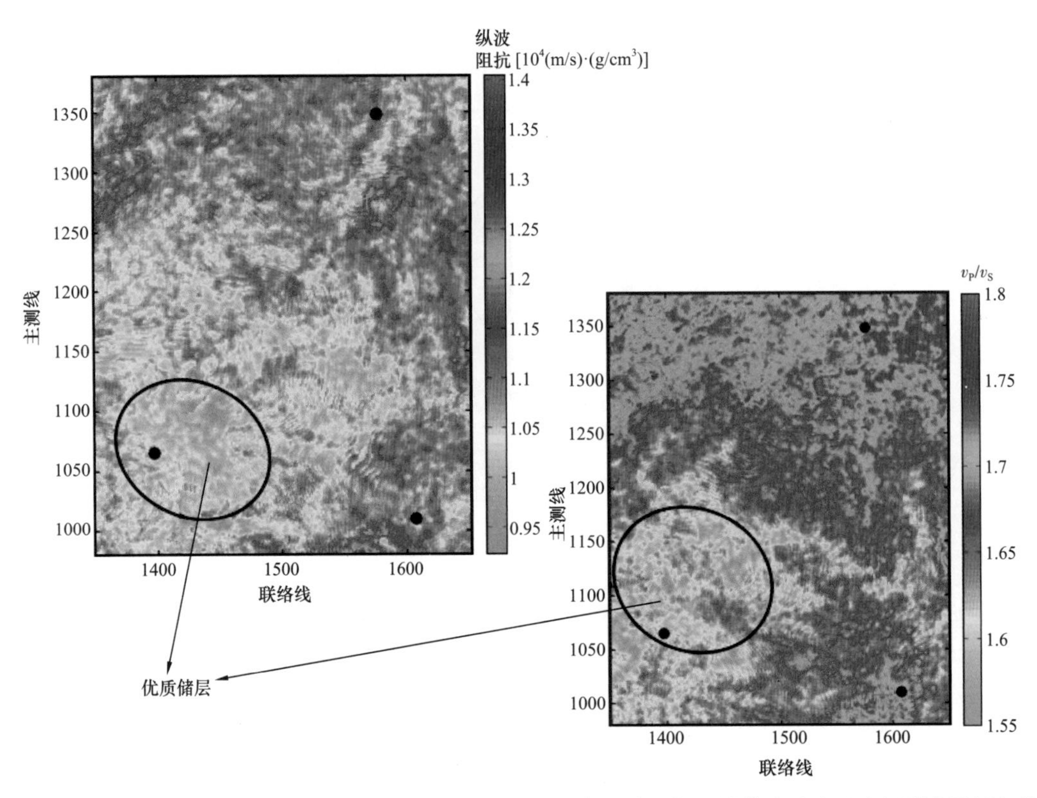

图 2-58　基于地震反演切片，利用建立的岩石物理模板联合纵波阻抗和纵横波速度比来识别龙马溪组优质储层的横向展布

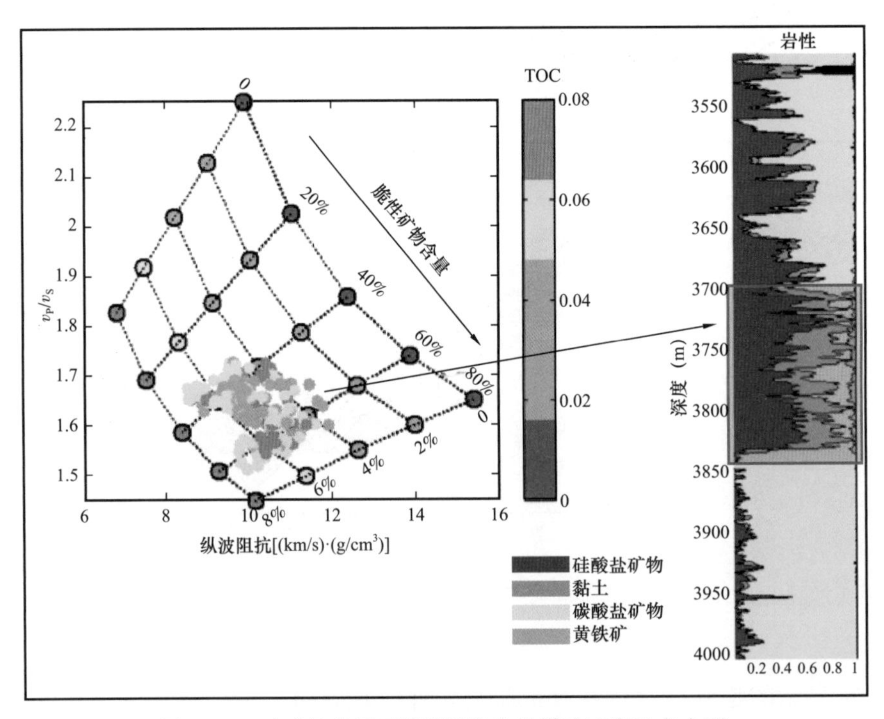

图 2-59　过成熟背景下纵波阻抗和纵横波速度比交会图

数据点来自 Barnett 页岩气储层的测井数据

第三节 基于岩石物理的多尺度多物理协同预测方法

相较于传统储层，页岩油气储层往往存在关键岩石物理性质参数和各向异性不能预测的难题。针对这种问题本节介绍了一种基于岩石物理正反演和神经网络学习方法的页岩储层预测方法，对储层从测井到地震尺度进行不同物理量的协同预测。

一、基于岩石物理的神经网络预测模型构建

预测模型采用的 BP（back propagation）神经网络是一种具有多层前馈网络的反向传播算法，简称 BP 神经网络算法，该算法在模拟非线性函数方面具有广泛的应用；因此，基于岩石物理及 BP 神经网络算法的盐间页岩油储层物性参数预测方法可以应用到实际数据中进行储层物性参数预测及分析。

如图 2–60 所示，BP 神经网络具有一个输入层、一个隐含层（深度学习算法中具有多个隐含层）和一个输出层，层与层之间连接，同层之间无连接。BP 神经网络的误差反向传播算法属于有导师学习的学习规则（训练算法），其基本思想是提供一系列输入、输出对作为训练样本，将输出的预测值与相对应的期望值进行比较，将该误差归结为权值和阈值的偏差，从输出层反向传播该误差并调整权值和阈值，使输出与期望输出之间的误差逐步减小直到满足精度要求。

如图 2–60 所示的输入层、隐含层和输出层神经元 / 数据可以进行以下表示。输入层和输出层数据对作为样本对（x，y），其中，$x=(x_1, x_2, \cdots, x_i, \cdots, x_d)$，表示输入层含有 d 个神经元；$\boldsymbol{y}=(y_1, y_2, \cdots, y_j, \cdots, y_l)$，表示输出层含有 l 个神经元，其中输出层神经元的阈值可表示为 $\boldsymbol{\theta}=(\theta_1, \theta_2, \cdots, \theta_j, \cdots, \theta_l)$；隐含层含有 q 个神经元，可表示为 $\boldsymbol{b}=(b_1, b_2, \cdots, b_h, \cdots, b_q)$，其中隐含层神经元的阈值可表示为 $\boldsymbol{\gamma}=(\gamma_1, \gamma_2, \cdots, \gamma_h, \cdots, \gamma_q)$；矩阵 $\boldsymbol{v}$ 表示输入层与隐含层之间的权值，矩阵 $\boldsymbol{w}$ 表示隐含层与输出层之间的权值：

$$\boldsymbol{v}=\begin{bmatrix} v_{11} & v_{12} & \cdots & v_{1d} \\ v_{21} & v_{22} & \cdots & v_{2d} \\ \vdots & \vdots & \vdots & \vdots \\ v_{q1} & v_{q2} & \cdots & v_{qd} \end{bmatrix} \tag{2–59}$$

$$\boldsymbol{w}=\begin{bmatrix} w_{11} & w_{12} & \cdots & w_{1d} \\ w_{21} & w_{22} & \cdots & w_{2d} \\ \vdots & \vdots & \vdots & \vdots \\ w_{l1} & w_{l2} & \cdots & w_{ld} \end{bmatrix} \tag{2–60}$$

BP 神经网络中隐含层和输出层神经元的输入可以由权值和上一层神经元求得，如图 2–60 所示，第 h 个隐含层神经元的输入 α_h，第 j 个输出层神经元的输入 β_j 可由公式计算得到

$$\alpha_h = \sum_{i=1}^{d} v_{ih} x_i \tag{2-61}$$

$$\beta_j = \sum_{h=1}^{q} w_{hj} b_h \tag{2-62}$$

式中，x_i 为输入层第 i 个神经元；b_h 为隐含层第 h 个神经元；v_{ih} 为第 i 个输入层神经元的权值；w_{hj} 为第 j 个隐含层神经元的权值。

BP 神经网络的输出与期望输出之间的误差可以写作

$$e = \frac{1}{2} \sum_{j=1}^{l} \left(y_j - z_j \right)^2 \tag{2-63}$$

式中，y_j 为输出层第 j 个神经元；z_j 为输出层第 j 个神经元的输出，可写作

$$z_j = f\left(\beta_j - \theta_j\right) = f\left(net_j\right) \tag{2-64}$$

式中，$net_j=\beta_j-\theta_j$，$j=1$，$2\cdots$，l；函数 f（net）为输出层的传递函数。

隐含层第 h 个神经元的输出可写作

$$b_h = g\left(\alpha_h - \gamma_h\right) = g\left(net_h\right) \tag{2-65}$$

式中，$net_h=\alpha_h-\gamma_h$，$h=1$，2，…，q；函数 g（net）为输出层的传递函数。

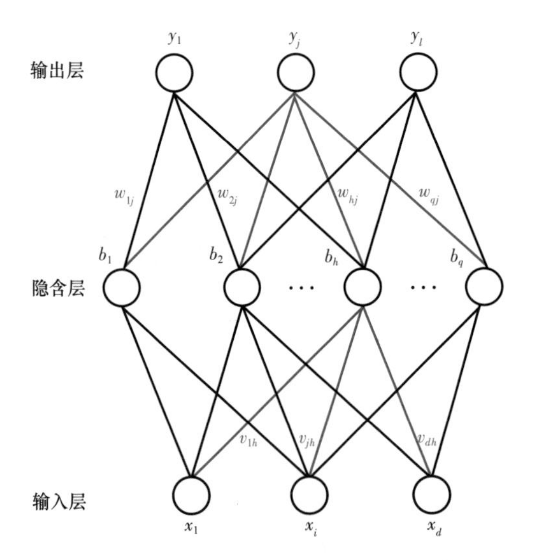

图 2-60　BP 神经网络结构示意图（据周志华，2016）

在神经网络学习的过程中，如果神经网络的输出与期望输出之间的误差未达到精度要求，则需要对网络的权值和阈值进行调整。调整网络权值的公式为

$$\begin{cases} v_{ih}\left(t+1\right) = v_{ih}\left(t\right) + \Delta v_{ih} = v_{ih}\left(t\right) - \eta_1 \dfrac{\partial e}{\partial v_{ih}} = v_{ih}\left(t\right) + \eta_1 \delta_h x_i \\ w_{hj}\left(t+1\right) = w_{hj}\left(t\right) + \Delta w_{hj} = w_{hj}\left(t\right) - \eta_2 \dfrac{\partial e}{\partial w_{hj}} = w_{hj}\left(t\right) - \eta_2 \varepsilon_j b_h \end{cases} \tag{2-66}$$

式中，v_{ih} 为第 i 个输入层神经元的权值；w_{hj} 为第 j 个隐含层神经元的权值；η_1、η_2 分别为隐含层和输出层的学习步长；ε_j 和 δ_h 可通过误差 e 对权值的偏导数求得。误差 e 对权值 w_{hj} 和 v_{ih} 的偏导数分别可写作式（2–67）和式（2–68）的形式：

$$\frac{\partial e}{\partial w_{hj}}=\frac{\partial e}{\partial z_j}\frac{\partial z_j}{\partial w_{hj}}=-\left(y_j-z_j\right)f'\left(net_j\right)b_h=-\varepsilon_j b_h \tag{2–67}$$

$$\frac{\partial e}{\partial v_{ih}}=\sum_{j=1}^{l}\sum_{h=1}^{q}\frac{\partial e}{\partial z_j}\frac{\partial z_j}{\partial b_h}\frac{\partial b_h}{\partial v_{ih}}=-\sum_{j=1}^{l}\left(y_j-z_j\right)f'\left(net_j\right)w_{hj}g'\left(net_h\right)x_i=-\delta_h x_i \tag{2–68}$$

其中：

$$\varepsilon_j=\left(y_j-z_j\right)f'\left(net_j\right) \tag{2–69}$$

$$\delta_h=\sum_{j=1}^{l}\left(y_j-z_j\right)f'\left(net_j\right)w_{hj}g'\left(net_h\right)=g'\left(net_h\right)\sum_{j=1}^{l}\delta_h w_{hj} \tag{2–70}$$

调整 BP 神经网络阈值的公式为

$$\begin{cases}\gamma_h(t+1)=\gamma_h(t)+\Delta\gamma_h=\gamma_h(t)+\eta_1\dfrac{\partial e}{\partial\gamma_h}=\gamma_h(t)+\eta_1\delta_h\\ \theta_j(t+1)=\theta_j(t)+\Delta\theta_j=\theta_j(t)+\eta_2\dfrac{\partial e}{\partial\theta_j}=\theta_j(t)+\eta_2\varepsilon_j\end{cases} \tag{2–71}$$

式中，γ_h 为第 h 个隐含层神经元的阈值；θ_j 为第 j 个输出层神经元的阈值。误差 e 对阈值 θ_j 和 γ_h 的偏导数分别可写作如下形式：

$$\frac{\partial e}{\partial\theta_j}=\frac{\partial e}{\partial z_j}\frac{\partial z_j}{\partial\theta_j}=\left(y_j-z_j\right)f'\left(net_j\right)=\varepsilon_j \tag{2–72}$$

$$\frac{\partial e}{\partial\gamma_h}=\sum_{j=1}^{l}\frac{\partial e}{\partial z_j}\frac{\partial z_j}{\partial b_h}\frac{\partial b_h}{\partial v_{ih}}=\sum_{j=1}^{l}\left(y_j-z_j\right)f'\left(net_j\right)w_{hj}g'\left(net_h\right)=\delta_h \tag{2–73}$$

二、基于岩石物理的储层物性参数预测方法

图 2–61 为在 BP 神经网络框架下基于岩石物理反演结果的储层物性参数地震定量解释流程图。首先，基于井中物性参数反演结果，应用神经网络建立弹性参数与物性参数之间的非线性映射关系，以弹性参数作为输入层元素，以物性参数作为输出元素，对 BP 神经网络进行训练，当误差达到最小精度要求时得到最适权值和阈值，得到训练好的神经网络。之后，将叠前地震反演的弹性参数做输入，利用训练好的 BP 神经网络预测相应的储层物性参数。

基于井中岩石物理反演结果，以潜江凹陷页岩油工区 WY11 井和 BYY2 井中目标层潜三段四亚段及部分上覆岩层和下伏岩层段数据作为训练数据。在 BP 神经网络算法中，训练过程以地震波阻抗反演得到的 v_{P}、v_{S} 和 ρ 数据作为输入层数据，以黏土混合物纵横波

速 v_{P-clay}、v_{S-clay}，页岩基质裂缝纵横比 α_H，黏土混合物中伊利石比例 f_{illite}，页岩固体基质纵波各向异性参数 ε 和横波各向异性参数 γ 作为输出层数据。

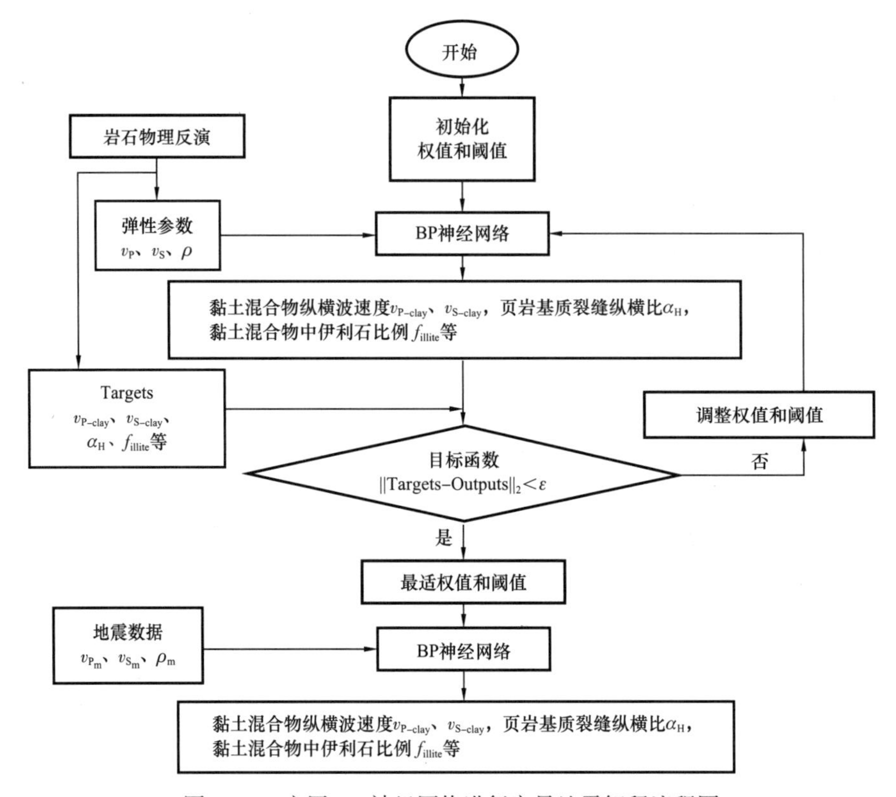

图 2-61　应用 BP 神经网络进行定量地震解释流程图

针对 WY11 和 BYY2 井的训练结果如图 2-62 所示，其中黑色曲线为井中岩石物理反演的实际数据，红色曲线为训练数据的预测结果，应用 BP 神经网络计算得到的预测曲线与实际数据具有较好的一致性。

如图 2-63 所示为 BP 神经网络训练过程中均方误差统计结果柱状图，结果显示，经过多次迭代后，均方误差集中在 -0.1146～0.02252 之间，可以减小到预设的目标值。经过训练的 BP 神经网络可用于进行储层物性参数预测。

三、储层物性参数预测实际数据应用及分析

如图 2-62 所示，应用 BP 神经网络技术建立目标层 v_P、v_S、ρ 与页岩微观物性、各向异性参数的非线性映射关系，应用于地震弹性反演结果的定量解释。

应用 BP 神经网络技术对弹性参数进行定量地震解释，结果如图 2-64 所示。其中，图 2-64a 为盐间页岩油储层中白云石矿物组分 $f_{dolomite}$，反映储层主要脆性矿物含量的分布；图 2-64b 为干酪根含量 $f_{kerogen}$；图 2-64c 为孔隙度；图 2-64d 为黏土混合物纵波速度 v_{P-clay}；图 2-64e 为黏土混合物横波速度 v_{S-clay}；图 2-64f 为黏土混合物纵横波速度比 v_{P-clay}/v_{S-clay}；图 2-64g 为页岩基质裂缝纵横比 α_H，反映裂缝形态的空间分布，可用于储层渗透率评估；图 2-64h 为黏土混合物中伊利石比例 f_{illite}；图 2-64i 为黏土混合物中粒间软物质

比例 f_{soft}；图 2-64j 为页岩固体基质纵波各向异性参数 ε；图 2-64k 为页岩固体基质横波各向异性参数 γ。基质各向异性参数的分布，可用于储层纹层结构的评估。

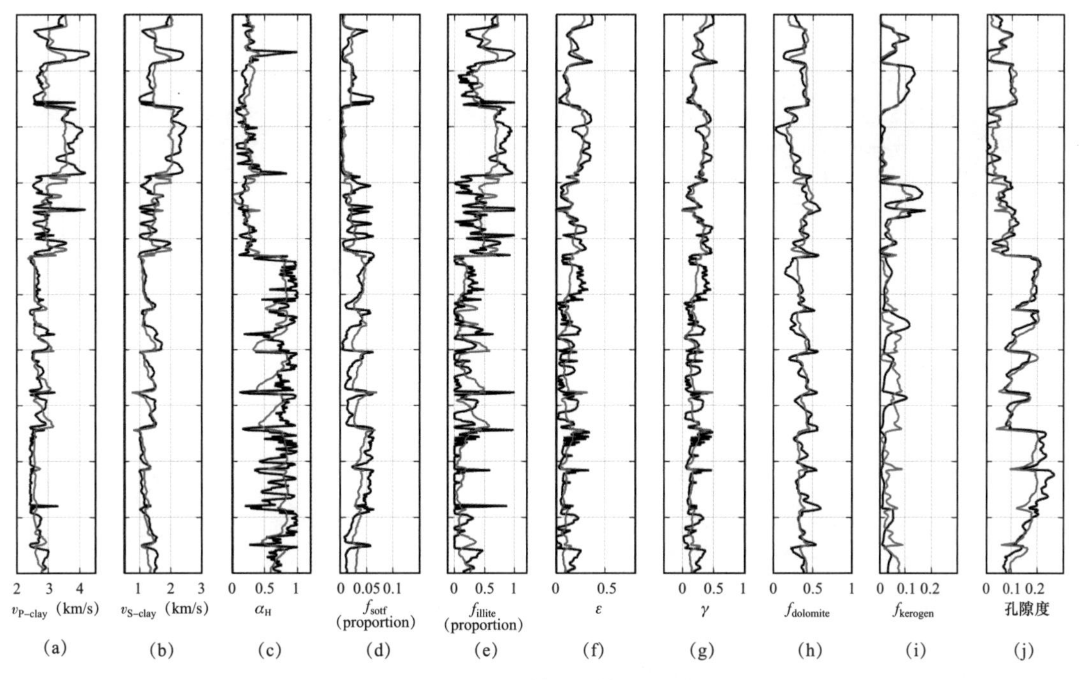

图 2-62　BP 神经网络测试图

（a）黏土混合物纵波速度 v_{P-clay}；（b）黏土混合物横波速度 v_{S-clay}；（c）页岩基质裂缝纵横比 α_H；（d）黏土混合物中粒间软物质比例 f_{soft}；（e）黏土混合物中伊利石比例 f_{illite}；（f）页岩固体基质纵波各向异性参数 ε；（g）页岩固体基质横波各向异性参数 γ；（h）白云石矿物比例 $f_{dolomite}$；（i）干酪根比例 $f_{kerogen}$；（j）孔隙度

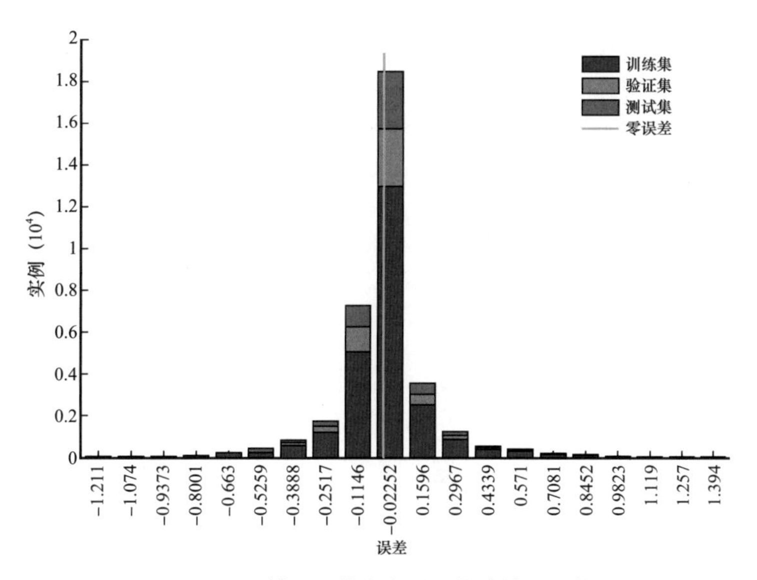

图 2-63　BP 神经网络均方误差统计结果柱状图

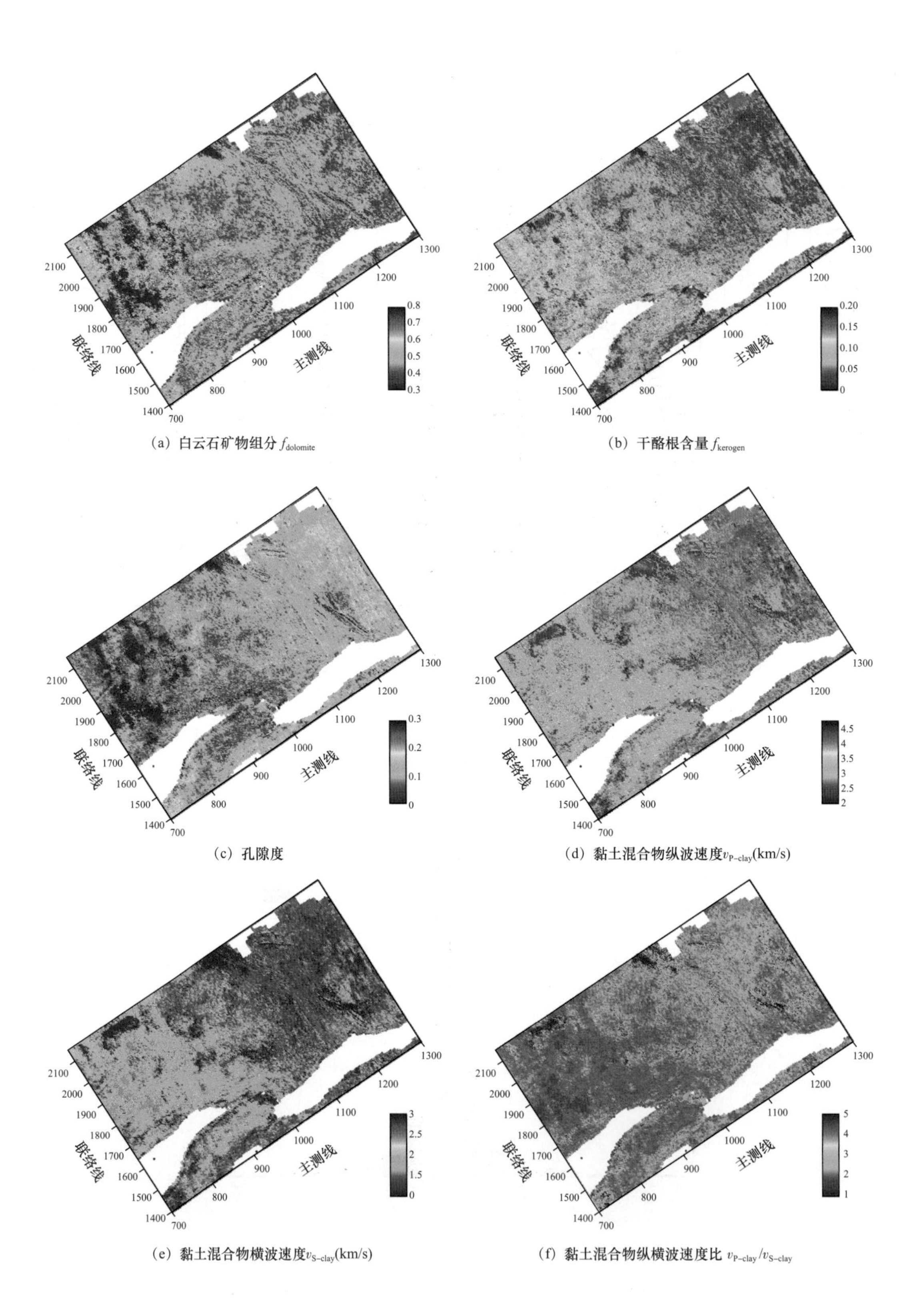

(a) 白云石矿物组分 $f_{dolomite}$

(b) 干酪根含量 $f_{kerogen}$

(c) 孔隙度

(d) 黏土混合物纵波速度v_{P-clay}(km/s)

(e) 黏土混合物横波速度v_{S-clay}(km/s)

(f) 黏土混合物纵横波速度比 v_{P-clay}/v_{S-clay}

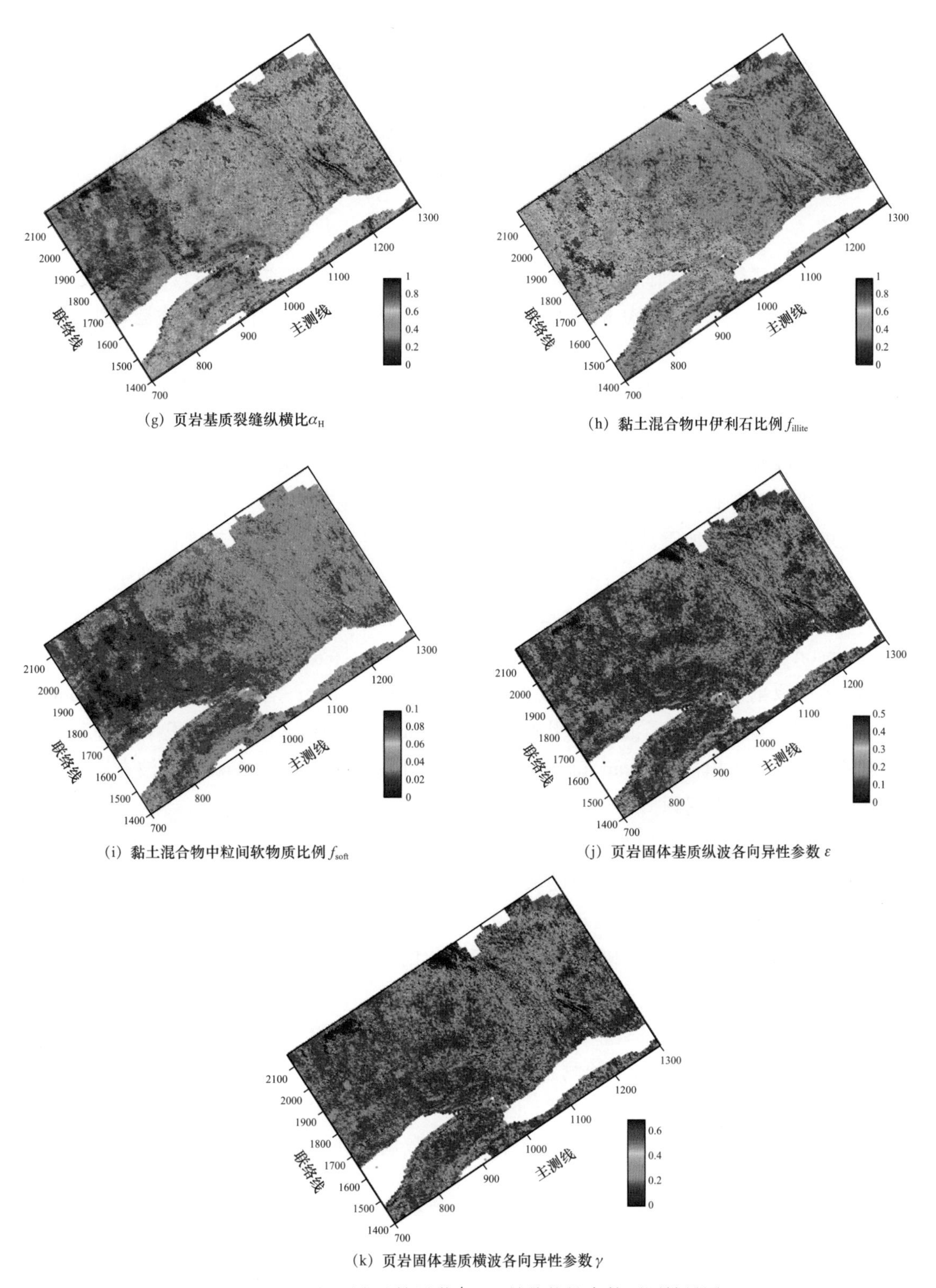

(g) 页岩基质裂缝纵横比α_{H}

(h) 黏土混合物中伊利石比例f_{illite}

(i) 黏土混合物中粒间软物质比例f_{soft}

(j) 页岩固体基质纵波各向异性参数 ε

(k) 页岩固体基质横波各向异性参数 γ

图 2-64　盐间页岩油储层潜$_3^4$—10 韵律物性参数预测结果图

第三章　页岩储层地震资料全频带拓频处理技术

油气勘探往往会遇到储层很薄的地质目标。由于地下地震速度一般较高，波长较大，这使得用地震方法来识别储层的顶底很困难。识别薄储层的一种有效途径就是对地震资料进行拓频处理，提高地震的识别精度。

地震波在地下传播过程中，高频能量逐渐被黏弹介质吸收，因而主要含低频能量的子波会逐渐被拉伸，地震反射剖面上主要为低频分量。在地震勘探中，地震子波直接控制地震资料的分辨率，子波波长越短，地震分辨率越高，反之亦成立。而油藏地球物理的研究目标之一就是提高地震资料分辨率，有效描述富含油气的薄互层。

恢复高频能量的地震数据处理方法包括预测反褶积，Gabor 变换和反 Q 滤波等等。反褶积（Robinson，1954，1967）作为地震数据处理的一个重要环节，反褶积的研究在很多方面的有长足的进步。Wiener 滤波基于 Robinson 反褶积（Robinson，1957），后来的学者如 Robinson 和 Treitel（1967）在此基础上做了进一步的探索和方法扩展。褶积算法的实现是将地震反射系数和子波褶积生成地震信号道。Oldenburg 等（1981）、Longbottom 等（1988）研究了基于静态子波的反褶积技术。Porsani 和 Ursin（1998）开发了一种基于复合地震子波的反褶积技术。van der Baan（2008）开发了一种时变 Wiener 滤波方法，用于处理非静态地震数据问题。

地震分辨率也可通过反 Q 滤波实现，反 Q 滤波可以补偿波形能量衰减。Bickel 和 Natarajan（1985）提出了基于相位的反 Q 滤波方法，后来的 Hargreaves 和 Calvert（1991）将此种方法应用到了偏移成像处理之中。然而，基于相位的滤波方法不能改变高频的地震振幅。Wang（2002，2006，2008）提出了稳定化的反 Q 滤波方法，此方法实现了同时补偿振幅和矫正相位。

中国陆上页岩油储层具有岩相变化的薄互纹层或韵律结构，现有地震资料的分辨率不足，制约储层描述与“甜点”预测。现有的反褶积、反 Q 等拓频方法高频精度不够、低频缺失，影响了成像和储层反演精度。因此，本章介绍一种保存低频信息，也可拓展高频信息的拓频方法，这有助于得到高分辨率的地震数据，进而为后续的油藏描述和“甜点”预测服务。

第一节　方法原理

理论上，傅里叶变换的拓展特性可以改善地震资料分辨率。对于地震子波 $w(t)$，t

为时间，它的频谱 $W(f)$ 可以表示成

$$W(f)=|W(f)|\mathrm{e}^{i\phi(f)} \tag{3-1}$$

式中，f 为频率；$|W(f)|$ 为振幅谱；$\phi(f)$ 为相位谱。依据傅里叶理论（Rader，1968），当地震子波 $w(t)$ 使用一拓展因子 $a>1$ 时，可实现对子波的压缩，对应的子波 $W(f)$ 可变为

$$w(at)\leftrightarrow\frac{1}{a}\left|W\left(\frac{f}{a}\right)\right|\mathrm{e}^{i\phi(f/a)} \tag{3-2}$$

这样振幅谱可以移动到频率较高的频带（Bansal 和 Matheney，2010），进而提高地震资料分辨率。如果子波拓展因子 $0<a<1$，实现子波拉伸，振幅谱会延拓到频率较低的频带，地震资料分辨率下降。

当 a 取常数时，由于频谱向高频延拓，能量较压缩前变低。本书的目标是如何在压缩子波的同时实现低频能量的维持。下面介绍一种基于频谱延拓的子波处理方法，以实现对地震子波的压缩，从而提高地震资料的分辨率。

为了通过拓展地震频谱的方式压缩地震子波，并且同时实现提高低频部分振幅大小，可以在式（3–1）中引入频谱拓展因子：

$$a(f)=\begin{cases}\dfrac{f_{\mathrm{r}}+f}{2f_{\mathrm{r}}}, & 0\leqslant f<f_{\mathrm{r}}\\ \dfrac{(n-2)f_{\mathrm{r}}+f}{(n-1)f_{\mathrm{r}}}, & f_{\mathrm{r}}\leqslant f<nf_{\mathrm{r}}\\ 2, & f\geqslant nf_{\mathrm{r}}\end{cases} \tag{3-3}$$

式中，f_{r} 为参考频率；$n\geqslant5$，是个可调节的整数。当频谱拓展因子代入子波频谱，得到

$$\frac{1}{a(f)}\left|W\left[\frac{f}{a(f)}\right]\right|\exp\left\{i\phi\left[\frac{f}{a(f)}\right]\right\} \tag{3-4}$$

频谱会同时拓展到高频和低频方向。对于频率从 f_{r} 变化到 0 时，拓展因子从 1.0 减小到 0.5，频谱向低频方向延拓。对于频率从 f_{r} 变化到 nf_{r} 时，拓展因子从 1.0 增加到 2，频谱向高频方向延拓。对于频率 $f>nf_{\mathrm{r}}$，拓展因子可以固定在 2.0，频谱向高频方向延拓。

参考频率 f_{r} 可设置为平均频率 f_{m} 的一半，后者可以从地震数据的能量谱来估算：

$$f_{\mathrm{m}}=\frac{\int_0^{\infty}fW^2(f)\mathrm{d}f}{\int_0^{\infty}W^2(f)\mathrm{d}f} \tag{3-5}$$

例如，雷克子波的平均频率 f_{m} 可近似等于地震主频（Wang，2015a），$f_{\mathrm{m}}\approx1.064f_{\mathrm{p}}$。其频带宽度相对主频 f_{p} 来说为（$0.482f_{\mathrm{p}}$，$1.637f_{\mathrm{p}}$），这个通过对主振幅的一半来测量（Wang，

2015b）。因而参考频率 f_r 大体上表示为雷克子波频带的左边界位置。可以假设最高的有效频率为 $2.5f_p$，本章后续内容中设置 $n=5$ 来考虑相关问题。

对于实际数据的处理，工作流程包括实际数据的子波估计，基于子波的拓展因子的构建，以及实际数据的处理等。

实际地震信号 $s(t)$ 可以表示为地震子波 $w(t)$ 和地震反射系数 $r(t)$ 的褶积：

$$s(t)=w(t) * r(t) \tag{3-6}$$

式中，* 为褶积算子。频率域的褶积模型可以表示成：

$$S(f)=W(f)R(f) \tag{3-7}$$

如果子波扩展了，扩展后的地震数据信号可表示如下：

$$\hat{S}(f)=\hat{W}(f)R(f) \tag{3-8}$$

这里 $\hat{W}(f)$ 为频率拓展后的子波频谱，对应的时间域的子波为 $\hat{w}(t)$。可以推出下列方程：

$$\hat{S}(f)=\frac{\hat{W}(f)}{W(f)}S(f)=H(f)S(f) \tag{3-9}$$

这里 $H(f)$ 是传导滤波器，可以通过以下表达式求出：

$$W(f)H(f)=\hat{W}(f) \tag{3-10}$$

式中，W 为估计子波的频谱；$\hat{W}$ 为拓展后的频谱。

基于式（3-10）可以根据最小二乘原理构建传导滤波器 $H(f)$：

$$H=\left(\bar{W}W+\sigma^2\right)^{-1}\bar{W}\hat{W} \tag{3-11}$$

式中，$\bar{W}(f)$ 为 $W(f)$ 共轭复数；σ^2 为一个正的微小值，用来稳定最小二乘解。对于本研究中合成数据和实际地震数据，σ^2 大小设为 0.001。式（3-9）表明可以将滤波算子 $h(t)$ 应用到地震数据 $s(t)$ 之中，生成新的地震数据 $\hat{s}(t)$，新数据的分辨率得到提高。

因而，上述提高分辨率的具体工作流程包括下面 4 步：

（1）从地震数据中估计地震子波 $w(t)$；

（2）使用频谱拓宽因子 $a(f)$ 拓宽数据频谱 $W(f)$ 到 $\hat{W}(t)$；

（3）基于上一步得到的两个频谱计算传导滤波算子 $H(f)$；

（4）最后，使用传导滤波算子 $H(f)$ 处理整个地震数据。

第二节　最小相位子波频谱拓展

图 3-1a 显示了 Berlage 最小相位子波，主频为 30Hz。图 3-1b 显示的是使用常数延拓因子 2 实现对原始的 30Hz 子波的压缩，等效为一个 60Hz 的子波。图 3-1c 是压缩前后子波的频谱。从图 3-1c 可以看出，压缩后的子波频带较宽，主频得到提升，说明频谱拓展

是有效的。然而，规则化后的子波在 0～25Hz 频带内，由于频谱向高频延拓，能量较压缩前变低。

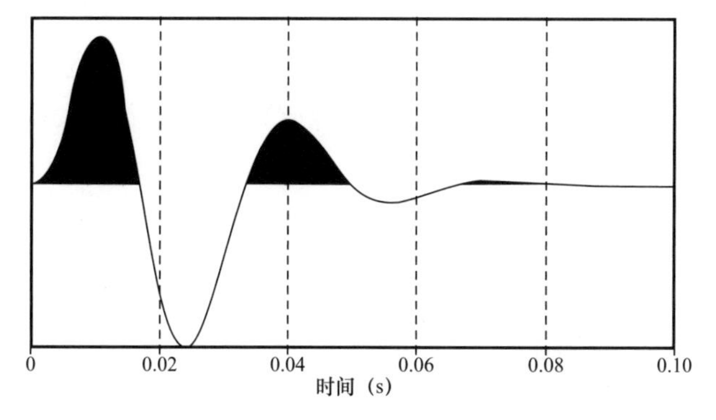

(a)主频为30Hz的Berlage子波

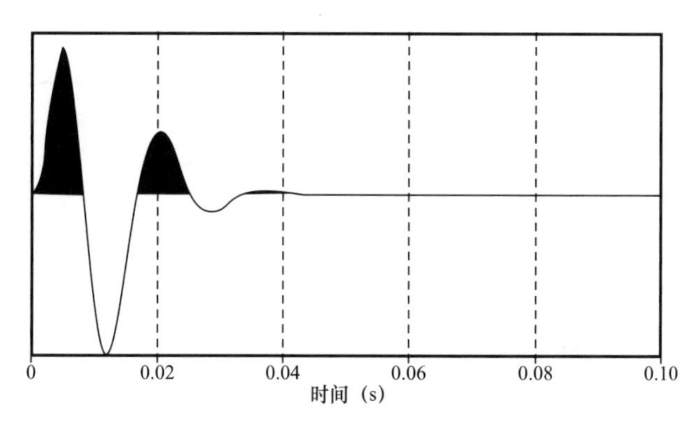

(b)使用常数拓展因子为2时压缩的子波

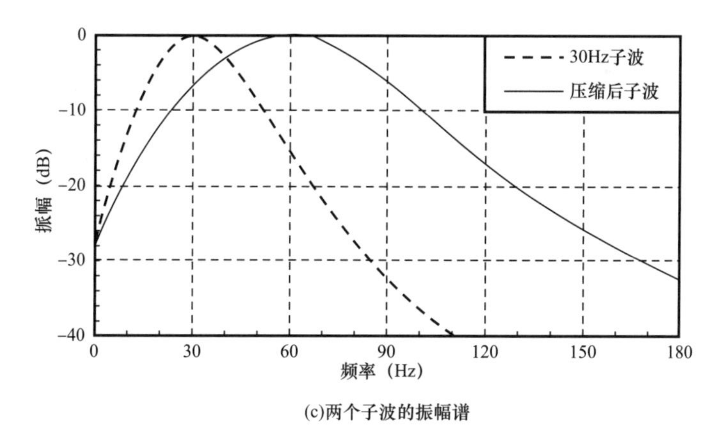

(c)两个子波的振幅谱

图 3-1　使用常数拓展因子实现子波的压缩

图 3-2b 中使用基于频谱的拓展因子压缩的子波波形简单，这是由于该方法不仅拓宽了高频部分，也拓宽了低频部分（图 3-2c）。依据 Zhou 等（2007），提高地震数据的分辨率在于改善两个参数：地震频率带宽和中心频率。图 3-2 清楚地展示了这两个参数的改善，因而地震分辨率得到了有效提高。

图 3-3a 是一个合成楔状模型数据，代表页岩背景下的楔状砂层，模型的子波是一个

主频为 30Hz 的 Berlage 子波。使用常数拓展因子 2 压缩后的地震子波，产生的剖面如图 3-3b 所示，子波等效为一个主频为 60Hz 的 Berlage 子波。在地震解释过程中，通常用 1/4 的子波波长宽度来衡量地震数据分辨率。这里，楔状模型中砂岩速度为 v=2000m/s，因而 30Hz 子波的分辨能力为 $v/4f\approx 17$m。合成数据的复合最大振幅宽度为 34m，如图 3-3a 所示。因而 60Hz 子波分辨能力大约为 8.5m，合成数据的复合最大振幅宽度为 17m，如图 3-3b 所示。

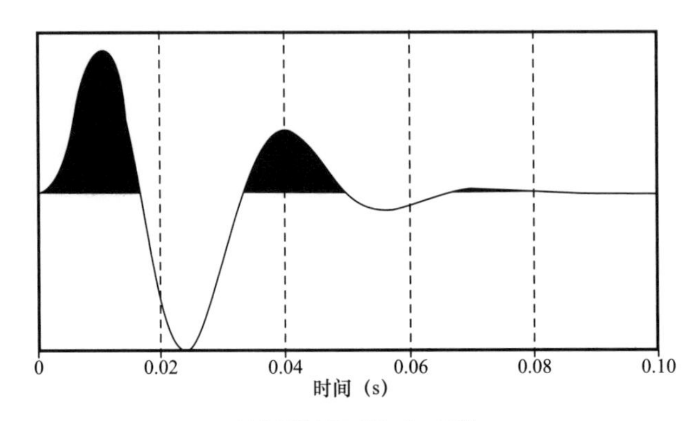

(a)主频为30Hz的Berlage子波

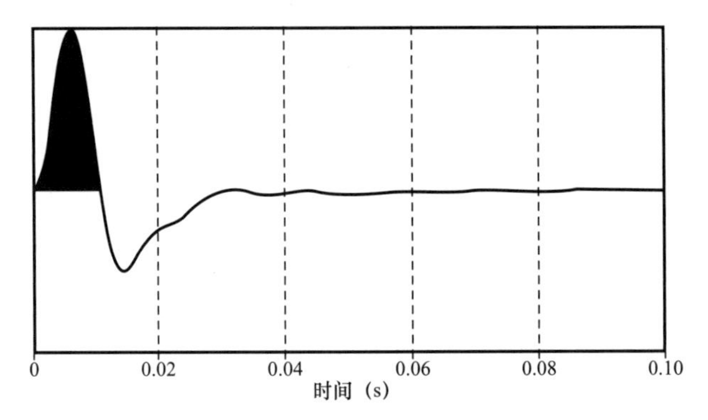

(b) 使用基于频谱拓展因子方法压缩后的子波

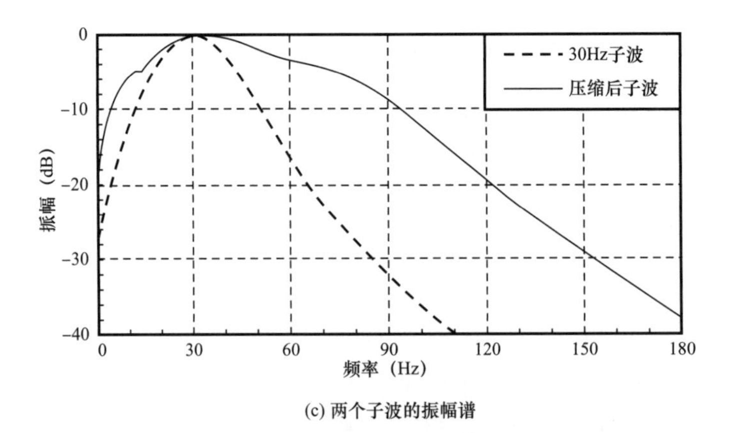

(c) 两个子波的振幅谱

图 3-2　使用基于频谱拓展因子方法实现子波的压缩

另外，使用基于频谱的拓展因子，压缩的子波波形简单（图 3-3），这是由于频谱也向低频方向拓展了，对应的时间地震剖面上的分辨率得到了提高，如图 3-3c 所示，这表明 60Hz 子波的分辨率约为 8.5m，而不是上一例合成数据复合最大振幅宽度 17m。

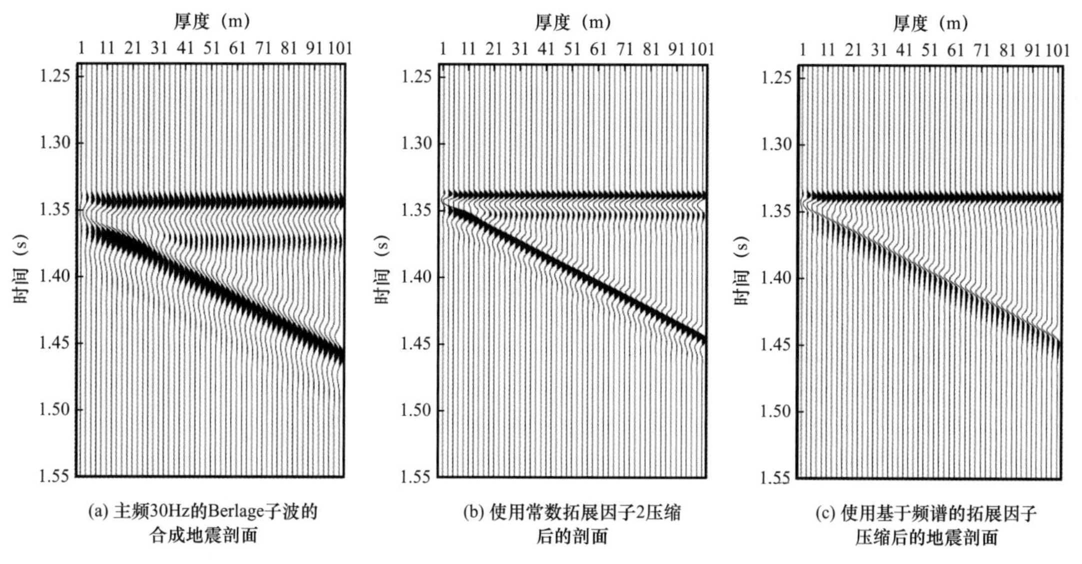

(a) 主频30Hz的Berlage子波的合成地震剖面　(b) 使用常数拓展因子2压缩后的剖面　(c) 使用基于频谱的拓展因子压缩后的地震剖面

图 3-3　原始合成地震记录剖面和使用子波压缩后的剖面对比

第三节　合成地震记录波形压缩

使用一个含 9 层砂层的薄互层模型来演示这一处理流程，如图 3-4a 所示。在这个模型中，背景页岩速度固定为一常值。9 层砂层速度较页岩高，厚度按顺序从顶到底分别为 1m、3m、5m、10m、15m、20m、30m、50m 和 100m，速度为 2000m/s 。图 3-4b 显示的是合成记录，记录由模型反射系数和 30Hz 的 Berlage 子波褶积生成。

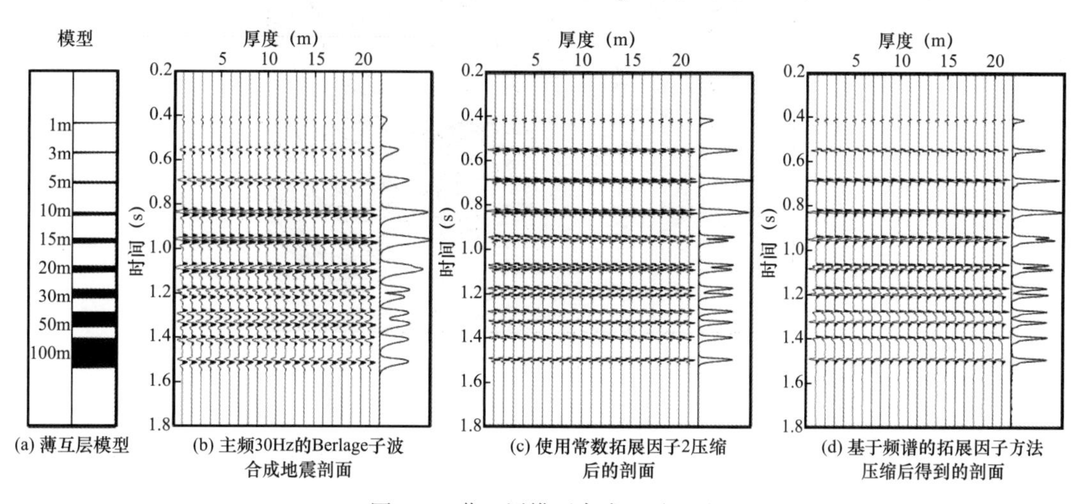

(a) 薄互层模型　(b) 主频30Hz的Berlage子波合成地震剖面　(c) 使用常数拓展因子2压缩后的剖面　(d) 基于频谱的拓展因子方法压缩后得到的剖面

图 3-4　薄互层模型合成地震记录

图 3-4c 是子波压缩之后的成果展示，其中常值拓展因子为 $a=2$，主频从 30Hz 变为 60Hz。图 3-4d 是应用基于频谱的拓展因子方法到地震数据之后的结果。

为了方便识别地震数据中的反射能量变化，重复复制了 21 道数据，显示在图 3-4b—图 3-4d 中。并且，本书计算了各子窗口合成数据的振幅包络，显示在对应的窗口的右边。对比振幅的包络可以说明子波拓展后分辨率得到了提高，薄层分辨能力得到了提升。

本章提出了一个基于地震子波压缩的新的提高资料分辨率的方法。当地震子波被压缩变窄的时候，地震资料的主频增加，频带展宽。前文给出的子波延拓因子是与频率相关的，并且延拓子波具有简单的形式，所以该方法具有更强的从反射地震数据中清晰识别薄层的能力。

如果使用一个滑动时窗，前面所提出的高分辨率处理方法可扩展为地震子波时变和空变的情况。应用子波压缩后的高分辨率地震数据进行地震反演，就可以得到表征砂体的高分辨率油藏信息。

第四节　实际资料高分辨率处理测试

江汉盆地古近—新近纪时期为陆相盐湖盆地，潜江组沉积时期沉积中心位于潜江凹陷，其中的含油气地层既是烃源层又是储层，上下盐岩封堵，形成盐间页岩油藏，初步估计资源量巨大。

应用前述方法对江汉地震资料进行拓频处理，首先抽取了该地区一条二维测线来进行测试。处理前的地震剖面如图 3-5 所示。对该剖面提高地震分辨率的拓频处理分以下几步完成。

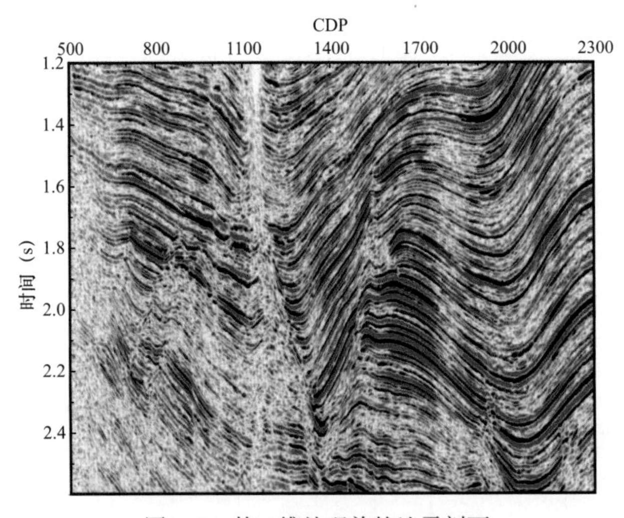

图 3-5　某二维处理前的地震剖面

（1）地震子波估计。利用子波估算方法从地震剖面中估算地震子波，图 3-6a 给出了地震数据频谱与子波频谱的关系，估算的子波如图 3-6b 黑色实线所示。

（2）子波压缩及压缩算子构建。利用依赖频率的子波延拓方法对图 3-6 中的子波进行压缩，压缩后的子波如图 3-6 蓝色实线所示，可以看出，通过此子波压缩方法处理之后子波波形得到了压缩。然后利用子波压缩前后的频谱构建压缩算子，并作用于估算的子波，用压缩算子构建的子波如图 3-6 中红色实线所示，其频谱如图 3-7 红色实线所示。从图 3-7 可以看出，压缩算子作用后子波的频谱与理论压缩子波的频谱有一定差异，这是为了保证子波压缩算子的稳定性而引入的规则化因子引起的差异。

（3）将子波压缩算子作用于地震数据，提高其分辨率。将构建的子波压缩算子作用于图 3-5 中的地震剖面，可以得到分辨率提高的地震剖面，如图 3-8 所示。同时图 3-9 展示了分辨率提高前和提高后地震剖面的频谱。从图 3-8 中可以看出处理后地震剖面频谱低频和高频同时得到了延拓，其中低频部分约拓宽 3Hz，高频部分约拓宽 20Hz。

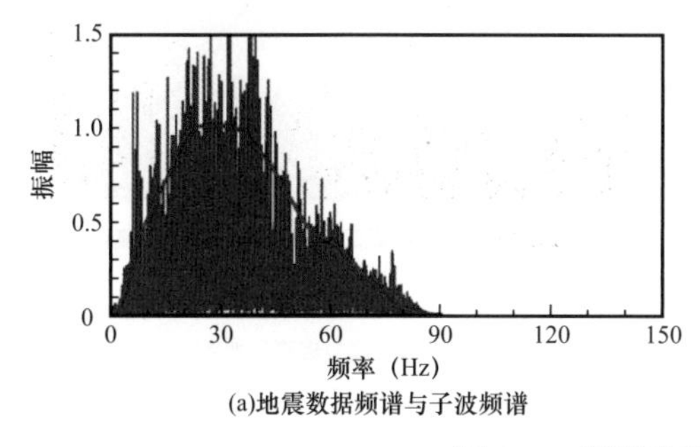

(a)地震数据频谱与子波频谱

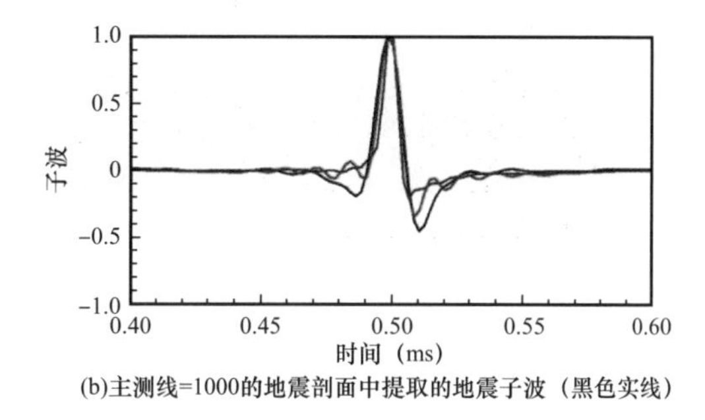

(b)主测线=1000的地震剖面中提取的地震子波（黑色实线）

图 3-6　实际地震资料拓频的子波估计

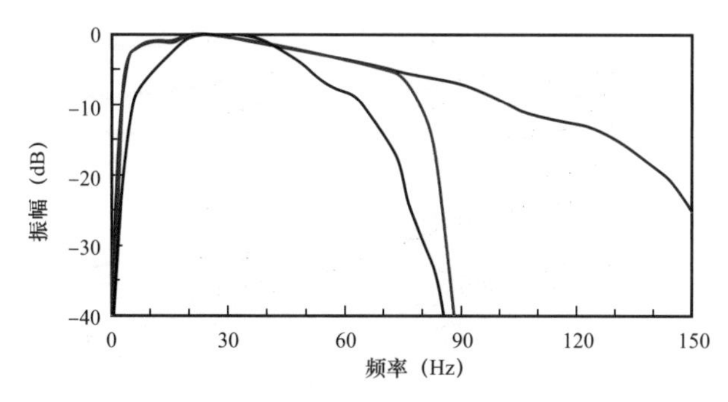

图 3-7　子波压缩前后频谱对比

蓝色是压缩前的子波频谱，红色是压缩后的子波频谱

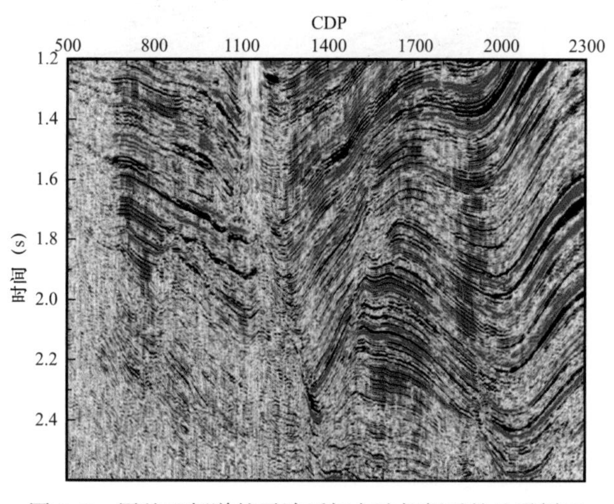

图 3-8　用基于频谱的子波延拓方法拓频后的地震剖面

为便于观察处理后地震剖面与处理前剖面的差异，选取了时间深度 1.8～2.4s、联络线号在 1600～2000 之间的剖面进行对比分析，如图 3-10 所示。

从图 3-10 中可以看出，经过子波延拓方法处理后的地震剖面中同相轴较处理前变细，在处理前地震剖面中不连续或者不明显的同相轴在处理后的剖面上可以清楚地看到。

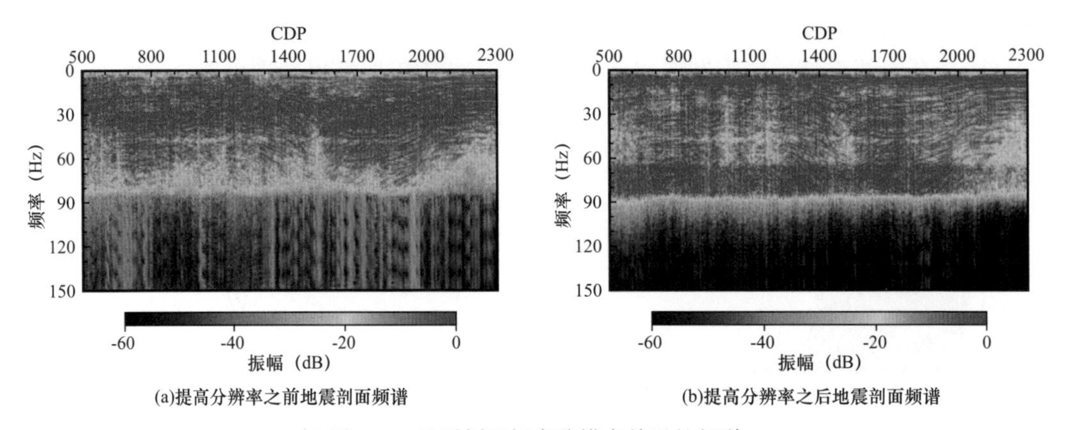

(a)提高分辨率之前地震剖面频谱

(b)提高分辨率之后地震剖面频谱

图 3-9　地震剖面提高分辨率前后的频谱

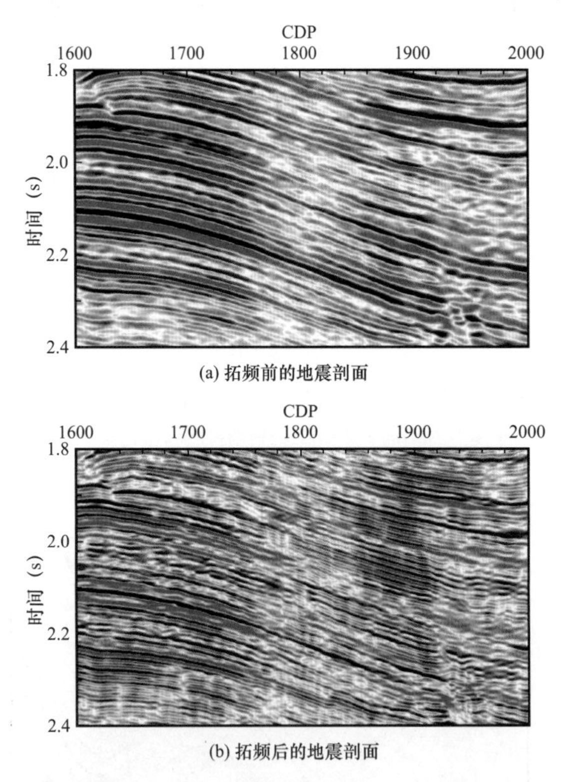

(a) 拓频前的地震剖面

(b) 拓频后的地震剖面

图 3-10　时间深度 1.8～2.4s、联络线号在 1600～2000 之间的地震剖面

为了进一步分析拓频方法的效果，对该地区某井周围的地震进行了拓频处理。图 3-11 对比了拓频前后井旁地震道的剖面变化及与测井曲线和层位的匹配程度。从图 3-11a 中可以看出，拓频后的井旁地震道与伽马曲线中高值有较好的对应，如图 3-11a 中的紫色箭头所指的位置。对于层位匹配对比（图 3-11b），拓频后井旁地震道与层位相一致。

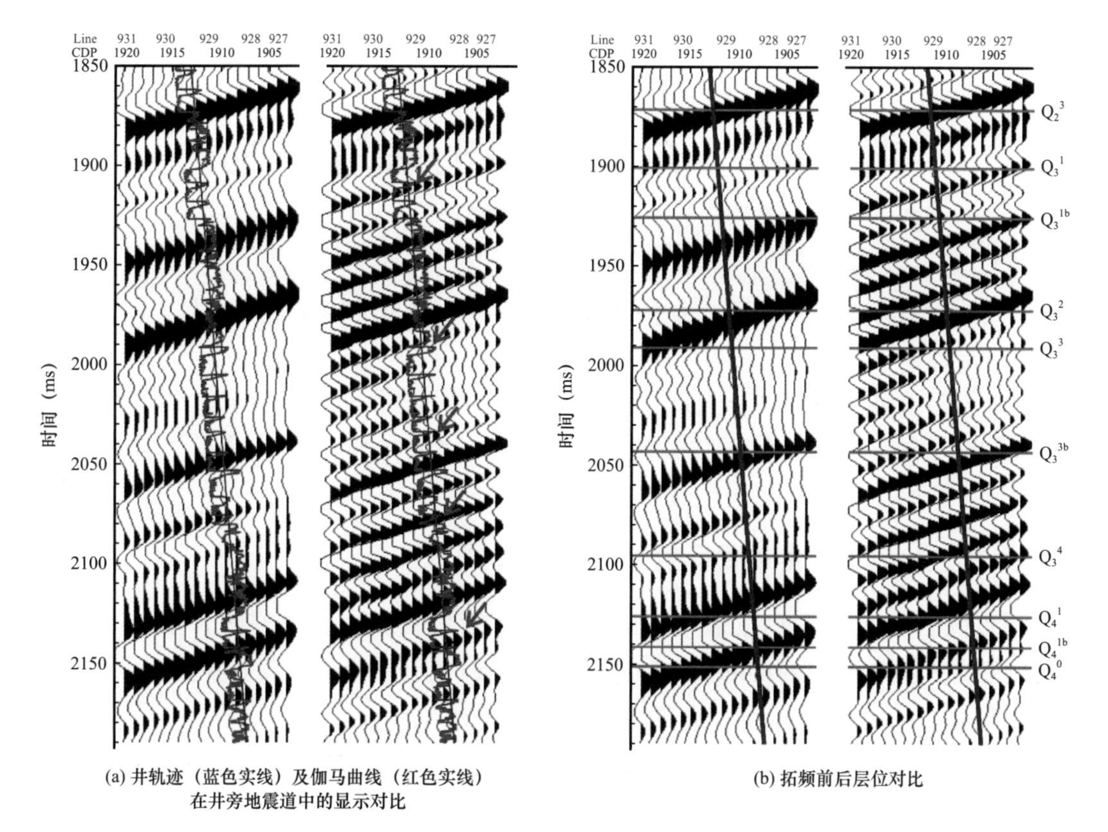

图 3-11　拓频前后井旁地震道剖面对比

图中顶部的蓝色和黑色数字分别代表主测线和联络线号

第四章　页岩储层的裂缝识别

第一节　正交各向异性介质裂缝属性反演方法

常用HTI介质来描述地下垂直裂缝发育岩石，然而实际地下介质往往垂直裂缝和水平裂缝同时发育，用正交各向异性介质（orthotropic anisotropy media）来描述地下介质往往更精确、合理。

一、正交各向异性介质反射系数近似公式

Bacharch（2009）在Pšenčík和Martins（2001）的研究基础之上，将HTI介质反射系数近似公式拓展到OA（orthotropic anisotropy media）介质的反射系数近似公式。OA介质纵波反射系数 R_{PP} 由各向同性项 $R_{\mathrm{PP}}^{\mathrm{iso}}$ 和各向异性项 $R_{\mathrm{PP}}^{\mathrm{aniso}}$ 组成：

$$\begin{aligned}R_{\mathrm{PP}}=R_{\mathrm{PP}}^{\mathrm{iso}}+R_{\mathrm{PP}}^{\mathrm{aniso}}&=I+b_1\sin^2\theta+b_2\sin^2\theta\tan^2\theta+\\&\left(b_3\cos^2\varphi+b_4\sin^2\varphi\right)\sin^2\theta+\\&\left(b_5\cos^4\varphi+b_6\sin^4\varphi+b_7\cos^2\varphi\sin^2\varphi\right)\sin^2\theta\tan^2\theta\end{aligned}\tag{4-1}$$

$$R_{\mathrm{PP}}^{\mathrm{iso}}=I+b_1\sin^2\theta+b_2\sin^2\theta\tan^2\theta\tag{4-2}$$

$$I=\frac{1}{2}\frac{\Delta I_{\mathrm{P}}}{\overline{I_{\mathrm{P}}}}\tag{4-3}$$

$$b_1=\frac{1}{2}\left[\frac{\Delta\alpha}{\alpha}-4\left(\frac{\beta}{\alpha}\right)^2\frac{\Delta G}{G}\right]\tag{4-4}$$

$$b_2=\frac{1}{2}\frac{\Delta\alpha}{\overline{\alpha}}\tag{4-5}$$

$$I_{\mathrm{P}}=\alpha\rho\tag{4-6}$$

$$G=\rho\beta^2\tag{4-7}$$

$$\begin{aligned}R_{\mathrm{PP}}^{\mathrm{aniso}}=&\left(b_3\cos^2\varphi+b_4\sin^2\varphi\right)\sin^2\theta+\\&\left(b_5\cos^4\varphi+b_6\sin^4\varphi+b_7\cos^2\varphi\sin^2\varphi\right)\sin^2\theta\tan^2\theta\end{aligned}\tag{4-8}$$

$$b_3 = \frac{1}{2}\left[\Delta\delta_x - 8\left(\frac{\overline{\beta}^2}{\overline{\alpha}^2}\right)\Delta\gamma_x\right] \tag{4-9}$$

$$b_4 = \frac{1}{2}\left[\Delta\delta_y - 8\left(\frac{\overline{\beta}^2}{\overline{\alpha}^2}\right)\Delta\gamma_y\right] \tag{4-10}$$

$$b_5 = \Delta\varepsilon_x / 2 \tag{4-11}$$

$$b_6 = \Delta\varepsilon_y / 2 \tag{4-12}$$

$$b_7 = \Delta\delta_z / 2 \tag{4-13}$$

式中，α 和 β 为各向同性背景介质的纵波和横波速度；θ 为入射角；φ 为自然坐标系中的方位角且 $\varphi=\varphi_s-\varphi_{sym}$；$\varphi_s$ 为测线在观测系中的方位角；φ_{sym} 为对称轴在观测坐标系中的方位角；I_P 为纵波阻抗；G 为剪切模量。上置符号"¯"是反射界面上下两层介质物性平均值，前置符号"Δ"是反射界面上下两层物性差值。ε_x、ε_y、γ_x、γ_y、δ_x、δ_y 和 δ_z 是各向异性参数，由密度归一化的弹性参数 A_{ij} 与背景介质纵横波速度定义：

$$\begin{aligned}&\varepsilon_x = \frac{A_{11}-\alpha^2}{2\alpha^2}, \varepsilon_y = \frac{A_{22}-\alpha^2}{2\alpha^2}, \gamma_x = \frac{A_{55}-\beta^2}{2\beta^2}, \gamma_y = \frac{A_{44}-\beta^2}{2\beta^2},\\ &\delta_x = \frac{A_{13}+2A_{55}-\alpha^2}{\alpha^2}, \delta_y = \frac{A_{23}+2A_{44}-\alpha^2}{\alpha^2}, \delta_z = \frac{A_{12}+2A_{66}-\alpha^2}{\alpha^2}\end{aligned} \tag{4-14}$$

为了分析水平和垂直裂缝弱度对各向异性参数的影响。建立一个两层模型，上层为均匀各向同性介质，下层为正交各向异性介质。上层介质的纵波速度为 3600m/s，横波速度为 2000m/s，密度为 2000kg/m^3。下层介质未加入裂缝前的纵波速度为 3800m/s，横波速度为 2400 m/s，密度为 2200kg/m^3。若下层介质未加入裂缝前的泊松比为 σ，当下层介质裂缝流体状态为气态时，$Z_N/Z_T=1-\sigma/2$，$K_N/K_V=1-\sigma/2$；当下层介质裂缝流体状态为液态时，$Z_N=0$，$K_N=0$。

分别分析裂缝定向排列方向与流体类型对各向异性参数的影响（图 4-1 至图 4-4），各向异性参数随裂缝弱度呈线性变化规律。当水平裂缝的柔度变化时，ε_x 和 ε_y 的值比较接近；当垂直裂缝的柔度变化时，ε_x 和 ε_y 的值有较大差异。当水平裂缝的柔度变化时，γ_x 和 γ_y 的值比较接近；当垂直裂缝的柔度变化时，γ_x 和 γ_y 的值有较大差异。当水平裂缝的柔度变化时，δ_x 和 δ_y 的值比较接近，δ_z 和它们的值有较大差异；当垂直裂缝的柔度变化时，δ_x 和 δ_z 的值比较接近，δ_y 和它们的值有较大差异。因此，在自然坐标系为 x 轴和 y 轴对应定义的各向异性参数受水平缝影响接近，受垂直缝影响差异大。

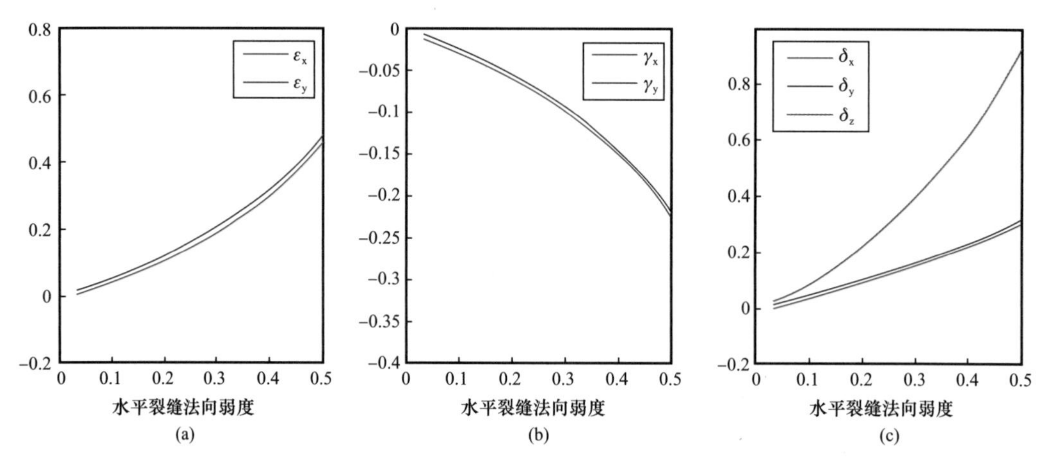

图 4-1 水平裂缝对各向异性参数的影响（裂缝流体状态为气态）

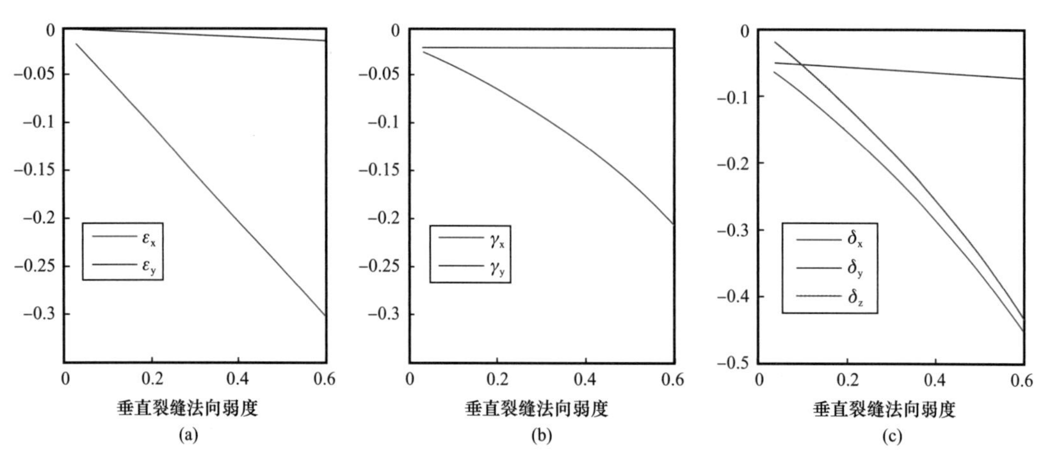

图 4-2 垂直裂缝对各向异性参数的影响（裂缝流体状态为气态）

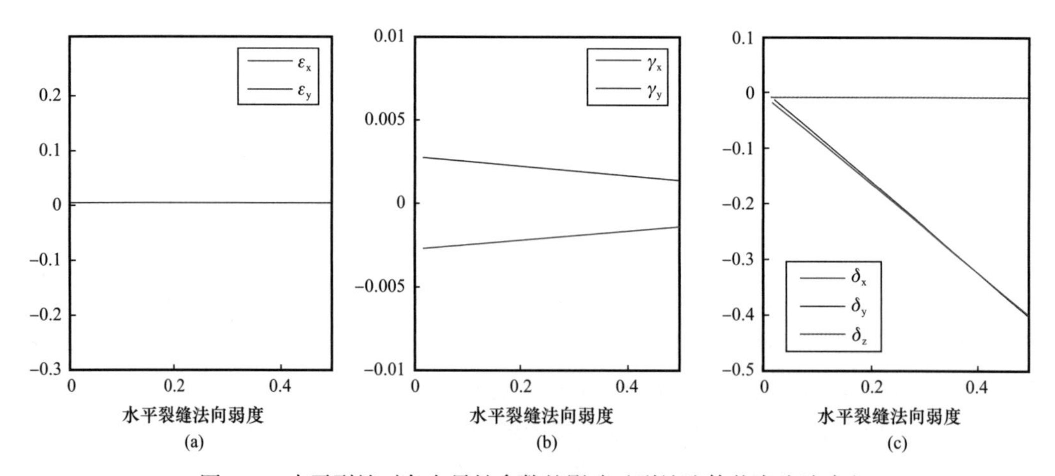

图 4-3 水平裂缝对各向异性参数的影响（裂缝流体状态为液态）

图 4-3a 中两条线重合

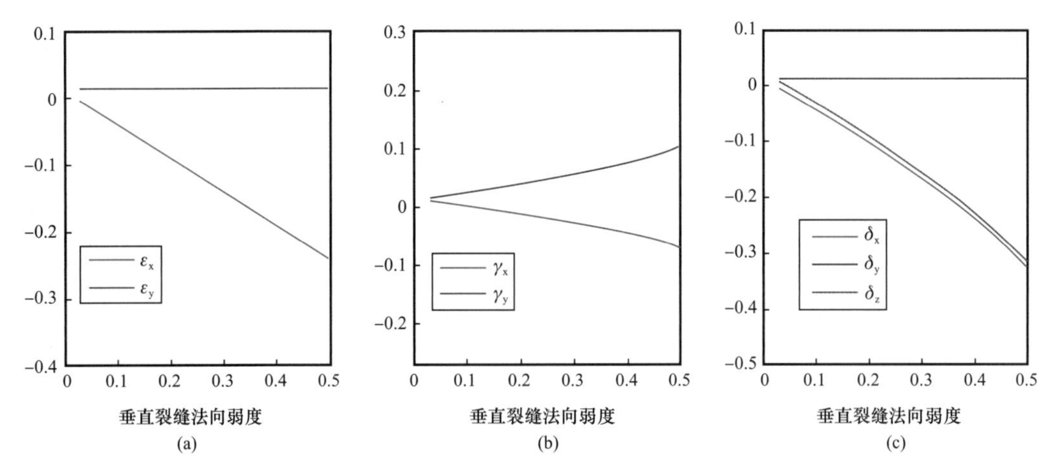

图 4–4　垂直裂缝对各向异性参数的影响（裂缝流体状态为液态）

二、正交各向异性介质 AVAZ 属性分析

假设入射角为时 θ_1，反射系数随方位角 φ 变化的表达式：

$$R_{PP}=I+b_1\sin^2\theta_1+b_2\sin^2\theta_1\tan^2\theta_1+b_3\sin^2\theta_1+b_5\sin^2\theta_1\tan^2\theta_1+\left[(b_4-b_3)\sin^2\theta_1+(b_7-2b_5)\sin^2\theta_1\tan^2\theta_1\right]\sin^2\varphi+(b_5+b_6-b_7)\sin^2\theta_1\tan^2\theta_1\sin^4\varphi \tag{4-15}$$

令

$$A_{ani}=I+b_1\sin^2\theta_1+b_2\sin^2\theta_1\tan^2\theta_1+b_3\sin^2\theta_1+b_5\sin^2\theta_1\tan^2\theta_1 \tag{4-16}$$

$$B_{ani}=\left[(b_4-b_3)\sin^2\theta_1+(b_7-2b_5)\sin^2\theta_1\tan^2\theta_1\right] \tag{4-17}$$

$$C_{ani}=(b_5+b_6-b_7)\sin^2\theta_1\tan^2\theta_1 \tag{4-18}$$

则有

$$R_{PP}=A_{ani}+B_{ani}\sin^2\varphi+C_{ani}\sin^4\varphi \tag{4-19}$$

当去掉方位角的四阶项时，式（4–19）变为

$$R_{PP}\approx A_{ani}+B_{ani}\sin^2\varphi \tag{4-20}$$

正交各向异性介质四阶反射表达式和二阶反射表达式的差异随着入射角的增大而增大，但在 AVAZ 特征分析中，四阶和二阶的差异可忽略不计（图 4–5 至图 4–7），因此简化正交各向异性介质反射系数表达式为二阶是合理的。另外，通过对比两层裂缝模型（上层各向同性：v_P=4500m/s，v_S=2600m/s，ρ=2.6g/cm^3；下层裂缝介质：v_P=4100m/s，v_S=2450m/s，ρ=2.55g/cm^3，$Z_N=4\times10^{-12}$m/Pa，$K_N=4\times10^{-12}$m/Pa）的反射系数近似表达式计算的结果与正演模拟的结果，证实了正交各向异性介质反射系数表达式的可靠性。

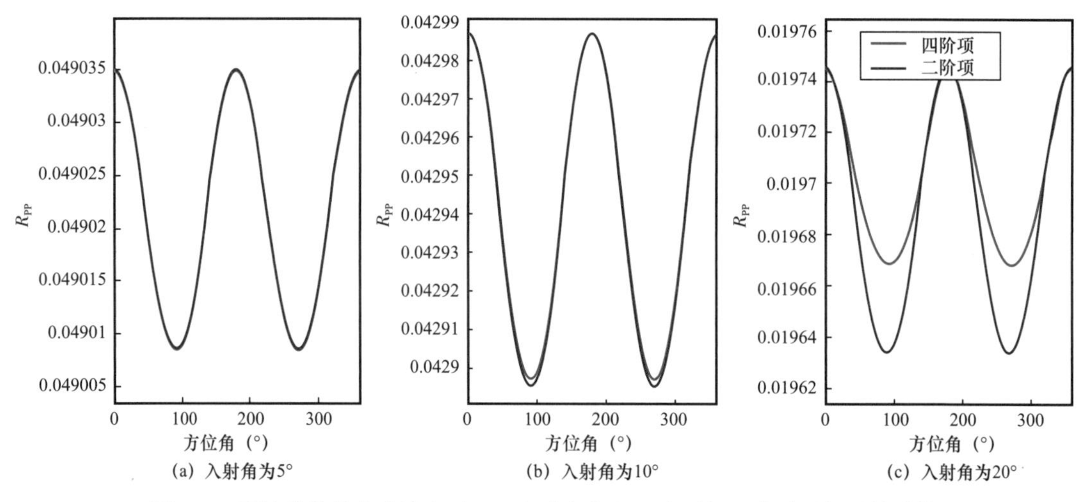

图 4-5 裂缝流体状态为液态时 OA 介质方位角二阶项与四阶项近似反射系数

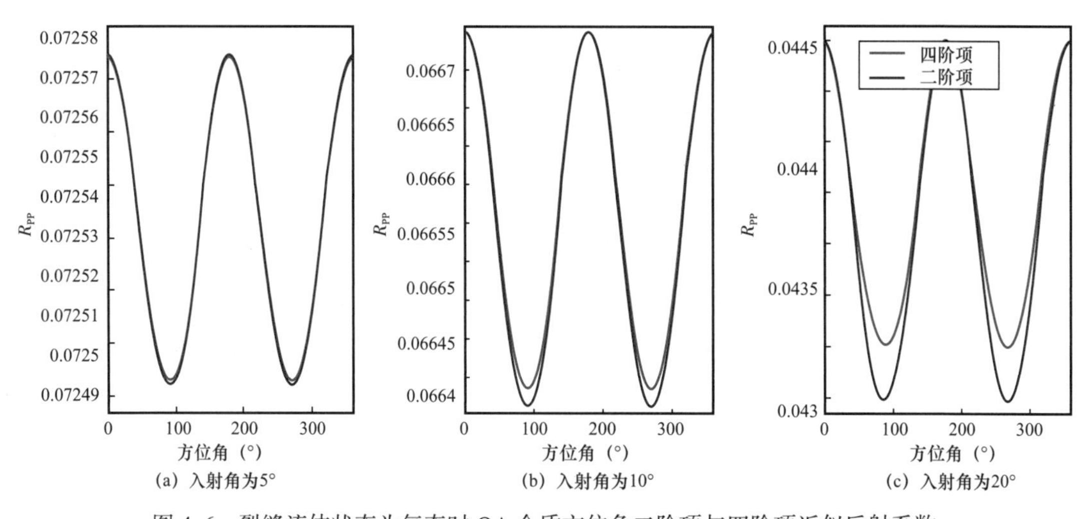

图 4-6 裂缝流体状态为气态时 OA 介质方位角二阶项与四阶项近似反射系数

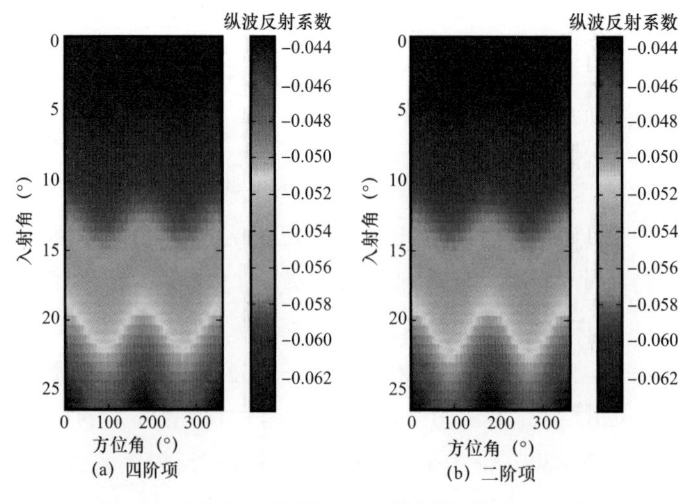

图 4-7 近似表达式计算两层裂缝模型的 AVAZ 特征

下面讨论一下表达式中不受方位角影响的属性 A_{ani} 和受方位角影响的属性 B_{ani} 受水平和垂直裂缝的发育情况的影响分析，探讨其可代表的物理含义。

分别改变水平方向各向异性程度和垂直方向各向异性程度，水平裂缝法向弱度越大水平方向各向异性程度越大，垂直裂缝法向弱度越大垂直方向各向异性程度越大。如图 4–8 所示，纵波速度受水平方向各向异性程度影响，随着水平方向裂缝弱度越大，纵波速度越小；横波速度同时受到水平方向各向异性程度和垂直方向各向异性程度影响，各向异性程度越大，横波速度越小。如图 4–9 所示，AVAZ 属性 A 和属性 B 均受到水平方向和垂直方向的各向异性变化影响，为了使各向异性程度变化大时对应的 B 属性也呈现暖色调，

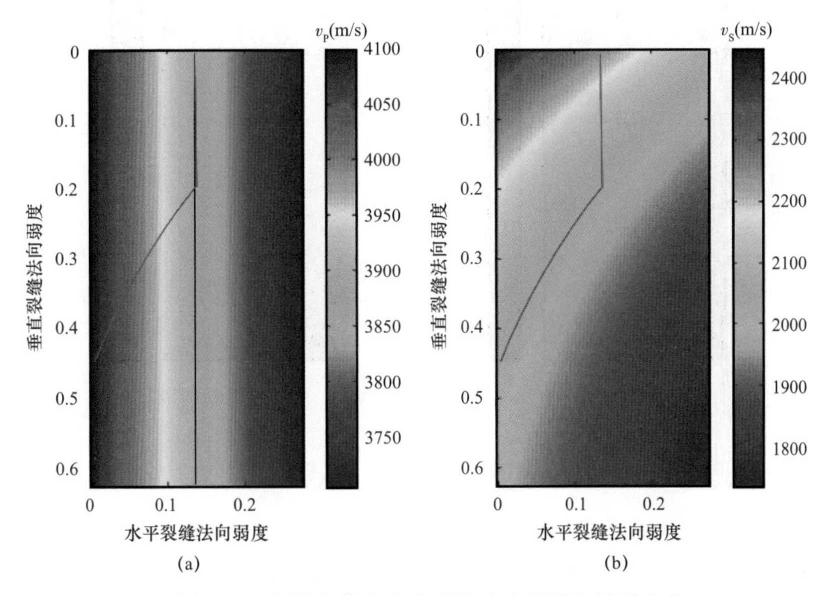

图 4–8　裂缝流体为液态时的速度随裂缝性质变化

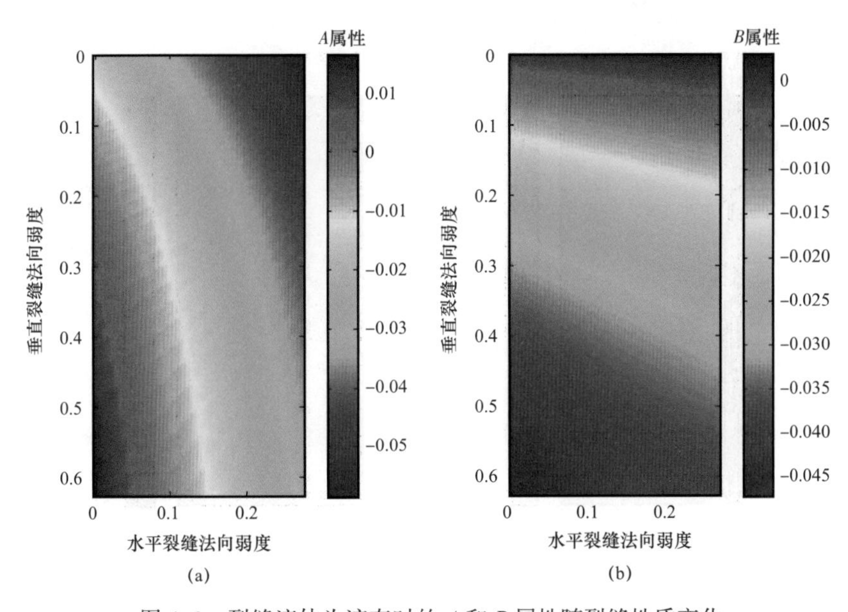

图 4–9　裂缝流体为液态时的 A 和 B 属性随裂缝性质变化

将属性 B 取负值。参考实际储层的纵横波速度变化，可以在速度分析图上划分出符合实际情况的速度变化区域，纵波速度分析图中黑色线左侧代表了纵波速度变化合理区域，在此基础上再划分出横波速度的合理变化区域即红色线区域。将此速度变化合理的区域标注到属性 A 和属性 $-B$ 的分析图上（图 4–10），在该区域内讨论 AVAZ 属性，属性 B 主要受垂直缝的影响，水平缝对其影响相对较小；属性 A 尽管主要受垂直缝的影响，但水平缝对其影响相对较大且不可忽略。

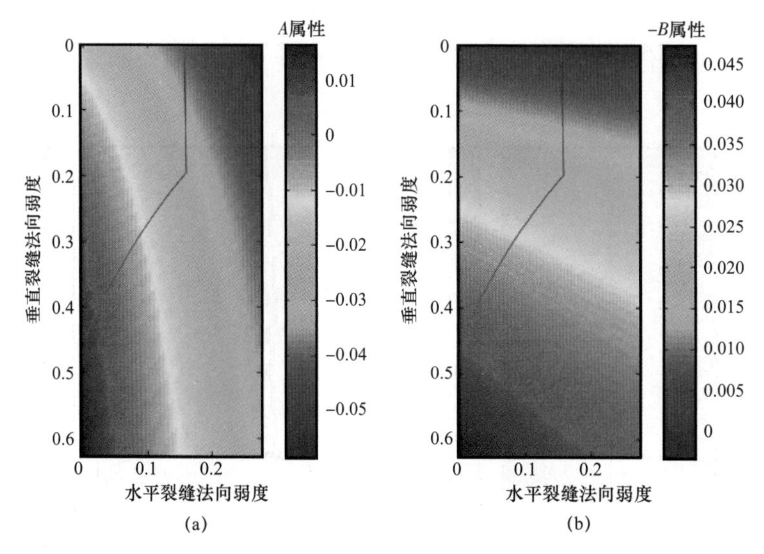

图 4–10　裂缝流体为液态时的 A 和 $-B$ 属性随裂缝性质变化

接下来用先分析合理速度变化区域再分析 AVAZ 属性特征的思路开展裂缝流体为气态的分析。图 4–11 中纵横波速度受水平和垂直缝发育程度的影响，用黑色实线区分出速度变化合理范围，然后再分析该范围内的 AVAZ 属性特征（图 4–12）。通过对比发现，A 属性和 B 属性均对垂直方向各向异性程度影响比对水平方向各向异性程度影响敏感。

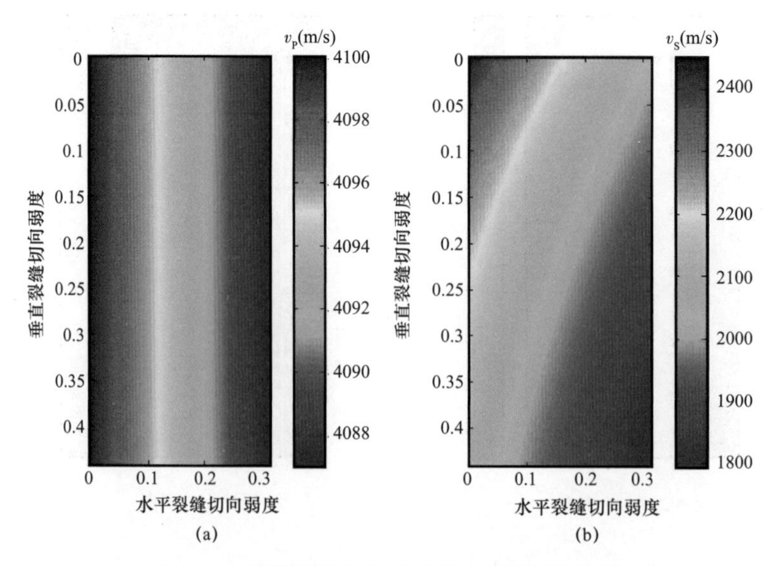

图 4–11　裂缝流体为气态时的速度随裂缝性质变化

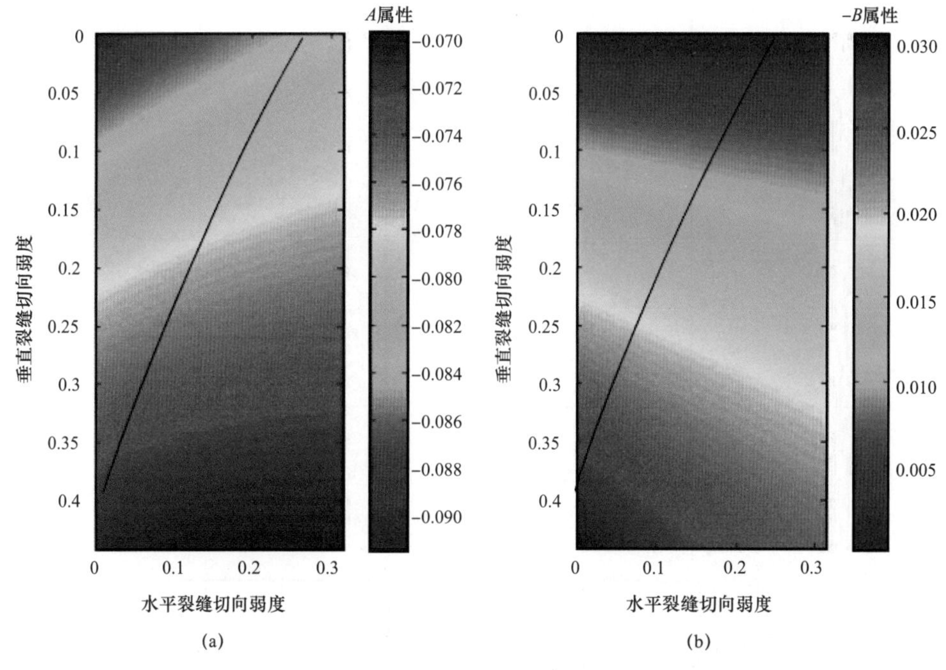

图 4-12　裂缝流体为气态时的 A 和 $-B$ 属性随裂缝性质变化

可以利用地震反射信息中不受方位角影响的属性 A 和受方位角影响的属性 B 对水平和垂直裂缝的发育情况进行对比分析。无论 OA 介质的裂缝充填流体是气态还是液态，属性 B 与椭圆拟合结果相比提高了垂直缝发育程度的预测精度；对于含气性比较高的储层属性 A 可以更好地表征裂缝发育程度。

综上所述，传统的椭圆拟合主要针对 HTI 介质，对于 OA 介质，水平裂缝的存在会对椭圆拟合的结果产生影响，降低了传统椭圆拟合对垂直裂缝发育情况的预测。OA 介质包含 7 个各向异性参数，然而，水平缝和垂直缝往往是共同作用于这些各向异性参数，导致很难从单一某一个各向异性参数的反演结果去预测水平或垂直裂缝的发育情况。本书新提出的正交各向异性介质 AVAZ 属性反演方法即正交拟合方法提高了垂直裂缝预测的精度，特别是为针对泥页岩油气储层裂缝预测提供了很好的研究思路及基础。

三、正交各向异性介质 AVAZ 属性反演探索应用

如图 4-13a 和图 4-14a 所示，入射角为 20° 时，OA 介质流体为气态和液态的反射系数均随方位角的变化呈现类似正弦规律变化，最大值或最小值点是裂缝的走向。如图 4-13b 和图 4-14b 所示，OA 介质反射系数对方位角正弦函数的二次方呈现近似线性关系，截距是 A_{ani} 且斜率是 B_{ani}。因此，在估计裂缝的走向时，可以根据至少两个任意方位上观测到的 OA 介质反射系数及其对应方位角正弦函数的平方拟合出一条直线，将该直线的截距和斜率作为反演得到的 A_{ani} 和 B_{ani}（图 4-15、图 4-16）。

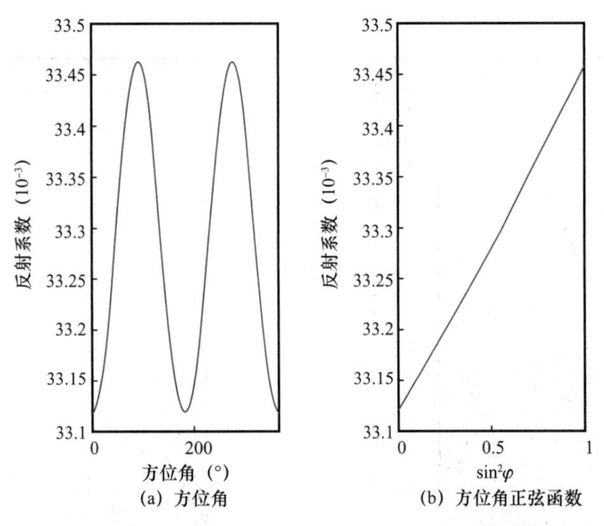

图 4-13　裂缝流体为气态时反射系数随方位角和方位角正弦函数变化

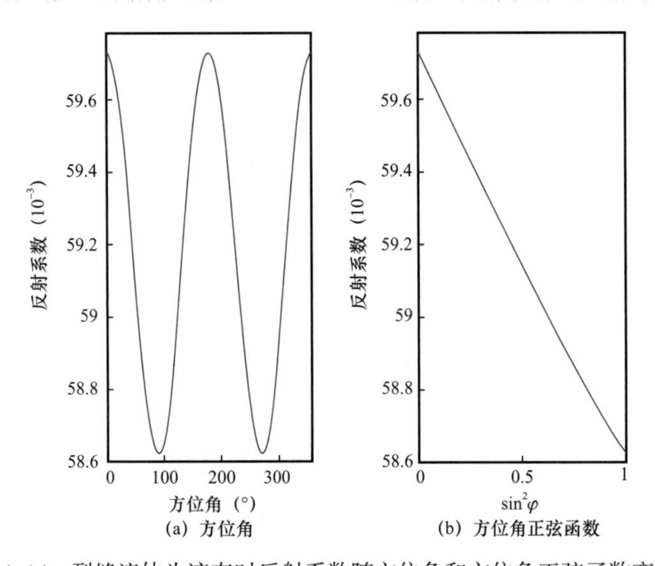

图 4-14　裂缝流体为液态时反射系数随方位角和方位角正弦函数变化

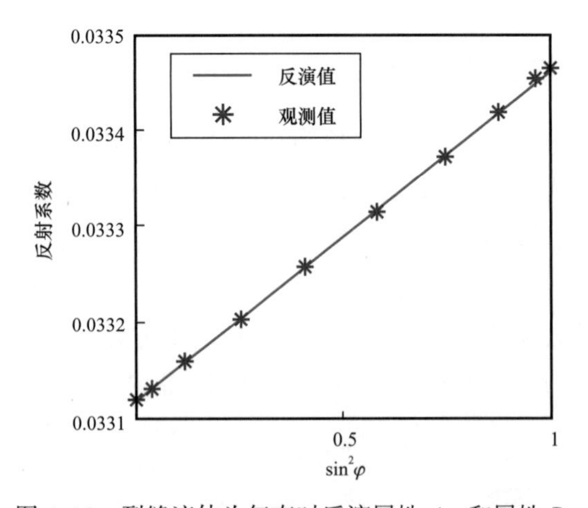

图 4-15　裂缝流体为气态时反演属性 A_{ani} 和属性 B_{ani}

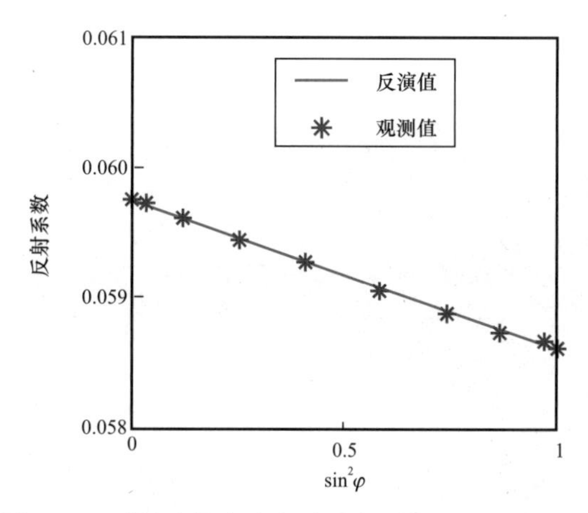

图 4-16　裂缝流体为液态时反演属性 A_{ani} 和属性 B_{ani}

如图 4-17、图 4-18 所示，实际上应用正交属性反演及正交拟合方法时，由于垂直缝引起的各向异性要强于水平缝；因此，该方法对垂直缝可以有很好地预测。

近年实际勘探证实，大尺度断裂不利于页岩气的保存，焦石坝一期实践证明利用 AFE 技术可以较为准确地刻画断裂系统分布，并指出距离刻画断裂 400m 以外的页岩范围为有利布井目标。从北至南（焦石坝一期到二期），龙马溪组—五峰组实际构造变动更加复杂，但利用 AFE 属性仍然可以较为清晰地描述断裂分布，从图 4-19 可以看出，从西向东，焦石坝南工区分别发育平桥西、平桥东断层、沙子沱断鼻和白沙断层，而断层之间构造活动相对平稳的平桥断背斜和白马向斜则是主体勘探区域，JY8 井更是获得 $20\times10^4\text{m}^3$ 的日产量，JY7 井整体位于白马向斜深凹区且靠近向斜内部东西向大断裂太近，日产量仅 $4\times10^4\text{m}^3$ 左右。西北部虽然不发育大断裂，但埋深大于 3000m，目前暂无施工。

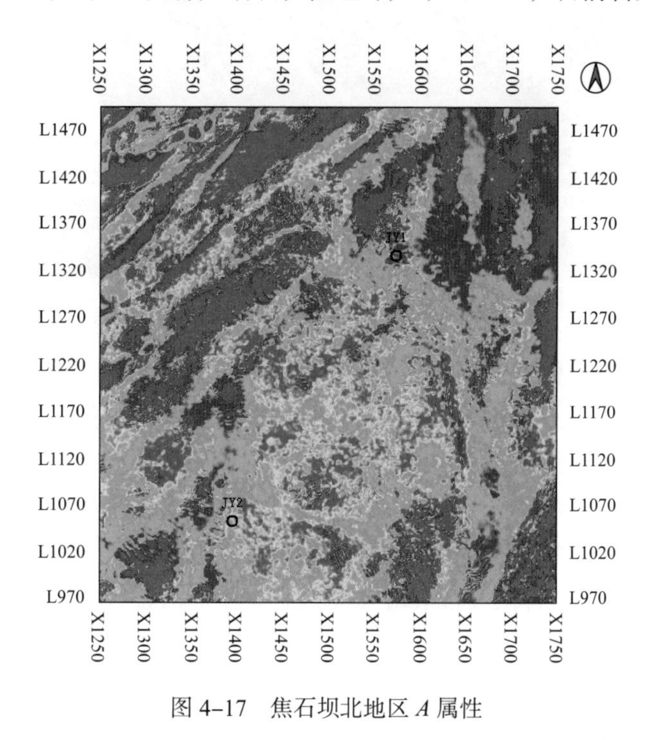

图 4-17　焦石坝北地区 A 属性

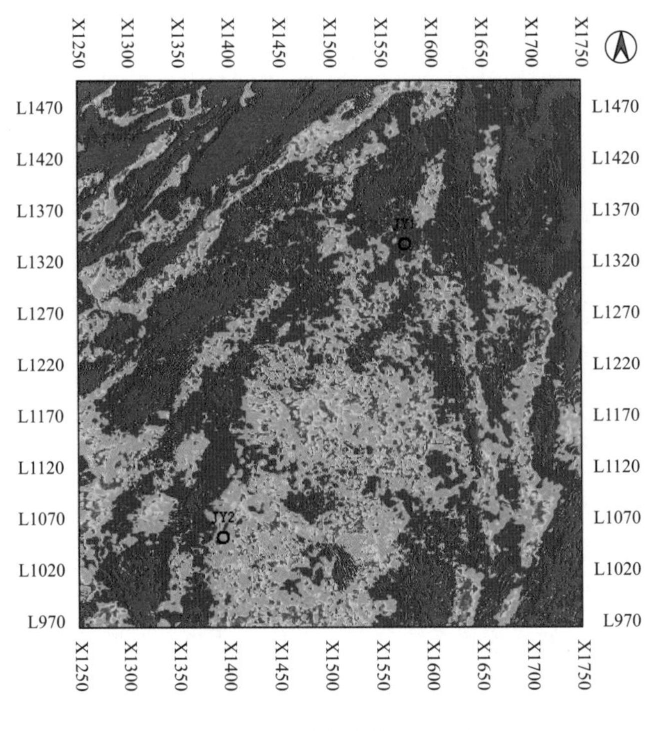

图 4-18　焦石坝北地区 *B* 属性

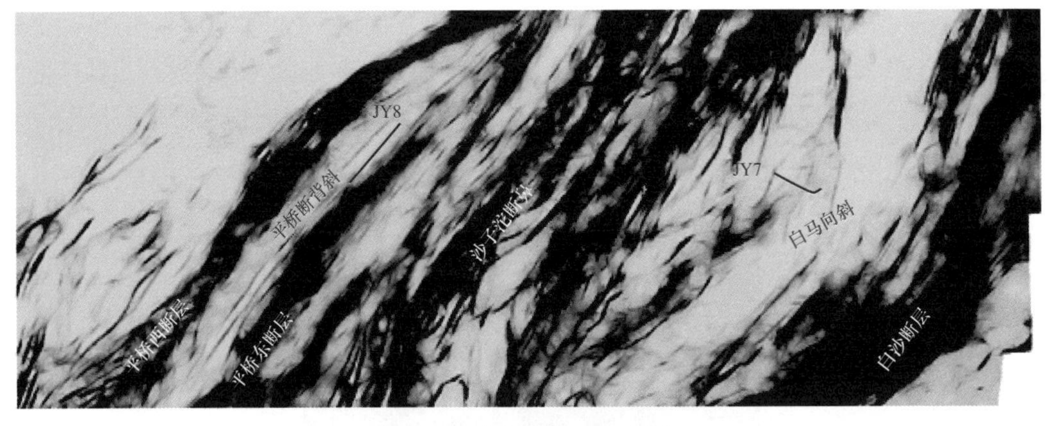

图 4-19　焦石坝南 AFE 属性

正交各向异性叠前属性反演方法在焦石坝南地区进行了应用探索，图 4-20 和图 4-21 是该方法 *A* 属性和 *B* 属性裂缝预测结果，与图 4-22 所示的常规各向异性裂缝预测结果相比，其有利异常范围更加集中于平桥断背斜和白马向斜主体向南地势相对更高的区域，特别是沙子沱断鼻和西北部深洼区异常被消除掉了。虽然焦石坝南用于裂缝各向异性反演的叠前 CMP 品质很差，在一定程度上降低了叠前反演结果的精度，但该方法的应用效果，如图 4-23 所示的叠前正交各向异性裂缝预测与叠后相干的叠合，仍为地质解释、目标评价和后续井位部署提供了有利参考。

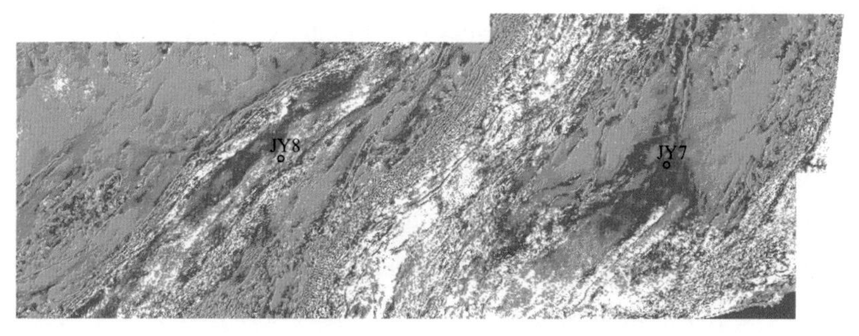

图 4-20　正交各向异性 *A* 属性裂缝预测

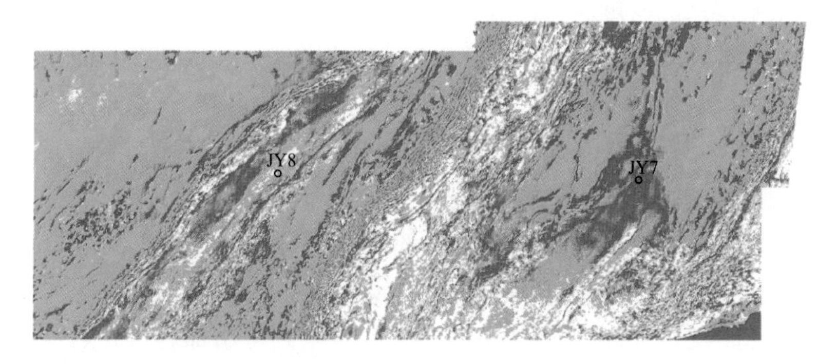

图 4-21　正交各向异性 *B* 属性裂缝预测

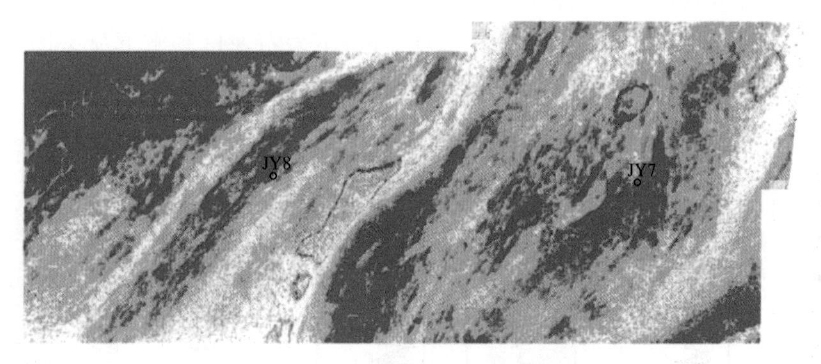

图 4-22　常规各向异性裂缝预测

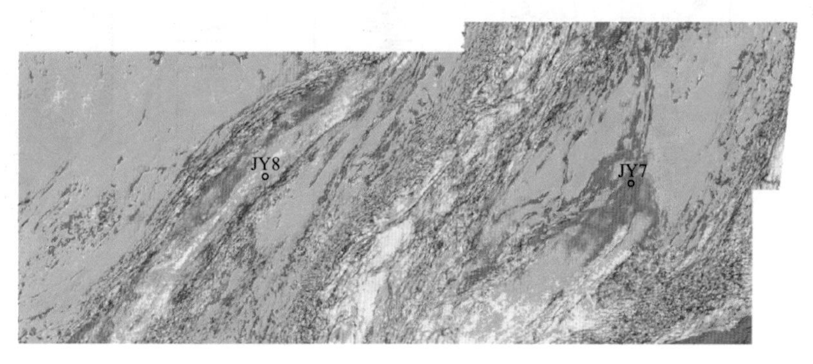

图 4-23　叠前正交各向异性裂缝预测与叠后相干叠合

第二节 水平层理缝发育强度反演方法

目前，针对泥页岩水平缝的地震勘探研究尚不充分，如何从地震数据中预测、反演水平缝的强度是许多研究人员正在探索的问题。下面以胜利沾化凹陷罗家地区为例介绍一种水平层理缝发育前度的反演方法，其基本原理如下。

在页岩各向异性岩石物理模型基础上，通过岩石物理特征分析，构建预测模型：（1）构建页岩油气层水平层理缝密度各向异性岩石物理模型；（2）基于所述岩石物理模型，根据测井曲线进行岩石物理反演，获得水平层理缝密度的数值以及各向异性参数的数值；（3）对所述水平层理缝密度与所述各向异性参数进行统计交会分析，获得所述水平层理缝密度与所述各向异性参数之间的关系，以建立预测模型；（4）利用反演的页岩油气层VTI介质底界面AVO属性估算上覆页岩油气层纵波各向异性参数的数值；（5）利用所述预测模型将步骤4中估算的纵波各向异性强度 ε 的数值转换为水平层理缝密度的数值，得到水平层理缝地震预测结果。

如图4–24所示为沾化凹陷罗家地区A井的泥页岩储层测井数据。泥页岩层段主要为富含有机质的暗色泥页岩，碳酸盐矿物含量较高，层位由新到老，黏土矿物和石英等陆源碎屑含量呈降低的趋势，方解石等盐酸盐矿物含量则呈增加趋势，岩性以泥岩和石灰岩之间的过渡岩性为主。如图4–25所示为泥页岩中黏土、碳酸盐和石英等主要矿物的统计直方图。如图4–24所示，泥页岩弹性性质在约3060m深度发生变化，该位置上方岩石波速和密度较低，孔隙度相对较高；该位置以下岩石速度和密度显著增加，孔隙度较低。

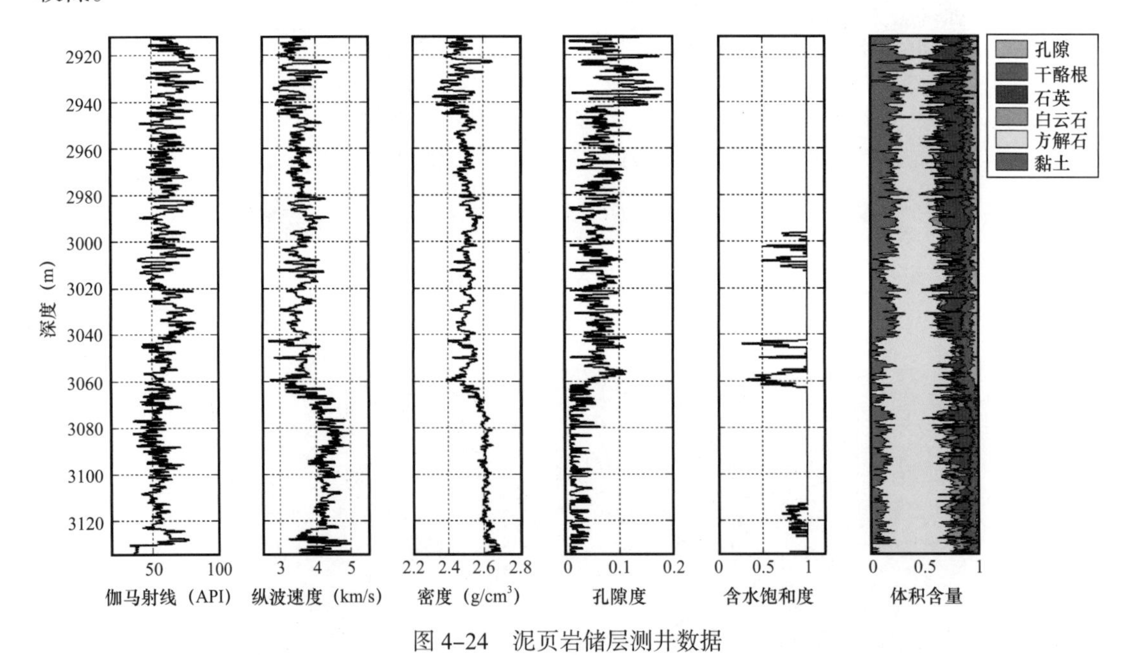

图4–24 泥页岩储层测井数据

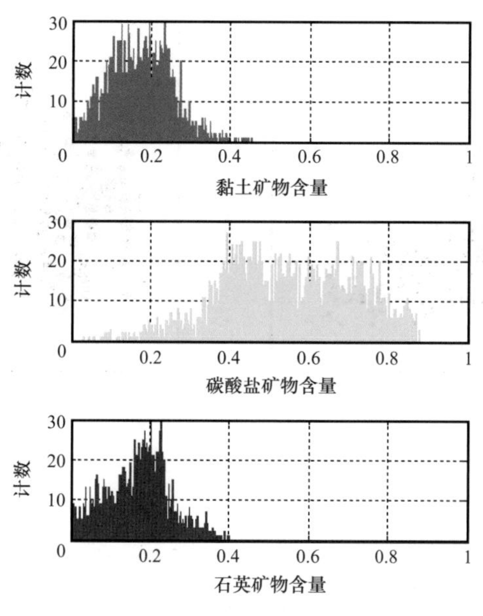

图 4–25　泥页岩主要矿物组分统计分布

图 4–26 给出了孔隙度与黏土、石英、碳酸盐以及干酪根含量的交会图，以密度值为色标区分 3060m 深度上下的两个层段。如图 4–26 所示，泥页岩的孔隙度随黏土和石英等陆源碎屑含量的增加而降低，而随碳酸盐含量的增加而增加，这一趋势对于具有较低密度值的浅部层段更为明显。另外，泥页岩孔隙度随干酪根含量的变化不明显，这说明有机质孔隙虽然为泥页岩的主要孔隙类型之一，但是针对不同类型的页岩，有机质孔隙的发育可能具有区域性。

如图 4–27 所示，泥页岩测井纵波速度整体上随孔隙度的增加呈降低趋势，但是数据点分散，说明孔隙度不是影响岩石速度的唯一因素。岩石物理研究表明，在矿物组分已知的情况下，泥页岩孔隙空间的大小，与孔隙、裂缝的形状共同影响岩石的速度。如图 4–28 所示岩心数据表明，岩石渗透率与孔隙度的正相关性不明显，说明泥页岩层段为裂缝性储层，孔隙度和裂缝共同影响泥页岩的物性。

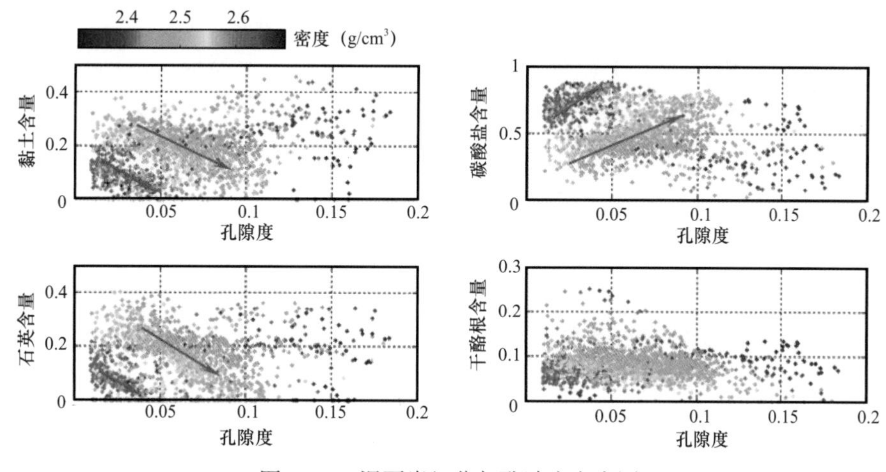

图 4–26　泥页岩组分与孔隙度交会图

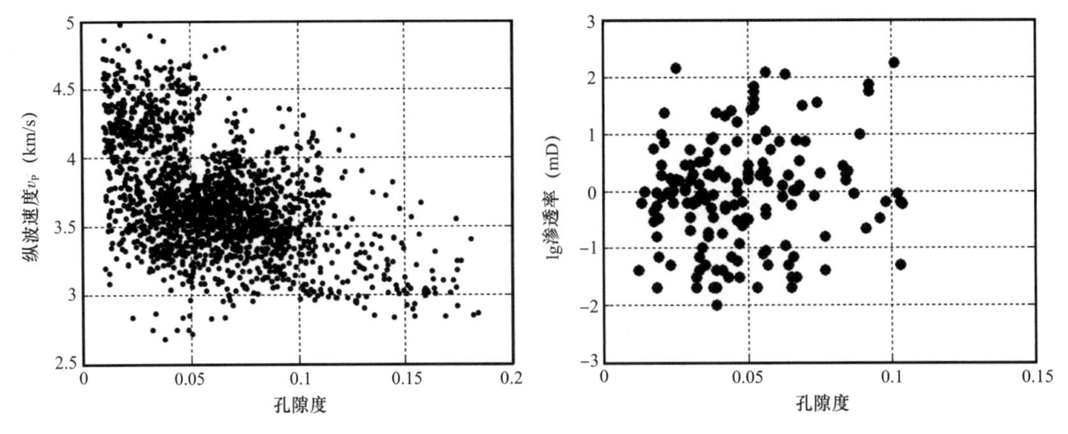

图 4–27　测井纵波速度与孔隙度交会图　　图 4–28　岩心渗透率与孔隙度交会图

研究区地质研究表明，泥页岩储层的孔隙空间包含微观孔隙和裂缝系统，微观孔隙主要包括有机质孔隙和矿物的粒间孔隙，而裂缝系统则主要包括构造裂缝、层间缝和成岩缝。垂直裂缝的数量与方解石含量存在正相关关系，与碳酸盐类矿物具有脆性，在构造应力作用下发生破裂有关。水平裂缝的产生与方解石和黏土矿物有关，由于方解石和泥质纹层的力学性质差异较大，使得在较小应力作用下即可产生与层理平行的微裂缝，同时，成岩过程中泥岩收缩作用也会产生平行于层理的微裂缝。

如图 4–29 所示为岩心观察和 FMI 成像测井结果。岩心观察可见泥页岩中普遍发育与层理平行的水平微裂缝。FMI 成像显示泥页岩中存在层间缝和高角度构造缝。水平缝主要引起页岩的 VTI 各向异性，而 VTI 背景上形成的垂直缝造成岩石的正交各向异性，使得地震响应呈现方位各向异性。

泥页岩的裂缝系统是油气的主要储集空间和运移通道，但是由于受限于测井仪器纵向分辨率，岩石的微观结构无法直接测量，更重要的是，由于受限于测井仪器的方向特性，VTI（vertical transversely isotropy）各向异性参数的井中直接测量存在困难。因此，有必要建立岩石物理模型，计算泥页岩的复杂矿物组分、有机质、孔隙—裂缝系统等微观结构如何影响岩石的弹性各向异性，并进一步开发裂缝和 VTI 各向异性参数的反演方法，解决常规方法难以直接从测井数据反演 VTI 各向异性参数这一难题。

在这里岩石物理模型考虑了泥页岩中的复杂矿物组分和干酪根、定向排列的黏土矿物对岩石固体基质的影响，并且考虑了微观孔隙、水平微裂缝和垂直裂缝系统对弹性各向异性的影响。下面基于该岩石物理模型，进一步开发泥页岩裂缝和各向异性参数反演技术。

如图 4–30 所示为基于岩石物理模型的泥页岩裂缝及各向异性参数反演流程图。由于水平缝密度的变化影响垂直方向纵波速度，因此反演算法将水平裂缝纵横比作为拟合参数，计算并寻找使得模拟的纵波速度与实测的纵波速度相等的裂缝纵横比，输出该纵横比数值，进一步计算水平裂缝密度，并输出对应的各向异性弹性系数矩阵作为预测结果。对每个测井采样点重复该计算过程，可以得到整个层段反演和预测结果。

地质分析表明研究区泥页岩中水平缝分层段密集发育，垂直方向水平裂缝发育程度不均匀，因此反演过程假设水平缝是影响垂直方向地震波速度的主要因素，以水平缝密度这一参数设计目标函数，并且假设基质中黏土矿物的定向分布在研究层段的变化较小，取 *CL* 值为常数 0.1。数值计算和分析表明，*CL* 在合理范围内变化时，反演得到的纵横比曲线、裂缝密度曲线以及各向异性参数曲线主要发生左右平移，并不影响不同层段的相对变化。另外，由于参数 *CL* 和 ε_H 的变化都是增强或减弱岩石的 VTI 各向异性，因此依靠现有数据无法同时反演这两个参数。进一步的研究，需要应用横波测井速度等数据在反演过程中进行标定，以此考虑参数 *CL* 在不同层段的不均匀分布。

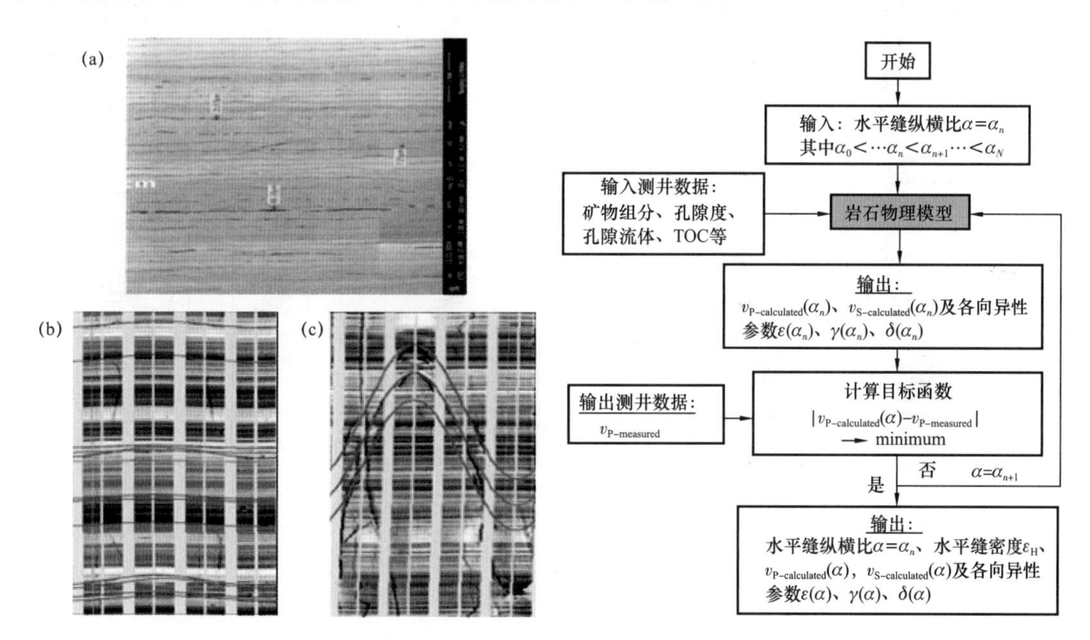

图 4–29 泥页岩的岩心观察 FMI 成像结果　　　　图 4–30 水平缝及各向异性参数反演流程图

根据岩石物理定义，在测井孔隙度 ϕ 已知的情况下，水平缝密度 ε_H 与纵横比 α 关系为：

$$\varepsilon_H=3\phi/4\pi\alpha \tag{4-21}$$

水平缝密度参数能够同时反映岩石孔隙空间大小和形态的影响：在孔隙纵横比相同的情况下，孔隙度越大则裂缝密度越大；在孔隙度相同情况下，纵横比越小则裂缝密度越大。

另外，根据各向异性岩石物理理论，由于测井声波传播方向与垂直裂缝面一致，所以垂直缝不影响井中声波的传播速度，因此无法通过井中岩石物理反演技术加以描述。泥页岩中垂直缝的存在主要是导致地震方位各向异性特征，可以通过多波多分量地震 VSP（vertical seismic profile）、方位地震 AVO（amplitude variation versus offset）等技术识别和描述。

如图 4–31 所示为泥页岩裂缝和各向异性反演的结果。图 4–31a 和图 4–31b 为反演得到的裂缝纵横比和裂缝密度。对比图 4–31b 和图 4–31c，可以观察到水平裂缝密度与岩心测量的水平渗透率存在很好的相关性，裂缝密度越大则水平渗透率越高，这说明了岩石物理建模与反演算法在该研究区的有效性。整体上，3060m 位置以上层段的裂缝密度在 0.1 左右，高于 3060m 以下层段约 0.05 的数值；与之对应，3060m 以上层段的渗透率也高于 3060m 以下层段。同时，3060m 以下层段的裂缝纵横比约为 0.03（即 $10^{-1.5}$），低于 3060m 以上层段纵横比约为 0.1（即 10^{-1}）的数值，说明 3060m 以下层段裂缝更趋于狭长，可能与该层段脆性矿物方解石含量较高易于形成裂缝有关。

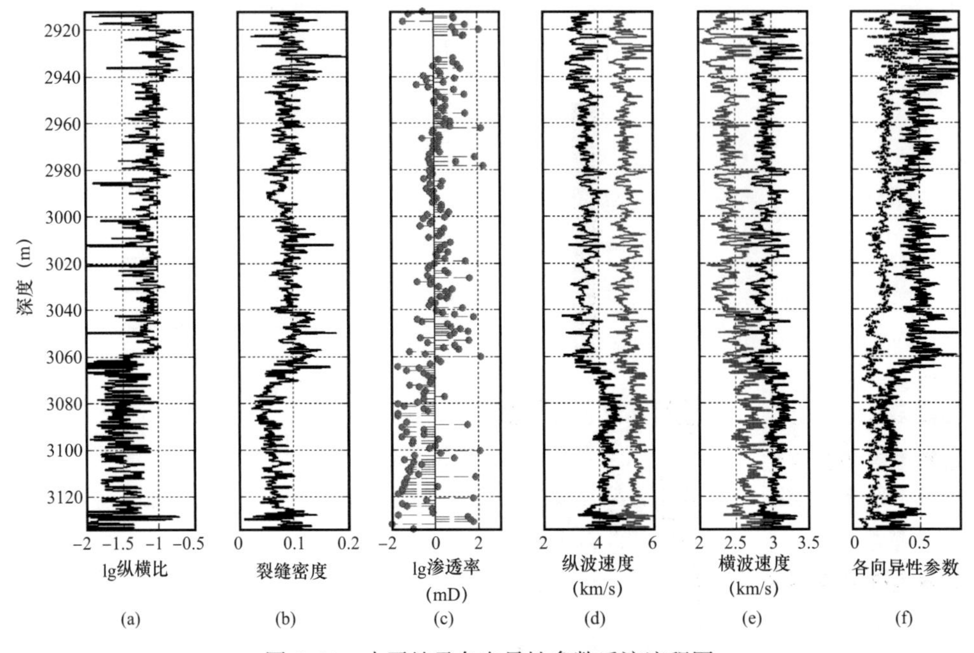

图 4-31　水平缝及各向异性参数反演流程图

如图 4-32 所示为泥页岩层段纵波速度与孔隙度交会图，数据点的色标为孔隙纵横比的负对数值，图中同时标出了该数值的等值线示意图。如图 4-27 所示的结果与岩石物理理论一致，即岩石的速度不仅与孔缝空间的大小有关，同时也受孔缝形状的影响，即孔缝越趋于狭长（对应纵横比越小或其负对数值越高），岩石速度随孔隙度增加而降低的幅度越大。

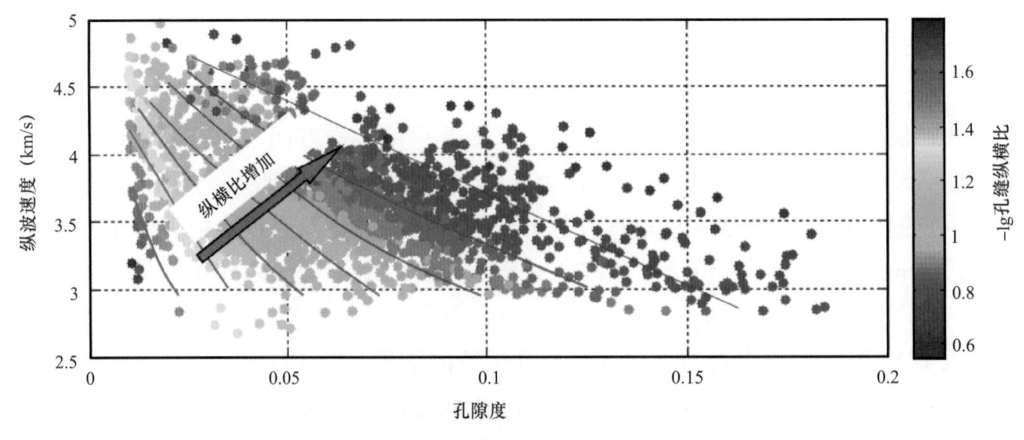

图 4-32　泥页岩纵波速度与孔隙度交会图

传统的 AVO 分析建立在均匀各向同性介质的纵波反射系数解析式的基础之上。然而，当各向异性出现在反射界面的任意一侧或者两侧的时候，需要对均匀各向同性介质的纵波反射系数公式进行修改。Daley 和 Hron（1977）给出 VTI（a transversely isotropic medium with a vertical axis of symmetry）介质的纵波和转换波等反射和透射系数表达式。Banik（1987）和 Thomsen 等（1993）分别给出了对于反射界面两侧速度变化较小的 TI 介质用弱各向异性参数表示的纵波反射系数。Rüger（1997）在 Banik 和 Thomsen 等的研究基础之上，给出了更精确的纵波反射系数近似公式，且该近似形式的准确度较好时所对应的入射角范围更大。

假设地下为水平层状介质 Thomsen 给出弱各向异性 VTI 介质的 P—P 波反射系数近似公式：

$$R_{\mathrm{P}}^{\mathrm{VTI}}(\theta)=\frac{1}{2}\frac{\Delta Z}{\overline{Z}}+\frac{1}{2}\left[\frac{\Delta v_{\mathrm{P0}}}{\overline{v}_{\mathrm{P0}}}-\left(\frac{2\Delta v_{\mathrm{S0}}}{\overline{v}_{\mathrm{P0}}}\right)^2\frac{\Delta G}{\overline{G}}+\Delta\delta\right]\times \sin^2\theta+\frac{1}{2}\left(\frac{\Delta v_{\mathrm{P0}}}{\overline{v}_{\mathrm{P0}}}+\Delta\varepsilon\right)\sin^2\theta\tan^2\theta \tag{4-22}$$

式中，θ 为入射角；Z 为垂向纵波阻抗；G 为垂向剪切模量。上置有符号“–”的项代表上下两层参数的平均值，前置有符号“Δ”的项代表上下两层参数的差。δ 和 ε 为 VTI 介质 Thomsen 参数。当 Thomsen 参数均为 0 时式（4–22）退化为均匀各向同性介质纵波反射系数。

将式（4–22）按照入射角信息写成如式（4–23）所示的三项式：

$$\begin{aligned}R_{\mathrm{P}}^{\mathrm{VTI}}(\theta)&=\frac{1}{2}\frac{\Delta Z}{\overline{Z}}+\frac{1}{2}\left[\frac{\Delta v_{\mathrm{P0}}}{\overline{v}_{\mathrm{P0}}}-\left(\frac{2\overline{v}_{\mathrm{S0}}}{\overline{v}_{\mathrm{P0}}}\right)^2\frac{\Delta G}{\overline{G}}+\Delta\delta\right]\sin^2\theta+\frac{1}{2}\left(\frac{\Delta v_{\mathrm{P0}}}{\overline{v}_{\mathrm{P0}}}+\Delta\varepsilon\right)\sin^2\theta\tan^2\theta\\&=P+G\sin^2\theta+A\sin^2\theta\tan^2\theta\end{aligned} \tag{4-23}$$

其中系数项如下所示：

$$\begin{aligned}P&=\frac{1}{2}\frac{\Delta Z}{\overline{Z}}\\G&=\frac{1}{2}\left[\frac{\Delta v_{\mathrm{P0}}}{\overline{v}_{\mathrm{P0}}}-\left(\frac{2\overline{v}_{\mathrm{S0}}}{\overline{v}_{\mathrm{P0}}}\right)^2\frac{\Delta G}{\overline{G}}+\Delta\delta\right]\\A&=\frac{1}{2}\left(\frac{\Delta v_{\mathrm{P0}}}{\overline{v}_{\mathrm{P0}}}+\Delta\varepsilon\right)\end{aligned} \tag{4-24}$$

根据式（4–24），在上下密度差异较小的情况下可以推导出 P 波各向异性参数的表达式，如式（4–25）所示：

$$\Delta\varepsilon\approx 2(A-P) \tag{4-25}$$

通过求解超定方程组如式（4–23）所示，计算 VTI 各向异性界面的 AVO 系数 P、G 和 A，并通过这些系数计算 P 波各向异性参数。

$$
\begin{bmatrix} R_{PP}(\theta_1) \\ R_{PP}(\theta_1) \\ R_{PP}(\theta_1) \\ \cdot \\ \cdot \\ \cdot \\ R_{PP}(\theta_n) \end{bmatrix} = \begin{bmatrix} 1 & \sin^2\theta_1 & \sin^2\theta_1\tan^2\theta_1 \\ 1 & \sin^2\theta_2 & \sin^2\theta_1\tan^2\theta_1 \\ 1 & \sin^2\theta_3 & \sin^2\theta_3\tan^2\theta_3 \\ \cdot & \cdot & \cdot \\ \cdot & \cdot & \cdot \\ \cdot & \cdot & \cdot \\ 1 & \sin^2\theta_n & \sin^2\theta_n\tan^2\theta_n \end{bmatrix} \begin{bmatrix} P \\ G \\ A \end{bmatrix} \tag{4-26}
$$

另外，详细分析式（4-24）中的系数 P 的表达式：

$$
P = \frac{1}{2}\frac{\Delta Z}{\overline{Z}} = \frac{\rho_2 v_{\text{P02}} - \rho_1 v_{\text{P01}}}{\rho_2 v_{\text{P02}} + \rho_1 v_{\text{P01}}} \tag{4-27}
$$

在下伏地层的速度 v_{P02} 以及底界面上下密度比变化不大的情况下，可由式（4-27）估算上层速度 v_{P01}，并可进一步由提取的目标层顶底界面时差和反演的速度计算目标层厚度：

$$
v_{\text{P01}} = \left(\frac{\rho_2}{\rho_1}\right)\left(\frac{1-P}{1+P}\right)v_{\text{P02}} \tag{4-28}
$$

图 4-33、图 4-34 分别是罗家地区页岩油工区利用上述公式反演得到的储层段参数 P、A 的平面分布图。

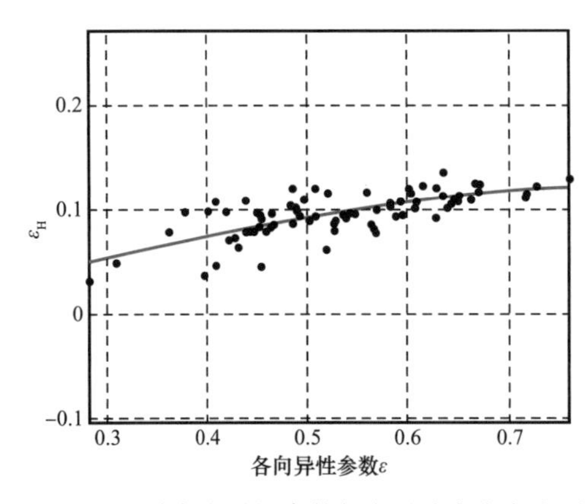

图 4-33　P 波各向异性参数与水平缝密度交会图

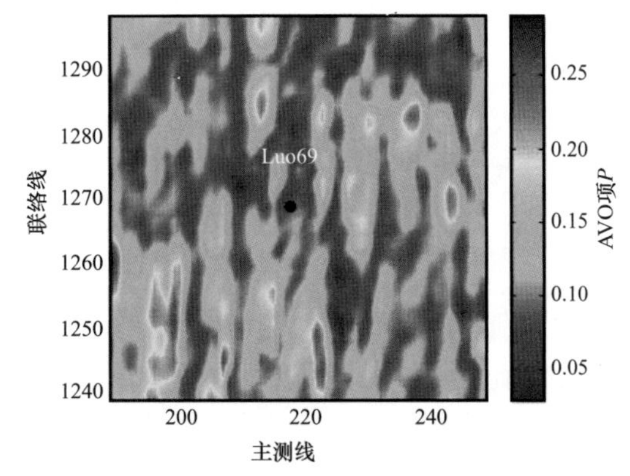

图 4-34　反演的目标层 AVO 项 P

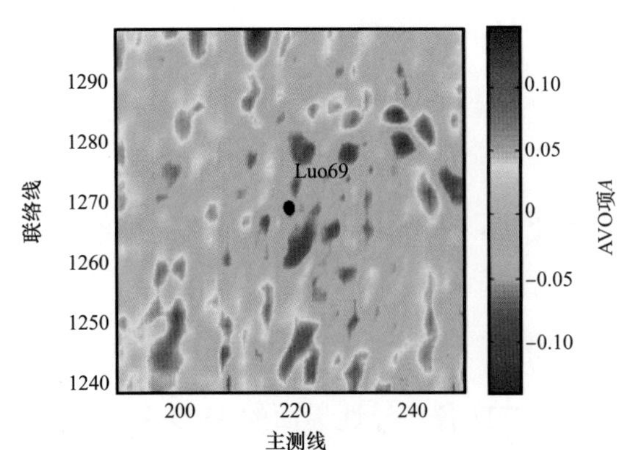

图 4-35　反演的目标层 AVO 项 A

图 4-35 是在上覆层各向同性假设前提下，根据 P、A 计算得到的目标层各向异性参数 ε 的结果。

图 4-36 为根据测井资料得到的目标层页岩的 P 波各向异性参数与水平缝密度的交会图，拟合二者之间的关系，可以得到：

$$
\varepsilon_{\text{H}} = -0.17\varepsilon^2 + 0.33\varepsilon - 0.03 \tag{4-29}
$$

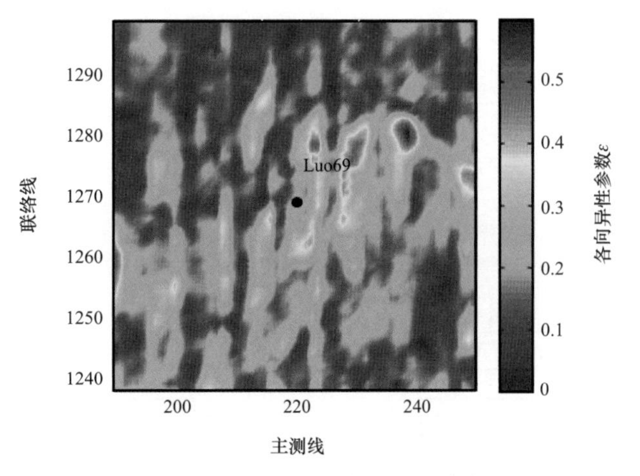

图 4-36　反演目标层各向异性参数 ε

根据各向异性参数 ε 的反演结果，综合水平缝密度和各向异性参数的关系，可以得到目标层水平缝的密度，结果如图 4-37 所示。

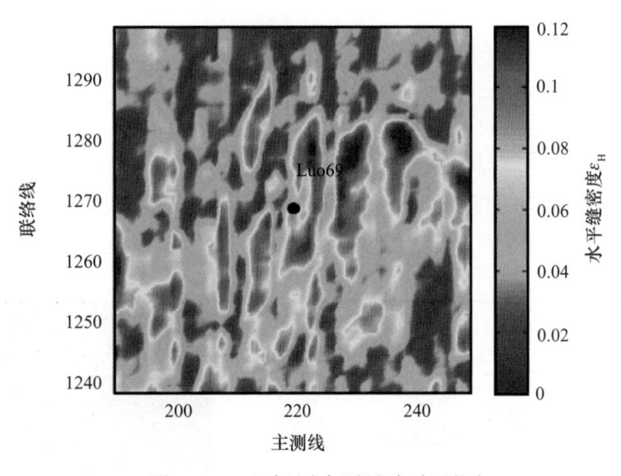

图 4-37　目标层水平缝密度预测

第三节　高精度曲率裂缝预测

地下岩层几何曲率大的地方往往大的断层、裂缝发育。因此地震几何曲率属性已被广泛用于页岩油气勘探开发中的裂缝预测，但常用方法及软件在实际中国石化页岩油气靶区资料处理中遇到了诸多问题，主要集中于如下两点：

（1）靶区存在诸多断层及陡倾角构造，大断层及陡倾角构造对其他小结构的屏蔽作用非常明显；

（2）在刻画各种振幅沿层横向变化时，多采用差分等方法，而差分等方法对噪声极为敏感，导致预测结果的稳定性较差。

本节介绍的高精度曲率裂缝预测方法通过提取横向非均匀介质中的振幅横向变化来预测裂缝，其技术路线如图 4-38 所示。

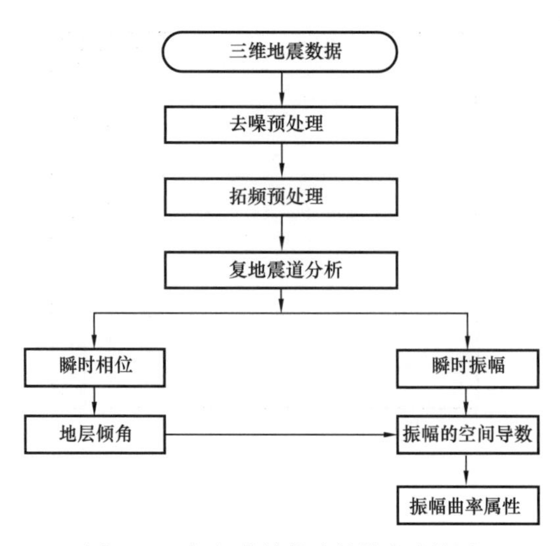

图 4–38　振幅曲线提取的技术路线图

具体的裂缝预测方法方法如下。

（1）去噪预处理。

拟从小波域研究信号及噪声的分布特征，以达到压制随机噪声的目的。图 4–39a 为含有噪声的雷克子波，图 4–39b 为利用小波变换得到的时间—尺度谱。对图 4–39b 利用简单硬阈值处理得到的时间—尺度谱如图 4–39c 所示，图 4–39d 为重构的信号。可以看出仅利用硬阈值对小波系数进行处理就能获得不错的噪声压制效果。如果考虑信号和噪声的小波域统计分布特征差别以及各道信号之间的空间相关性，噪声压制效果会有进一步的改善。

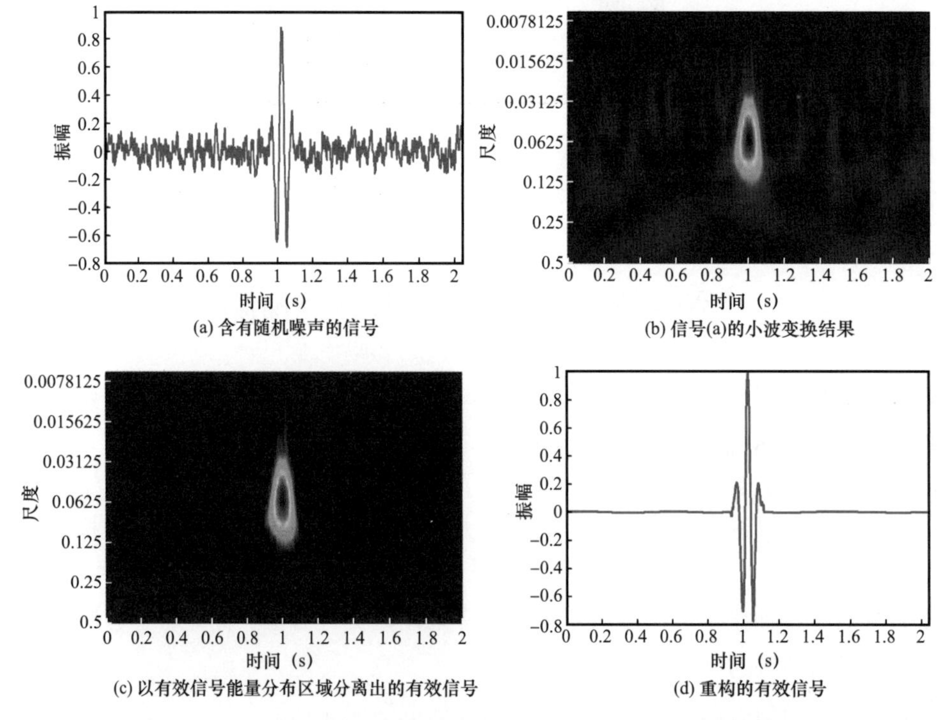

图 4–39　利用小波域有效信号能量分布区域重构信号的直观说明

（2）拓频预处理。

可以采用第三章介绍的方法或其他方法对地震资料进行提高分辨率处理，具体方法不再赘述。

（3）复地震道分析及瞬时振幅、瞬时相位提取。

若去噪后的三维地震资料为 $s(x, y, t)$，那么其对应的复地震道 $c(x, y, t)$ 可以由 Hilbert 变换得到：

$$c(x,y,t)=s(x,y,t)+s_h(x,y,t)=s(x,y,t)+iH\left[s(x,y,t)\right] \tag{4-30}$$

式中，i 为虚数单位；$H[s(x,y,t)]$ 为对地震道 $s(x,y,t)$ 做 Hilbert 变换。瞬时振幅 $A(x, y, t)$ 及瞬时相位 $\phi(x, y, t)$ 可由下面的公式得到：

$$A(x,y,t)=\sqrt{s^2(x,y,t)+s_h^2(x,y,t)} \tag{4-31}$$

$$\phi(x,y,t)=\arctan\left[\frac{s_h(x,y,t)}{s(x,y,t)}\right] \tag{4-32}$$

（4）基于瞬时相位估计地层倾角。

提取振幅沿地层的横向变化需要沿倾角或者振幅横向变化，因此合适准确的倾角估计方法是必不可少的。拟基于相位数据 $\phi(x, y, t)$ 计算相位梯度，进而构建梯度结构张量，利用主分量分析的方法稳定估计地层倾角，提高地层倾角的估计精度，为后续处理提供可靠的倾角数据。

（5）振幅空间导数及振幅曲率的计算。

在地层倾角信息的约束下，可以计算振幅的一阶或二阶导数以计算振幅曲率。然而在实际计算中计算导数易受到噪声等其他因素的干扰，因此需要稳健地计算振幅的空间导数。本书拟采用梯度结构张量来稳健估计振幅的导数。假设 $\frac{\partial A(x,y,t)}{\partial x}$ 及 $\frac{\partial A(x,y,t)}{\partial y}$ 分别为瞬时振幅的空间导数（倾角干扰已被消除），则基于瞬时幅度 $A(x, y, t)$ 的梯度结构张量 $\boldsymbol{GST\_A}(x, y, t)$ 可由如下方法得到：

$$\boldsymbol{GST}\_A(x,y,t)=\begin{bmatrix}\sum\limits_{\Omega}\left[\frac{\partial A}{\partial x}\right]^2 & \sum\limits_{\Omega}\frac{\partial A}{\partial x}\frac{\partial A}{\partial y}\\ \sum\limits_{\Omega}\frac{\partial A}{\partial y}\frac{\partial A}{\partial x} & \sum\limits_{\Omega}\left[\frac{\partial A}{\partial y}\right]^2\end{bmatrix} \tag{4-33}$$

式中，Ω 为分析窗；$\sum\limits_{\Omega}$为对分析窗内求和。根据主分量分析理论，对上述协方差进行特征分解可以得到两个特征值 $\mu_1(x, y, t)$、$\mu_2(x, y, t)$ 及对应的两个特征向量 $\boldsymbol{v}_1(x, y, t)$、$\boldsymbol{v}_2(x, y, t)$，并有 $\mu_1(x, y, t) \geqslant \mu_2(x, y, t)$：

$$\boldsymbol{GST}\_A(x,y,t)=\left[\boldsymbol{v}_1(x,y,t),\boldsymbol{v}_2(x,y,t)\right]\begin{bmatrix}\mu_1(x,y,t) & 0\\ 0 & \mu_2(x,y,t)\end{bmatrix}\begin{bmatrix}v_1^{\mathrm{T}}(x,y,t)\\ v_2^{\mathrm{T}}(x,y,t)\end{bmatrix} \tag{4-34}$$

利用主特征值 μ_1（x，y，t）及主特征向量 $\boldsymbol{v}_1$（x，y，t）得到振幅沿地层视倾角变化的稳定估计：

$$\bar{A}_y(x,y,t)=\sqrt{\mu_1(x,y,t)}v_{1x}(x,y,t) \tag{4-35}$$

$$\bar{A}_y(x,y,t)=\sqrt{\mu_1(x,y,t)}v_{1y}(x,y,t) \tag{4-36}$$

式中，v_{1x}（x，y，t）与 v_{1y}（x，y，t）为主特征向量 $\boldsymbol{v}_1$（x，y，t）中的第一个及第二个元素。

进而计算振幅的二阶偏导数并以此获得最大正振幅曲率属性 k_{pos}（$\boldsymbol{x}$）及最大负振幅曲率属性 k_{neg}（$\boldsymbol{x}$）[为简化公式，利用 $\boldsymbol{x}$ 表示（x，y，t）]：

$$k_{\text{pos}}(\boldsymbol{x})=\left[a(\boldsymbol{x})+b(\boldsymbol{x})\right]+\left\{\left[a(\boldsymbol{x})-b(\boldsymbol{x})\right]^2+c^2(\boldsymbol{x})\right\}^{1/2} \tag{4-37}$$

$$k_{\text{neg}}(\boldsymbol{x})=\left[a(\boldsymbol{x})+b(\boldsymbol{x})\right]-\left\{\left[a(\boldsymbol{x})-b(\boldsymbol{x})\right]^2+c^2(\boldsymbol{x})\right\}^{1/2} \tag{4-38}$$

其中：

$$a(\boldsymbol{x})=\frac{1}{2}\frac{\partial\bar{A}_x(\boldsymbol{x})}{\partial x} \tag{4-39}$$

$$b(\boldsymbol{x})=\frac{1}{2}\frac{\partial\bar{A}_y(\boldsymbol{x})}{\partial y} \tag{4-40}$$

$$c(\boldsymbol{x})=\frac{1}{2}\left[\frac{\partial\bar{A}_x(\boldsymbol{x})}{\partial y}+\frac{\partial\bar{A}_y(\boldsymbol{x})}{\partial x}\right] \tag{4-41}$$

图 4–40 展示了经过去噪预处理前的原始地震剖面和去噪后的地震剖面，从图 4–40 中可以看出经过保边去噪后的地震数据中的微小构造特征更加清晰。

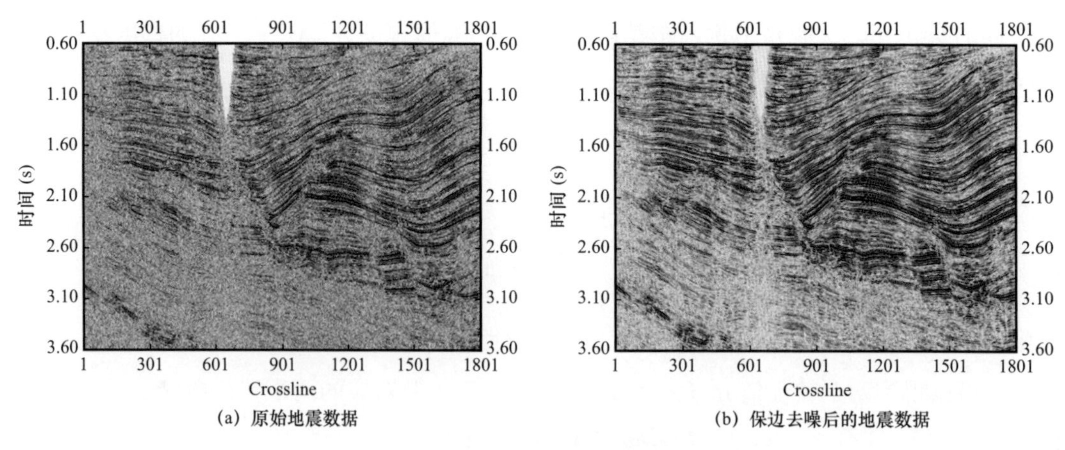

图 4–40　去噪前后地震剖面

在完成地震数据的去噪和拓频预处理的基础上，再通过振幅曲率计算方法对地震数据的各种曲率属性进行的提取。图 4–41 分别展示了盐间页岩油层通过某商业软件计算得到的最大负曲率、本书方法在去噪数据上计算得到的最大负曲率，通过对比可以看出本书方法计算得到的曲率属性的精度有了明显的提高。

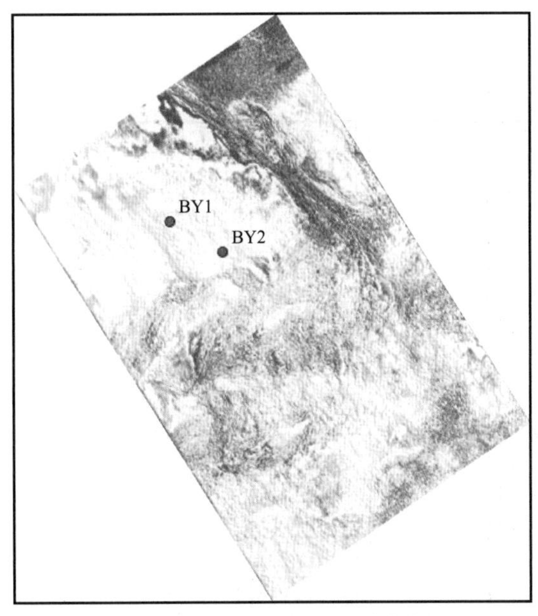

(a) 原始数据商业软件计算的最大负曲率

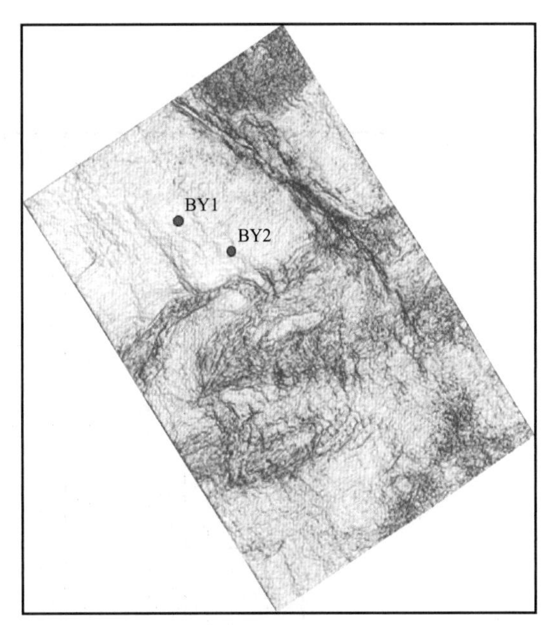

(b) 去噪数据计算的高精度最大负曲率

图 4–41　最大负曲率结果对比

第四节　裂缝多尺度融合预测方法

裂缝的信息可以从地质岩心获得，也可以从测井、叠前、叠后地震资料得到。地质岩心、测井和地震得到的裂缝尺度是不一样的。多尺度融合裂缝预测系统主要将地质、测井和地震叠后、叠前不同尺度的裂缝成果融合到一起，到达综合裂缝预测的目的。

下面从两个方面介绍裂缝多尺度融合预测方法：（1）利用定性和半定量方法；（2）数据驱动定量多尺度融合裂缝预测方法。

一、定性与半定量裂缝多尺度融合预测方法

定性与半定量裂缝多尺度融合预测方法思想如下：利用首先地质约束测井裂缝，将地质统计的某一个深度断裂缝发育方向和强度约束测井裂缝预测结果；然后利用测井约束叠前地震裂缝预测，将测井裂缝预测裂缝发育方向约束叠前地震单点分析预测；最后将叠后裂缝多属性融合，将地质方面应力—应变成果与叠后多种裂缝预测属性融合，最终达到裂缝的定性和半定量的多尺度融合预测。

1. 地质—测井裂缝定性预测

地质裂缝预测的成果，往往表现为岩心裂缝观察表，通过统计一定深度段的裂缝发育倾角及发育密度转化为井曲线，在常规测井定性分析的过程中，也可以作为一种曲线评价

条件与其他曲线进行加权融合。

如图 4–42 所示，通过胜利页岩油 Luo69 井岩心测试得到的裂缝地质信息（长度、密度）被转化为岩心深度段的井曲线。

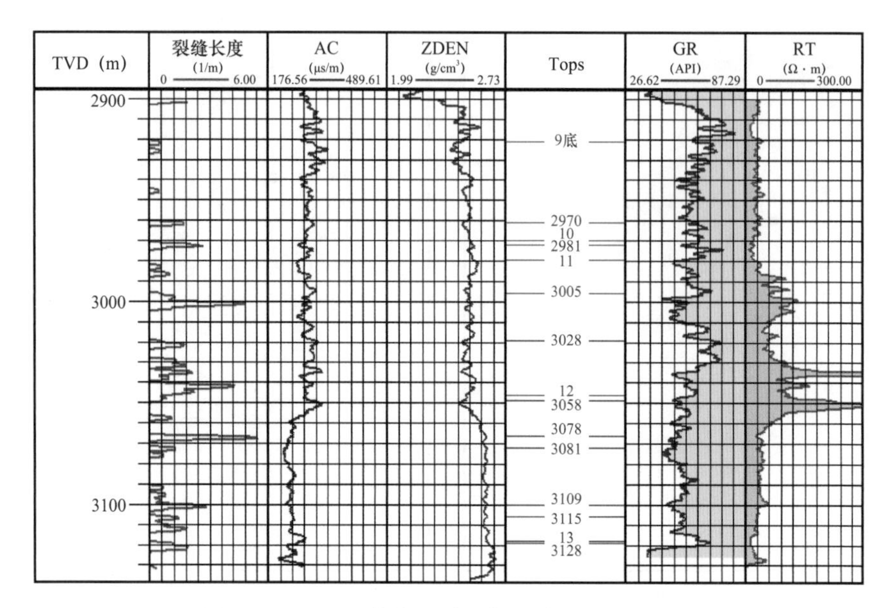

图 4–42　Luo69 井岩心裂缝信息转化为测井曲线

在获得岩心的地质测井曲线后，以转化的测井曲线为约束，对测井曲线进行裂缝解释。图 4–43 是岩心裂缝地质信息约束下得到的某页岩油井裂缝测井解释结果。

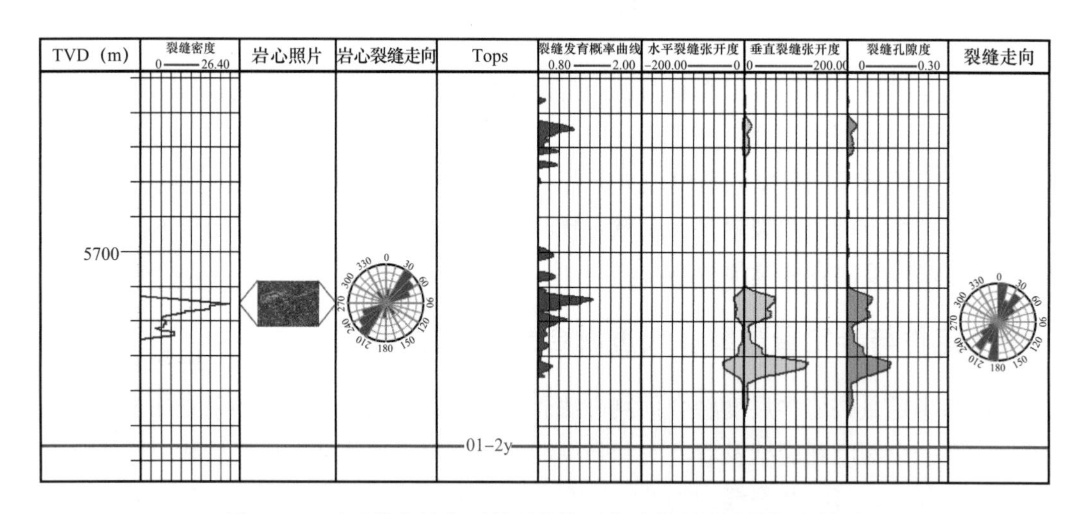

图 4–43　地质信息约束下得到的某页岩油井裂缝测井解释结果

2. 测井—叠前地震裂缝定性预测

测井—叠前地震裂缝定性预测主要利用测井约束叠前地震裂缝预测，将测井裂缝预测裂缝发育方向约束叠前地震单点分析预测。

图 4–44 是胜利罗家页岩油工区在测井裂缝解释信息约束下，裂缝叠前反演得到的裂

缝发育方向平面图。其中井点处的玫瑰花图是测井解释的结果，地图是叠前地震反演得到的裂缝结果。

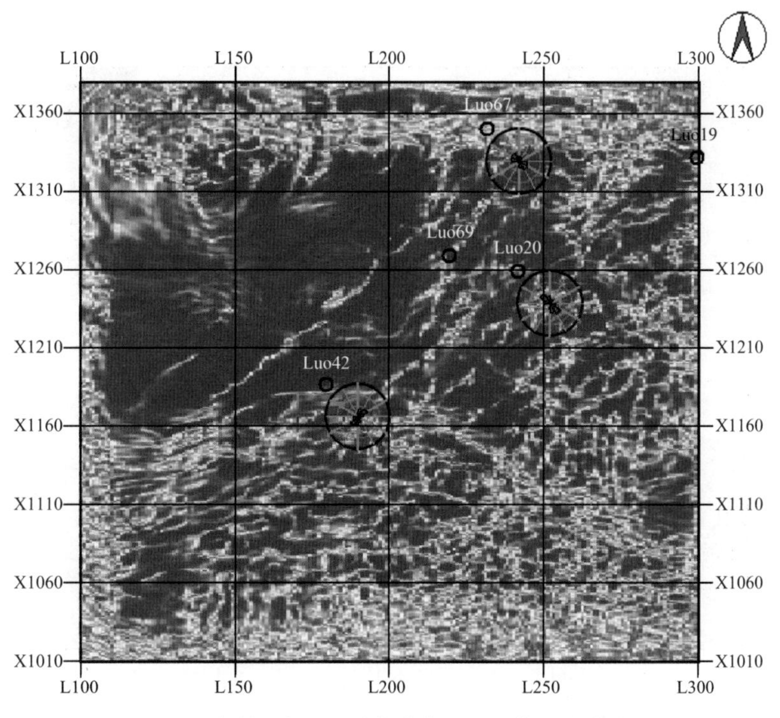

图 4–44　胜利罗家地区测井约束下的叠前地震裂缝预测

图 4–45 是罗家地区测井裂缝预测裂缝发育方向约束叠前地震单点分析预测图。

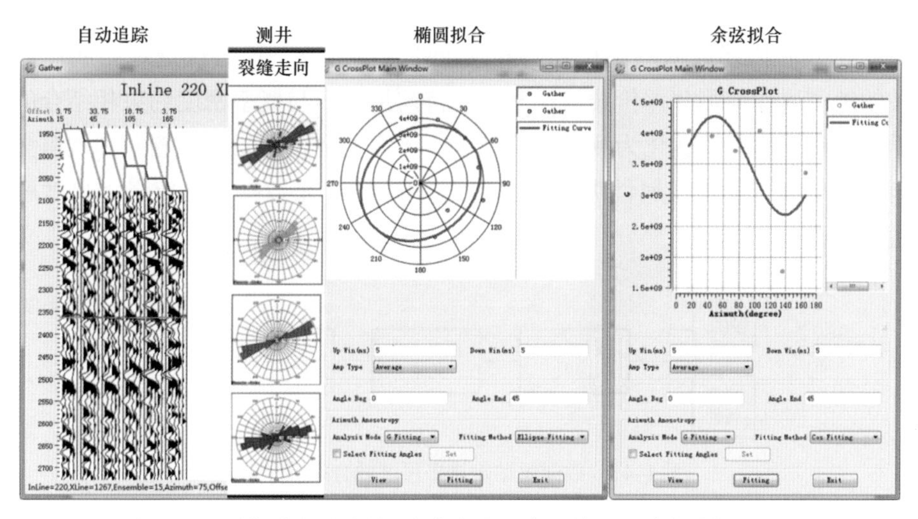

图 4–45　测井裂缝预测裂缝发育方向约束叠前地震单点分析预测图

3. 裂缝叠后多属性融合

多种叠后、叠前预测的裂缝属性平面图通过体积加权或 RGB 色彩融合的方法进行融合。由于地质应力往往和裂缝发育密切相关，因此地质应力应变场也可作为一种叠后平面属性图参与到地质约束的叠后地震裂缝预测过程中。

图 4–46 是裂缝倾角、方位角和相干属性 RGB 色彩融合的结果。

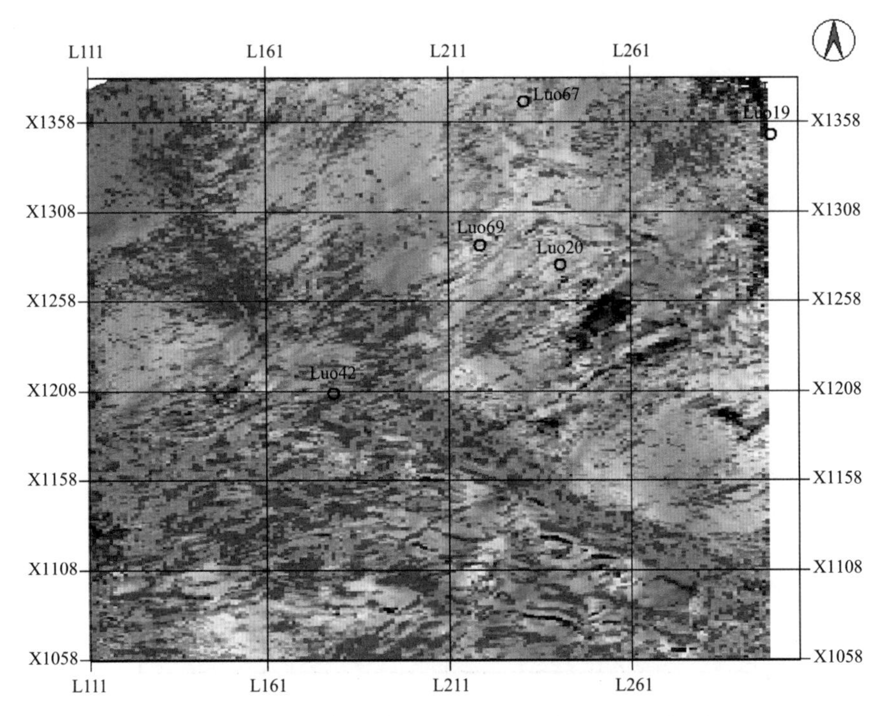

图 4–46 裂缝倾角、方位角和相干属性 RGB 色彩融合

二、数据驱动定量多尺度融合裂缝预测方法

该方法从岩心描述数据的粗化到测井评价曲线的建立，通过优选地震属性，将裂缝密切相关的地震属性与测井评价曲线，利用支持向量回归与概率密度约束相结合的方法进行智能学习，将地震属性转化为测井评价结果。该方法融合了岩心、测井和地震多尺度信息，同时具有较高裂缝地震属性纵向分辨能力。图 4–47 是数据驱动定量多尺度融合裂缝预测方法的流程。

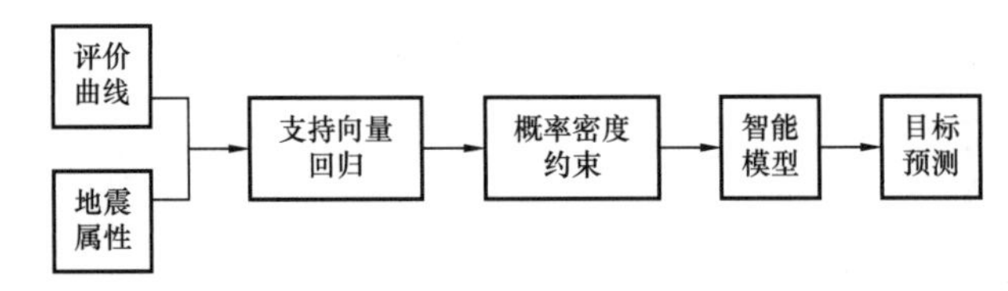

图 4–47 数据驱动定量多尺度融合裂缝预测

1. 支持向量回归

基于数据的机器学习是现代智能技术中的重要方面，机器学习的目的是通过对已知数据的学习，找到数据内在的相互依赖关系，从而获得对未知数据的预测和判断能力。传统统计学研究的是样本数目趋于无穷大时的渐近理论，但在实际问题中，样本数往往是有

限的，因此一些理论上很优秀的学习方法实际中表现却可能不尽人意。在此情况下，发展出专门研究小样本情况下机器学习方法的统计学习理论 SLT（statistical learning theory）。SLT 有一套坚实的理论基础，为有限样本学习问题提供了一个统一框架，并有望解决结构选择、局部极小点等难题。

由此，Vapnik 和 Chapelle（2000）在 SLT 基础上在 20 世纪 90 年代发展了一种新的机器学习算法即支持向量机技术 SVM（support vector machine）。该方法在实现经验风险的最小化的同时，还通过寻求结构化风险最小化来提高学习机的泛化能力。通过获取支持向量，在统计样本量较少的情况下也能获得良好的判识准确性。支持向量机技术与神经网络类似，都是学习型的机制，但与神经网络不同的是 SVM 使用了更巧妙的数学方法和优化技术，在很多方面 SVM 方法比神经网络算法有明显优点。

支持向量机（SVM）算法的关键在于核函数。低维空间向量集通常难以划分，解决的方法是将它们映射到高维空间。但这个办法带来的困难就是计算复杂度的增加，而核函数正好巧妙地解决了这个问题。也就是说，只要选用适当的核函数，就可以得到高维空间的分类函数。

支持向量回归 SVR（support vector regression）是支持向量机算法在函数回归领域的应用。SVR 通过升维，在高维空间中构造线性决策函数来实现非线性回归算法。SVR 将向量映射到一个更高维的空间里，在这个空间里建立一个最大间隔超平面。在分开数据的超平面的两边建有两个互相平行的超平面。建立方向合适的分隔超平面使两个与之平行的超平面间的距离最大化。平行超平面间的距离或差距越大，分类器的总误差越小。在所有训练样本点中，只有分布在间隔区边缘的那一部分样本点决定超平面的位置，这一部分样本称为“支持向量”或“支撑向量”。

SVR 能有效地避免经典学习方法中过学习、维数灾难、局部极小等传统分类存在的问题，而且在小样本条件下仍然具有良好的泛化能力，即对训练集之外的新样本有较好的适应性和适当输出的能力。

采用 ε–SVR 算法对已知数据进行训练、建立模型及预测。算法的思想如图 4–48 所示。图 4–48 中黑色圆圈代表已知数据，深蓝色斜线为训练的目标直线。在训练过程中，若一个已知数据点落在以目标直线为中线，宽度为 2ε 的浅蓝色的条带中，则认为这个训练样点的误差为 0。对于落在浅蓝色条带外面区域的训练样点，它的误差为它到条带的距离，即图 4–48 中红色线段的长度。

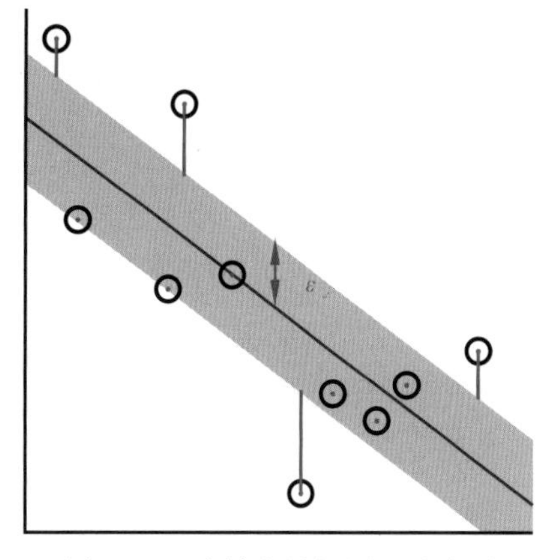

图 4–48　支持向量机原理示意图

一般来讲，管道宽度越小，支持向量越多，拟合精度较高，泛化能力变差；正则化惩罚系数越大，对支持向量惩罚越严重，拟合精度较高，泛化能力变差；而 Gaussian 核参数越大，拟合精度较高，泛化能力变差。

2. 概率密度约束

基于概率密度函数的地质统计学反演结合了随机建模和地震反演的优势，并充分地利用了测井数据纵向分辨率高以及三维地震数据横向分辨率高的特点，从而可以获得高分辨率的反演结果。地质统计学反演应用地质统计信息来描述解空间的先验密度函数，主要由随机模拟、对模拟结果进行优化两部分组成，它的特点是结合了随机建模和地震反演的优势，反演结果突破地震频带宽度的限制，从而可以获得较高纵向分辨率。

支持向量回归可以预测均值与方差，进而可构建概率密度函数；采用某种随机采样规则获取概率密度约束下的预测值，引入一定的随机性。

3. 智能模型

应用人工智能技术进行储层参数预测问题可以看成一个监督式机器学习的回归问题。多个优选的井旁道地震地质属性是此问题的输入数据，井中实测或解释的裂缝或“甜点”评价指示曲线是输出数据，即预测目标值。一定比例的输入和输出数据作为训练样本由支持向量机人工智能技术进行训练，训练得到算法模型的各个参数。

质量控制在技术实现上，采取留一部分训练子集出来的方法（比如 10%，用户可调整）来进行质量控制，以增强模型的泛化能力。使用留出来的样本测试训练得到的模型误差，如果吻合度很低或误差很大，则认为训练失败，用户应该选择其他已知井的样本或选择更为相关的属性进行模型训练；如果吻合度较高或误差在可接受范围内，则使用这个训练好的模型对无井区域裂缝或“甜点”要素进行预测。

4. 目标预测

经过质量控制可以获得满意的机器学习训练模型，再应用该模型对无井区域开展裂缝或“甜点”要素预测，预测的输入数据为对应空间位置的地震属性，输出为裂缝要素。

通过上述建立的人工智能机器学习模型能够预测得到裂缝发育情况。为了进一步评价预测结果的有效性，可以将未参与训练的已知井曲线作为评价标准，根据测井曲线与裂缝属性井旁道曲线的对比进行评价。

在实际数据驱动定量多尺度融合裂缝预测方法的应用中，评价指示曲线为人工智能机器学习提供训练目标，该曲线由岩样地球化学分析或测井资料解释获得。图 4–49 是采用 SVR 机器学习方法和测井解释融合得到的裂缝测井曲线。

研究表明裂缝密度主要受地层岩性、矿物组成、构造作用等因素影响。在进行属性优选时可以首先选择与裂缝密度地质意义关联较明显且单属性贡献度相对较高的十余种地震属性。然后应用多属性相关性分析，分析各种高贡献度属性相互之间的相关关系，快速地挑选出相互之间线性相关的属性组合，然后仅保留贡献度最高的属性，剔除其他相互冗余的属性，保证优选出来属性的强正交性，能够有效提高机器学习模型训练的效率。最终优选出几种参与运算的属性。图 4–50 是焦石坝南地震工区裂缝最大曲率、密度与不连续性等三种属性。

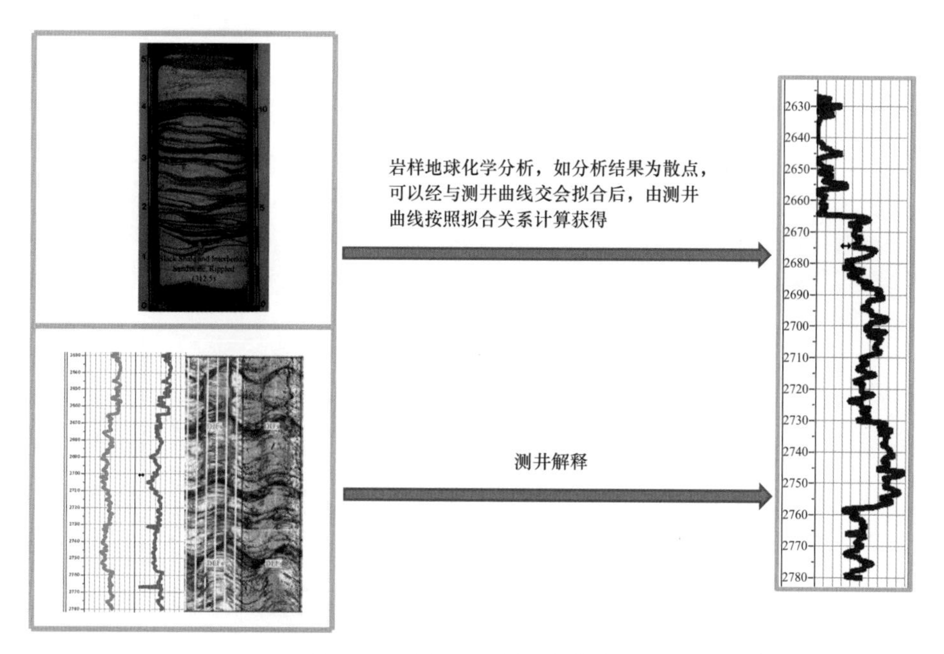

图 4–49　裂缝测井评价曲线获取

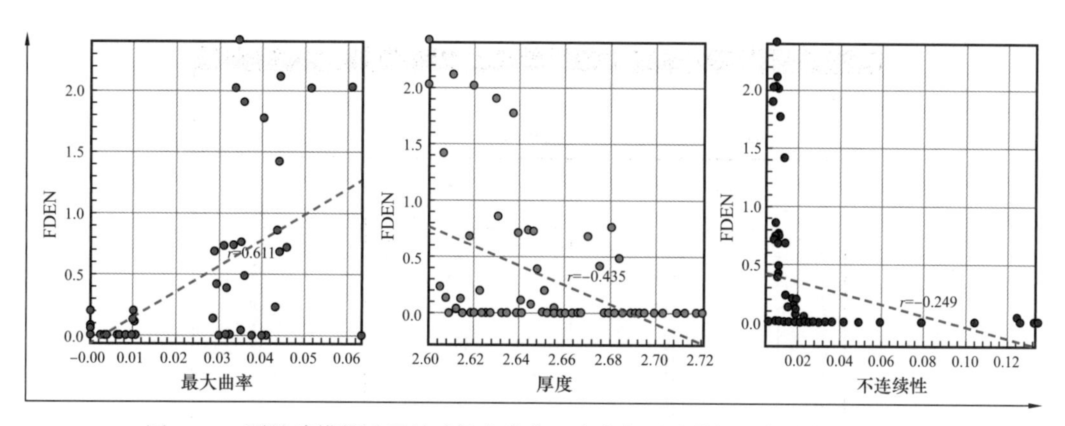

图 4–50　裂缝建模优选属性（最大曲率、密度与不连续性）与井曲线交会图

属性优选经过单属性贡献度分析与多属性正交性分析后，得到了基本合理的属性组合。

待得到优选的属性后，应用这些优选地震属性与测井评价指示曲线作为机器学习样本，对训练样本开展支持向量机器学习，选择合适的支持向量机核函数，并优选具有最优预测精度与泛化能力的核参数，进而训练得到较理想的机器学习模型。应用该模型对预留的测试样本开展质控交会图展示，并进行预测与真实测井曲线对比，可以验证建立的机器学习模型的有效性。如图 4–51 所示，在焦石坝南工区测试样本预测结果与真实数据的正方交会图所示，二者基本相同，且均方相关系数大于 85%，即具有较高的测试吻合率。另外，图 4–52 中曲线对比结果也显示了各口井预测曲线与真实曲线随深度变化趋势一致。对于裂缝密度预测，由于评价的有效数据有限，预测结果在数值上有所起伏，但总体规律及数值范围都预测合理。

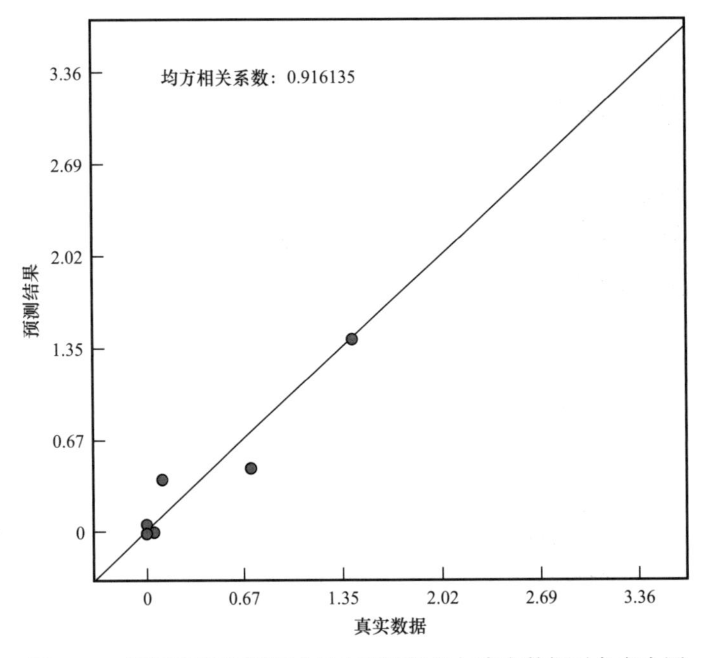

图 4-51　裂缝密度建模测试样本预测结果与真实数据对角交会图

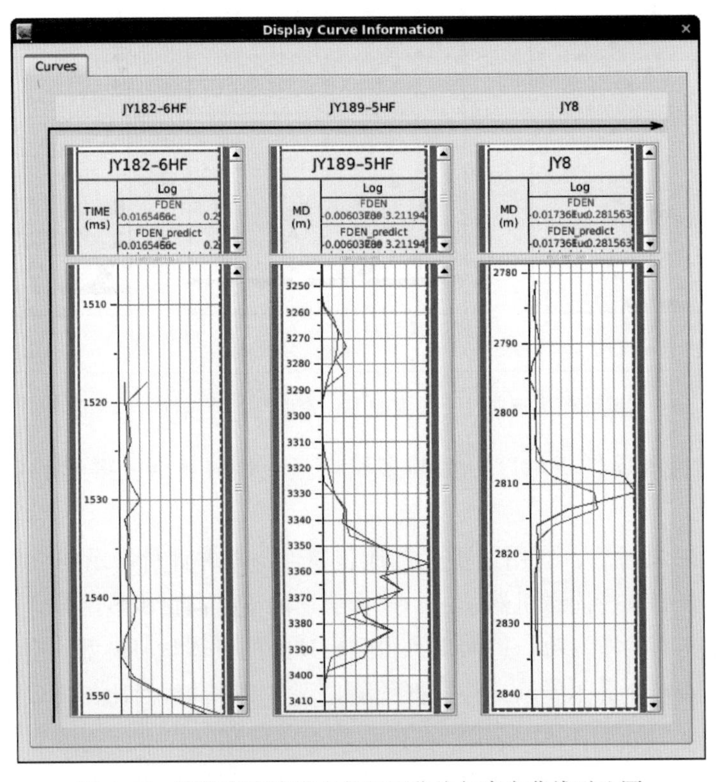

图 4-52　裂缝密度建模多井预测曲线与真实曲线对比图

图 4-53 是用数据驱动定量多尺度融合裂缝预测方法得到的焦石坝南页岩气工区过连井线储层裂缝密度分布结果。预测结果和实际井上测量结果对应得较好，与地质认识也符合得不错。

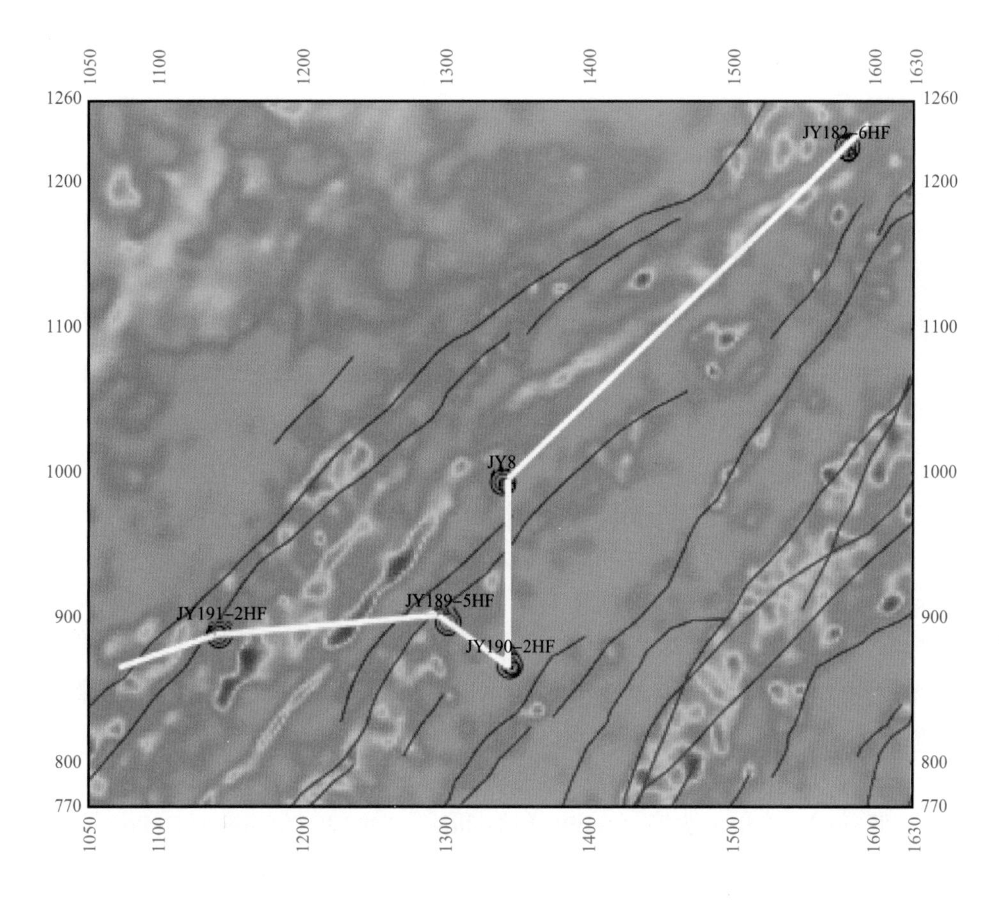

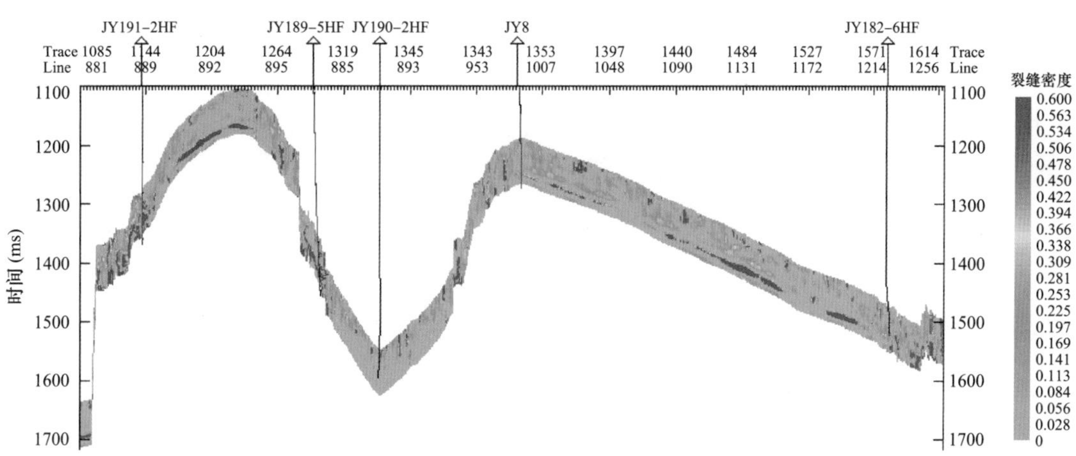

图 4-53　裂缝密度分布平面图和过井剖面结果

第五章　页岩储层流体检测技术

页岩储层中含有油气流体，当地震波经过储层时，储层流体会在外力作用下发生流动，这种流体的流动往往会使得地震波发生频散和衰减。本章主要利用地震波的频散特性来对页岩储层中裂缝参数和流体特性进行表征。

第一节　各向同性介质下的频变 AVO 反演

当纵波传播到弹性分界面时要发生波型转换和能量的重新分配。Zoeppritz 利用反射界面两侧位移和应力连续的边界条件，得到了界面处弹性波的反射系数和透射系数与入射角和介质弹性参数之间的关系。Aki 和 Richard（2002）假定相邻地层弹性参数变化较小，忽略了 Zoeppritz 方程中的高阶项，推导出了反射系数的近似公式。Smith 和 Gidlow 将 Gardner 密度与纵波速度关系的经验公式代入 Aki-Richard 方程中，得到了一种近似表达公式，即 Smith-Gidlow 方程（Smith 和 Gidlow，1987）。在 Smith-Gidlow 方程中，纵波反射系数的表达式如下：

$$R \approx \frac{5}{8}\frac{\Delta v_{\mathrm{P}}}{v_{\mathrm{P}}} - \frac{{v_{\mathrm{S}}}^2}{{v_{\mathrm{P}}}^2}\left(4\frac{\Delta v_{\mathrm{S}}}{v_{\mathrm{S}}} + \frac{1}{2}\frac{\Delta v_{\mathrm{P}}}{v_{\mathrm{P}}}\right)\sin^2\theta + \frac{1}{2}\frac{\Delta v_{\mathrm{P}}}{v_{\mathrm{P}}}\tan^2\theta \tag{5-1}$$

式中，R 为纵波的反射系数；v_{P}、v_{S}、θ 为界面上下层的平均纵波速度、横波速度以及入射角；Δv_{P}、Δv_{S} 为上下层介质的纵波速度差、横波速度差。

式（5-1）是在介质弹性假设的前提下得到的，然而实际地下介质是频散非弹性的。本书考虑了介质的频散特性，首先将 Smith-Gidlow 公式中的反射系数、纵横波速度以及横纵波速度比 $\frac{{v_{\mathrm{S}}}^2}{{v_{\mathrm{P}}}^2}$ 都看成是频变的函数，然后在参考频率 f_0 附近进行泰勒展开，最后通过整理可得如下改进的频变 AVO 反演公式：

$$\begin{aligned} R(\theta,f) \approx{} & A_2(\theta)\frac{\Delta v_{\mathrm{P}}}{v_{\mathrm{P}}}(f_0) + (f-f_0)A_2(\theta)I_{a2} \\ & + B_2(\theta)\frac{{v_{\mathrm{S}}}^2}{{v_{\mathrm{P}}}^2}\left(\frac{\Delta v_{\mathrm{S}}}{v_{\mathrm{S}}} + \frac{1}{8}\frac{\Delta v_{\mathrm{P}}}{v_{\mathrm{P}}}\right) + (f-f_0)B_2(\theta)I_{b2} \end{aligned} \tag{5-2}$$

其中系数 A_2、B_2 的表达形式如下：

$$A_2(\theta) = \frac{5}{8} + \frac{1}{2}\tan^2\theta \tag{5-3}$$

$$B_2(\theta) = -4\sin^2\theta \tag{5-4}$$

将式（5–2）中待求量 I_{a2} 和 I_{b2} 分别叫作纵波频散梯度和混合剩余频散梯度，它们的表达式如下：

$$I_{a2} = \frac{\mathrm{d}}{\mathrm{d}f}\left(\frac{\Delta v_{\mathrm{P}}}{v_{\mathrm{P}}}\right)\bigg|_{f=f_0} \tag{5-5}$$

$$I_{b2} = \frac{\mathrm{d}}{\mathrm{d}f}\left[\frac{v_{\mathrm{S}}^2}{v_{\mathrm{P}}^2}\left(\frac{\Delta v_{\mathrm{S}}}{v_{\mathrm{S}}} + \frac{1}{8}\frac{\Delta v_{\mathrm{P}}}{v_{\mathrm{P}}}\right)\right]\bigg|_{f=f_0} \tag{5-6}$$

由于此外混合剩余频散梯度是纵波、横波速度的函数，其意义不是很明确，因此研究中主要以纵波频散梯度值来预测地下油气储层。

对于实际的地震资料，频变 AVO 反演的流程如图 5–1 所示：首先从经过精细处理的叠前地震记录（偏移距道集）出发，利用地震速度提取频变 AVO 反演所需要的叠前角道集数据；随后利用 SPWVD（平滑伪 Wigner–Ville 分布）技术对叠前角道集进行频谱分解，得到不同频率下的分频角道集地震记录；然后用本书提出的新频变 AVO 反演公式对分频角道集数据进行处理，得到纵波频散梯度结果；最后利用含油气储层中纵波频散大的原理，根据纵波频散梯度的结果来预测有利的油气储层区域。

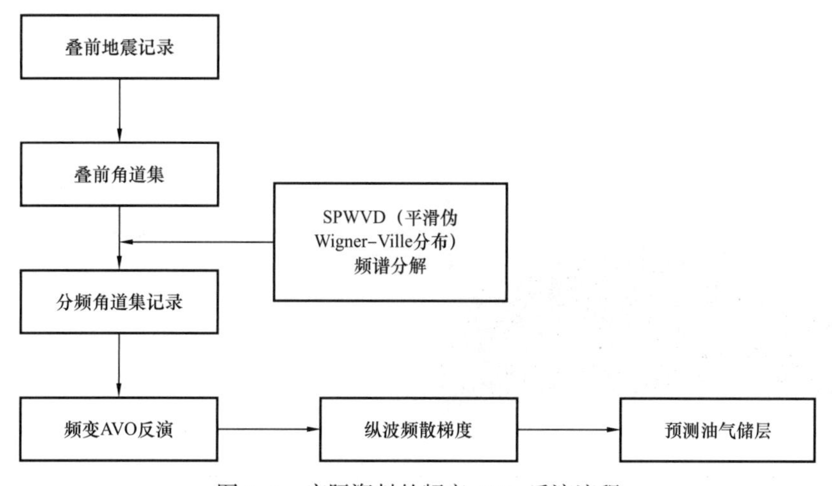

图 5–1　实际资料的频变 AVO 反演流程

涪陵焦石坝页岩气地区发育广泛的上震旦统—三叠系。在上奥陶统五峰组—下志留统龙马溪组发育了大套的浅海陆棚相深灰色、灰黑色泥岩、碳质泥岩夹薄层的泥质粉砂岩。五峰组和龙马溪组是目前页岩气勘探的主要目的层段。下面阐述采用频变 AVO 方法进行了页岩气含气性检测的流程及结果。

首先对该区域的三维地震资料进行处理，提取了目标层段的叠前角道集（图 5–2），然后利用 SPWVD 技术对叠前角道集进行频谱分解，得到不同频率下的分频角道集地震记录，最后用本书提出的新频变 AVO 反演公式对分频角道集数据进行反演，得到纵波频散梯度结果。

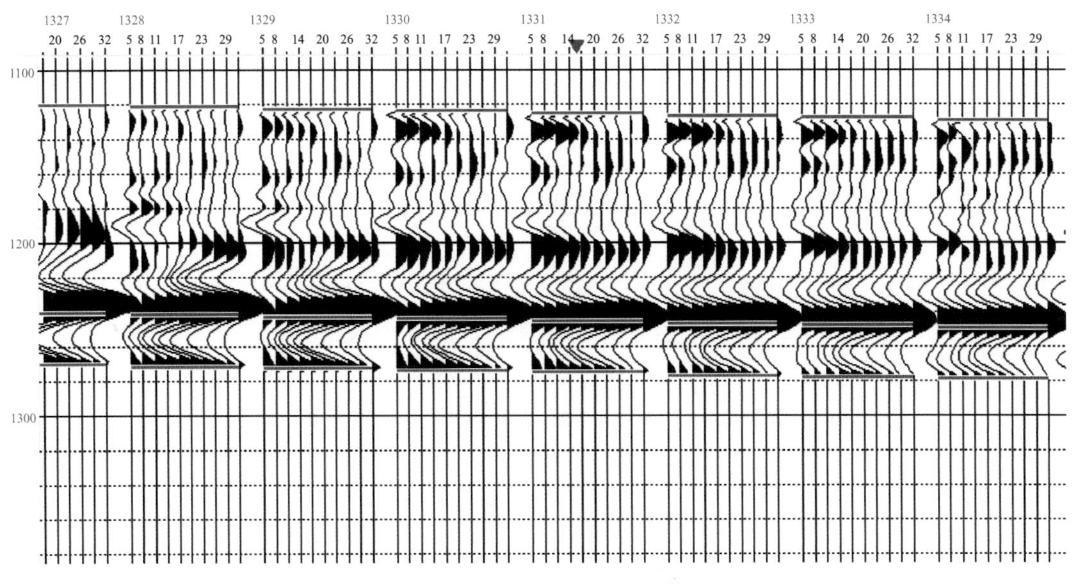

图 5-2　目标层段叠前角道集

图 5-3 是过 JY8 井剖面的反演结果。反演结果表明在 JY8 井位置，纵波频散梯度值比较大，该位置含气性较好。该井产量较高，日产气 $20.9\times10^4m^3$。频变 AVO 反演结果和实测结果吻合的很好。

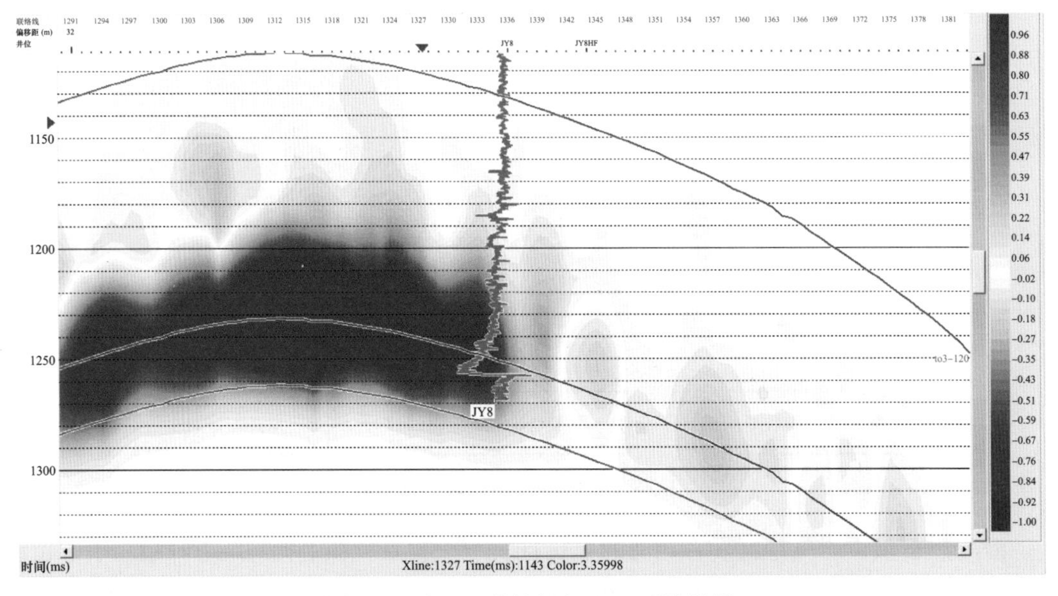

图 5-3　过 JY8 井的频变 AVO 反演结果

图 5-4 是整个区域目的层段的频变 AVO 反演含气性平面分布图。图 5-5 是用地震阻抗法得到的区域含气分布图。

对比图 5-4 和图 5-5 可以看到频变 AVO 反演结果和地震阻抗法预测的流体分布有很好的对应。实际测试结果表明在除 JY8 井外，JY5 井、JY6 井、JY7 井也都有工业气流。频变 AVO 流体检测结果和实际情况符合得比较好。

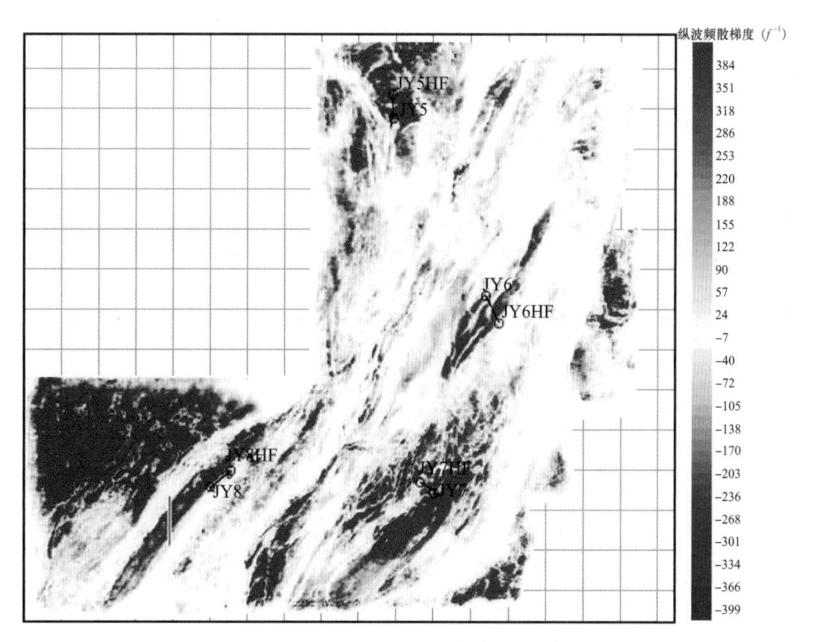

图 5-4　礁石坝南频变 AVO 反演流体检测平面图

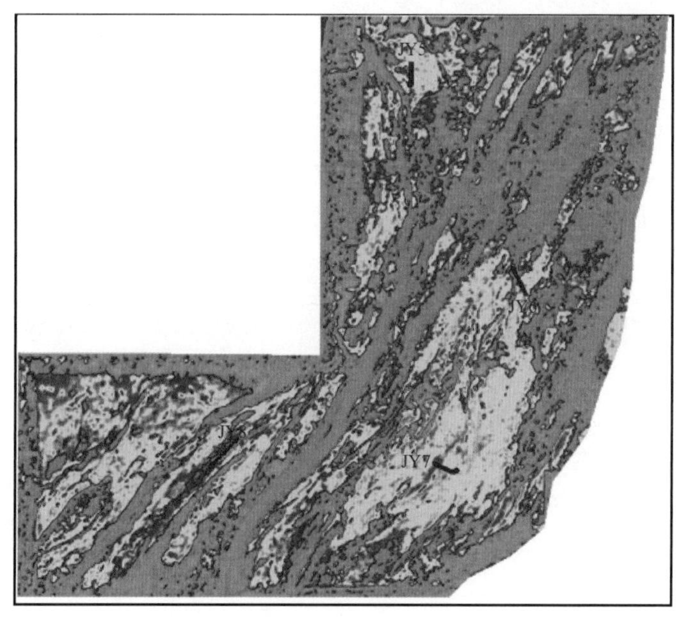

图 5-5　地震阻抗法得到的焦石坝南含气分布图

第二节　基于 HTI 介质的地震频变 AVAZ 反演

Chapman（2003）提出了一种基于喷射流机制的动态岩石物理模型。该模型考虑了地震波引起的定向排列的裂缝、随机排列的微裂隙和背景等径孔隙间的流体流动，得到具有频率依赖性的弹性参数，可以更合理的解释地震波的散射或吸收引起的地震响应衰减与频散。其中，微裂隙和孔隙的半径与岩石颗粒尺寸相同，而裂缝的半径远大于颗粒尺寸且小于地震波波长。微裂隙之间、孔隙之间以及微裂隙与孔隙之间可相互连通，每条裂缝可以与多个微裂隙或孔隙连通，但裂缝之间互不连通，每条微裂隙、每个孔隙最多与一条裂缝连通。本节主要基于 Chapman 模型来探讨裂缝各向异性介质的频变特性。

Chapman 模型定义的有效刚度张量可以表示为

$$\boldsymbol{C}_{ijkl}\left(f\right)=\boldsymbol{C}_{ijkl}^{\mathrm{iso}}\left(\Lambda,\gamma\right)-\varepsilon_{\mathrm{c}}\boldsymbol{C}_{ijkl}^{1}\left(\lambda^{0},\mu^{0},f\right)-\phi_{\mathrm{p}}\boldsymbol{C}_{ijkl}^{2}\left(\lambda^{0},\mu^{0},f\right)-\varepsilon_{\mathrm{f}}\boldsymbol{C}_{ijkl}^{3}\left(\lambda^{0},\mu^{0},f\right) \tag{5-7}$$

式中，$\boldsymbol{C}_{ijkl}^{\mathrm{iso}}$ 为岩石基质的弹性张量；C_{ijkl}^{1} 、C_{ijkl}^{2} 和 C_{ijkl}^{3} 分别为孔隙、微裂隙和裂缝具有频率依赖性的扰动量；f 为频率；ϕ_{p} 为孔隙度；ε_{c} 为微裂隙密度；ε_{f} 为裂缝密度。

Rüger（1997，1998）推导出了弱各向异性 HTI 介质的纵波反射系数近似公式：

$$\begin{aligned}R\approx&\frac{1}{2}\frac{\Delta Z}{\overline{Z}}+\frac{1}{2}\left\{\frac{\Delta\alpha}{\overline{\alpha}}-\left(\frac{2\overline{\beta}}{\overline{\alpha}}\right)^{2}\frac{\Delta G}{\overline{G}}+\left[\Delta\delta^{(V)}+2\left(\frac{2\overline{\beta}}{\overline{\alpha}}\right)^{2}\Delta\gamma\right]\cos^{2}\varphi\right\}\sin^{2}\theta+\\&\frac{1}{2}\left[\frac{\Delta\alpha}{\overline{\alpha}}+\Delta\varepsilon^{(V)}\cos^{4}\varphi+\Delta\delta^{(V)}\sin^{2}\varphi\cos^{2}\varphi\right]\sin^{2}\theta\tan^{2}\theta\end{aligned} \tag{5-8}$$

式中，R 为反射系数；θ 为入射角；φ 为方位角；α 和 β 为各向同性面上的纵波和横波速度；Z 为垂向纵波波阻抗；G 为垂向剪切模量；上置符号“—”为上下两层参数的平均值；前置符号 Δ 为上下两层参数的差；γ、$\delta^{(V)}$ 和 $\varepsilon^{(V)}$ 为 HTI 介质的各向异性参数。

在实际应用中，可以用前述的 Champman 裂缝模型获得裂缝介质参数随频率的变化关系，然后将参数代入 Rüger 公式中得到随频率变化的 HTI 介质的反射系数公式。假设两层模型，上层为均匀各向同性介质，下层为 HTI 介质。孔隙度 ϕ_{p} 为 0.1，微裂隙密度为 0，裂缝密度为 0.1，裂缝长度为 1m，其他主要参数如表 5–1 所示。

表 5–1　两层模型的主要参数

层		纵波速度（m/s）	横波速度（m/s）	密度（g/cm^3）	黏滞系数（Pa·s）
层 1		3700	2000	2.0	—
层 2	岩石骨架	4000	2500	2.3	—
	盐水	1710	—	1.1	1×10^{-3}
	石油	1250	—	0.8	2×10^{-2}
	天然气	620	—	0.65	2×10^{-5}

无论流体为石油、盐水还是天然气时，随着频率的增加，AVAZ 响应特征变化越来越大；随着入射角的增大，反射系数随频率的变化特征也呈现越来越大的趋势；检波点在垂直裂缝走向时反射系数受频率的影响低于检波点沿着裂缝走向时反射系数受频率的影响（图 5–6 至图 5–8）。尽管岩石骨架相同，但是不同流体受频率的影响不同：流体为气体时反射系数受频率影响最大，流体为石油时反射系数受频率影响最小，即随着流体的黏滞系数的增大，反射系数受频率的影响减小。将模型中裂缝长度分别变为 0.5m 和 2m，得到含盐水时的频变 AVAZ 响应特征（图 5–9、图 5–10）。对比图 5–7、图 5–9 和图 5–10，随着裂缝长度的减小，AVAZ 响应受到频率的影响越大。因此，流体类型和裂缝长度是对频

变 AVAZ 响应特征敏感的裂缝参数。即使不考虑频率的影响，裂缝密度和裂缝走向均是 AVAZ 响应的敏感参数。综上所述，频变 AVAZ 响应特征可以用于反演对其敏感的裂缝性质即裂缝密度、裂缝走向、裂缝长度和流体类型。

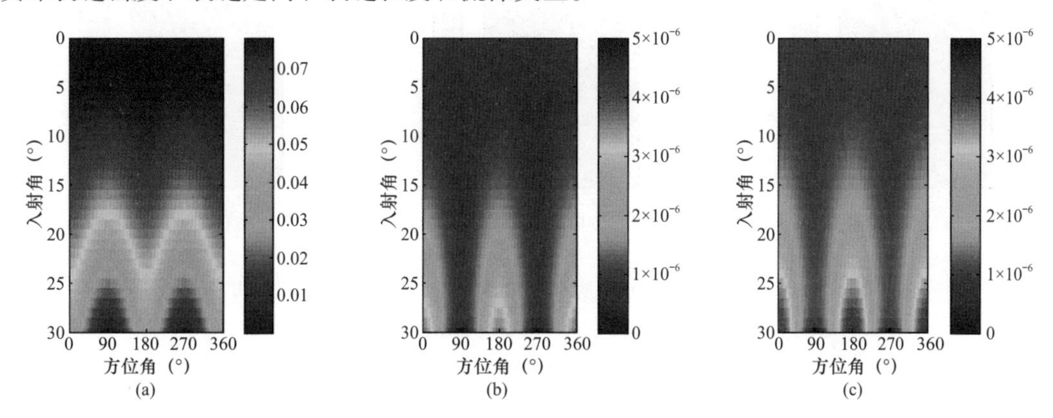

图 5-6 流体为石油时频变 AVAZ 响应

（a）频率为 10Hz 时 AVAZ 响应；（b）频率为 20Hz 和 10Hz 时 AVAZ 响应差值；（c）频率为 40Hz 和 10Hz 时 AVAZ 响应差值

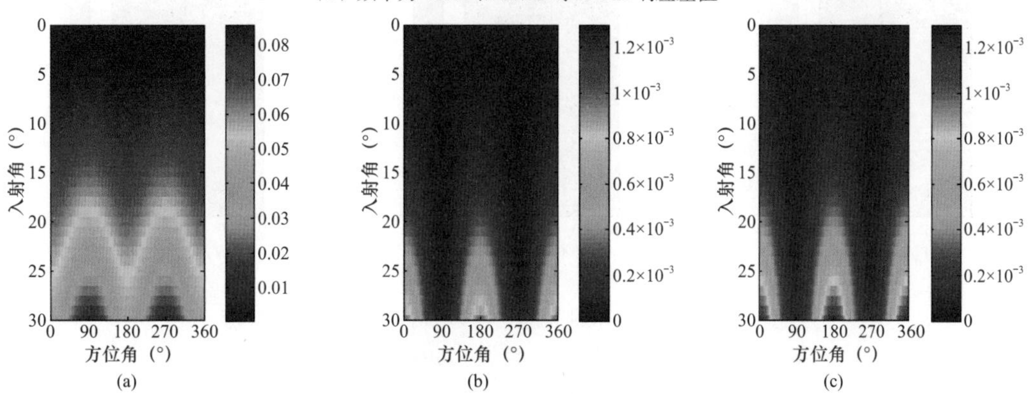

图 5-7 流体为盐水时频变 AVAZ 响应

（a）频率为 10Hz 时 AVAZ 响应；（b）频率为 20Hz 和 10Hz 时 AVAZ 响应差值；（c）频率为 40Hz 和 10Hz 时 AVAZ 响应差值

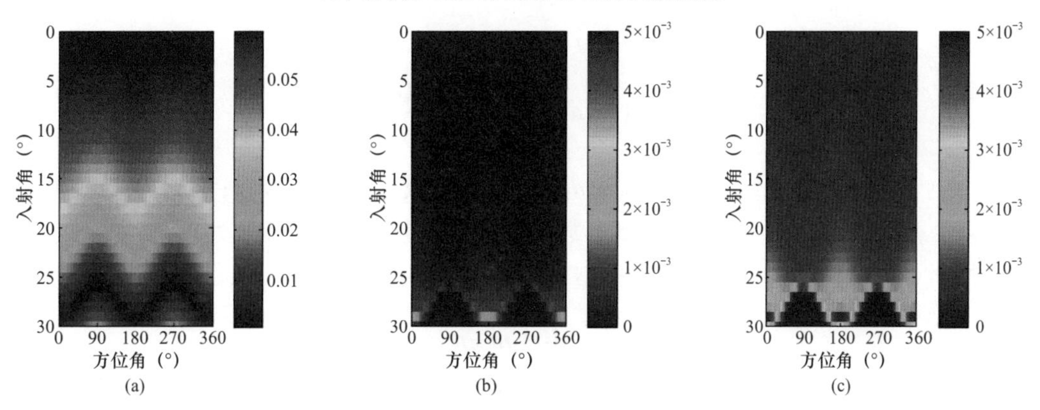

图 5-8 流体为气体时频变 AVAZ 响应

（a）频率为 10Hz 时 AVAZ 响应；（b）频率为 20Hz 和 10Hz 时 AVAZ 响应差值；（c）频率为 40Hz 和 10Hz 时 AVAZ 响应差值

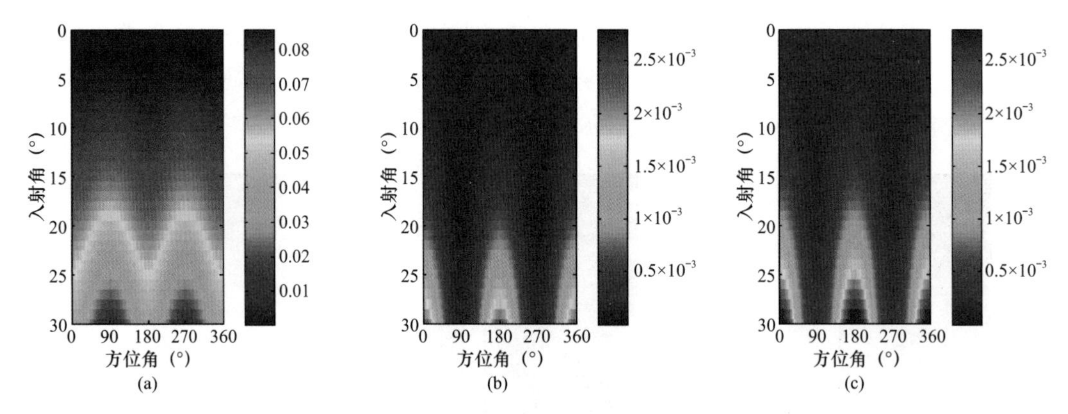

图 5-9　流体为盐水且裂缝长度为 0.5m 时频变 AVAZ 响应

（a）频率为 10Hz 时 AVAZ 响应；（b）频率为 20Hz 和 10Hz 时 AVAZ 响应差值；（c）频率为 40Hz 和 10Hz 时 AVAZ 响应差值

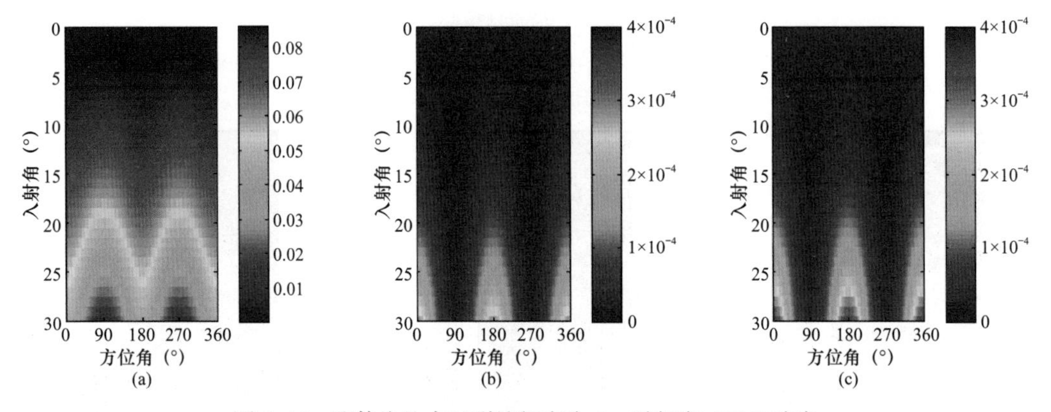

图 5-10　流体为盐水且裂缝长度为 2m 时频变 AVAZ 响应

（a）频率为 10Hz 时 AVAZ 响应；（b）频率为 20Hz 和 10Hz 时 AVAZ 响应差值；（c）频率为 40Hz 和 10Hz 时 AVAZ 响应差值

贝叶斯定理是一种可以用于计算条件概率分布的概率学理论。最大的特点是将未知参数的看作随机变量，从而有了参数的分布，并给出区间估计。数学上，贝叶斯理论可以表示为

$$P(m|d)=\frac{P(d|m)P(m)}{P(d)} \tag{5-9}$$

式中，$P(m|d)$ 为后验概率分布；$P(d|m)$ 为观测数据的似然函数；$P(d)$ 为观测数据的非零边缘概率密度；$P(m)$ 为模型参数的先验概率分布，数据采集之前已给定（王丽萍等，2014；李超等，2015）。数据和模型参数的关系可以表示为

$$\boldsymbol{d}=G\boldsymbol{m}+\boldsymbol{n} \tag{5-10}$$

式中，G 为算子；$\boldsymbol{n}$ 为数据噪声和一些理论误差。这个定理描述了在已知数据 $\boldsymbol{d}$ 的情况下模型参数 $\boldsymbol{m}$ 的分布函数，是与给定 $\boldsymbol{m}$ 时的概率密度有关系的。因为边缘概率密度 $P(d)$ 是一个常数，则有

$$P(m|d) \propto P(d|m)P(m) \tag{5-11}$$

式（5-11）表明贝叶斯理论主要取决于构建或者模拟问题的先验分布。因此，必须选择合理的先验概率分布，才能获得可靠的反演结果。基于贝叶斯理论可以将多学科信息进行融合。

对于裂缝预测问题，根据通过地震观测信息可获得模型参数的似然函数，地质和测井等手段得到的参数信息作为先验分布。然而，由于裂缝的复杂性，地质和测井等信息与地震信息可能会出现不一致的情况，因此，为了控制基于贝叶斯理论的多参数反演结果对先验信息的依赖程度，可以采用如下贝叶斯理论与遗传算法混合运用的反演流程。

首先，根据遗传算法结果构建裂缝参数似然函数。Chapman 理论和 Rüger 近似的频变纵波反射系数函数为 $R(\theta, \varphi, f; e, l, t, o)$。其中，$f$ 是频率，e 是裂缝密度，l 是裂缝长度，t 是流体类型，o 是构建 Chapman 模型时涉及的其他参数且在本书反演过程中作为已知参数。假设观测数据 R_{ijk} 是在一系列离散的入射角 θ_i，方位角 φ_i 和频率 f_k 情况下的合成数据。定义某一测线的方位角为 φ，根据观测系统信息可计算其他测线与该测线方位角的差为 η_j，即其他测线方位角为 $\varphi_j=\varphi+\eta_j$。建立的目标函数：

$$fitness=\sum_{n=1}^{N}\sum_{p=1}^{P}\sum_{q=1}^{Q}\sum_{k=1}^{K}\sum_{j=1}^{J}\sum_{i=1}^{I}\left[(R_{ijk}-R(\theta_i,\varphi_j,f_k,e_n,l_p,t_q,o)\right]^2 \tag{5-12}$$

基于图 5-8 所示的合成频变 AVAZ 响应和式（5-12）构建目标函数并定义方位角为 30° 的测线为待求方位测线，运用遗传算法求解可以得到一组方位角、裂缝密度、裂缝长度和流体类型。如图 5-11 所示，条带的分布是遗传算法最后一代种群数，遗传算法结果与模型参数设置吻合。若将其中一个未知裂缝参数看作随机变量 m，则数据噪声和一些理论误差 n 为

$$n=\sum_{k=1}^{K}\sum_{j=1}^{J}\sum_{i=1}^{I}\left[R_{ijk}-R(\theta_i,\varphi_j,f_k,m)\right]^2 \tag{5-13}$$

将随机变量 m 与其数据噪声和理论误差 n 结合高斯分布，并适当调整方差，可以得到该参数的似然函数概率分布（图 5-11）。

其次，加入先验信息获得后验概率分布。加入如表 5-2 所示的与合成数据的模型一致的先验信息，并令先验信息服从高斯分布，如图 5-12 所示，结合先验信息和似然函数后得到的归一化后验概率分布。统计结果展示了在各个模型参数和孔隙流体类型在空间上的分布概率。

表 5-2　先验信息

裂缝性质	裂缝密度	裂缝长度（m）	方位角（°）	流体类型
先验信息与合成数据的模型一致	0.1	1	0	盐水
先验信息与合成数据的模型不一致	0.2	5	0	石油

最后，进行先验信息的影响分析。为了分析根据地质、测井信息得到的先验信息对反演结果的影响，加入如表 5-2 所示的先验信息，该先验信息与合成地震数据的模型不一致

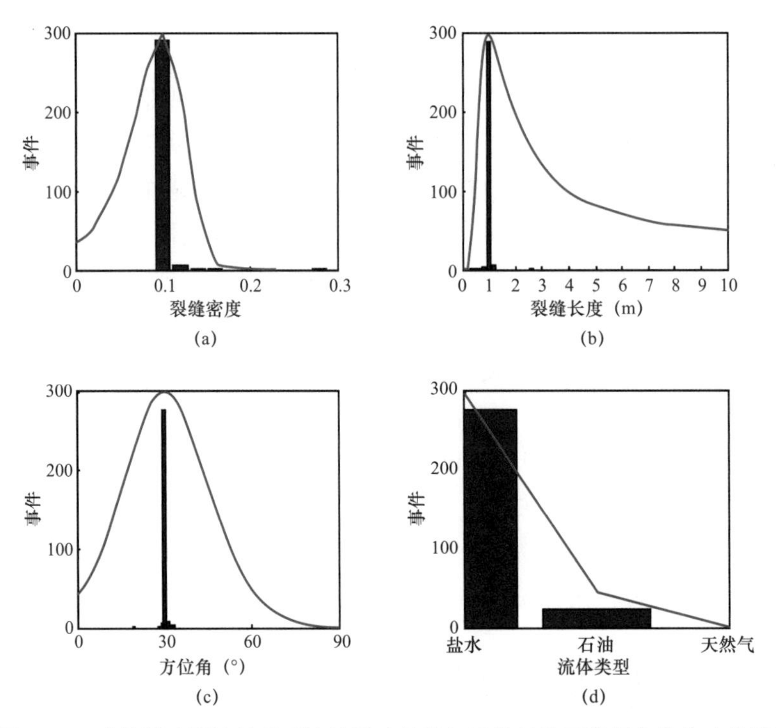

图 5-11　遗传算法裂缝性质反演结果（条带）及其似然函数概率分布（曲线）

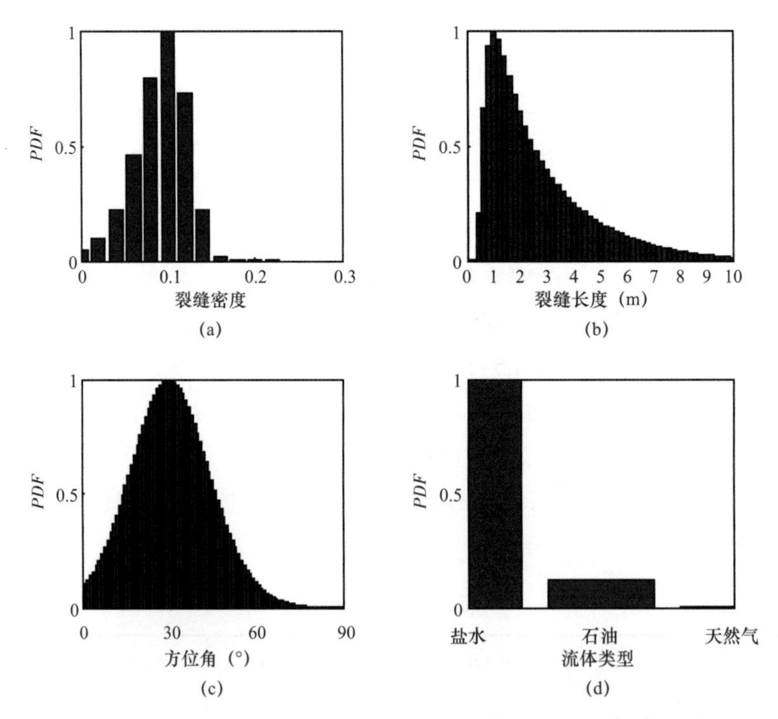

图 5-12　先验信息与合成数据的模型一致时裂缝性质后验概率分布

且差别较大，此时反演结果即后验概率是地震频变 AVAZ 反演结果与先验信息的一个综合响应（图 5-13）。若减小先验裂缝参数的方差，裂缝性质后验概率分布受先验信息影响比较大，参数概率分布最大值比较接近先验裂缝参数值（图 5-14）；若增大先验裂缝参数的方差，裂缝性质后验概率分布受似然函数即地震信息影响比较大，参数概率分布最大值比较接近合成地震数据的模型参数值（图 5–15）。总之，可以通过调节先验裂缝参数的方差来均衡地震数据及地质、测井数据的信息采用量。

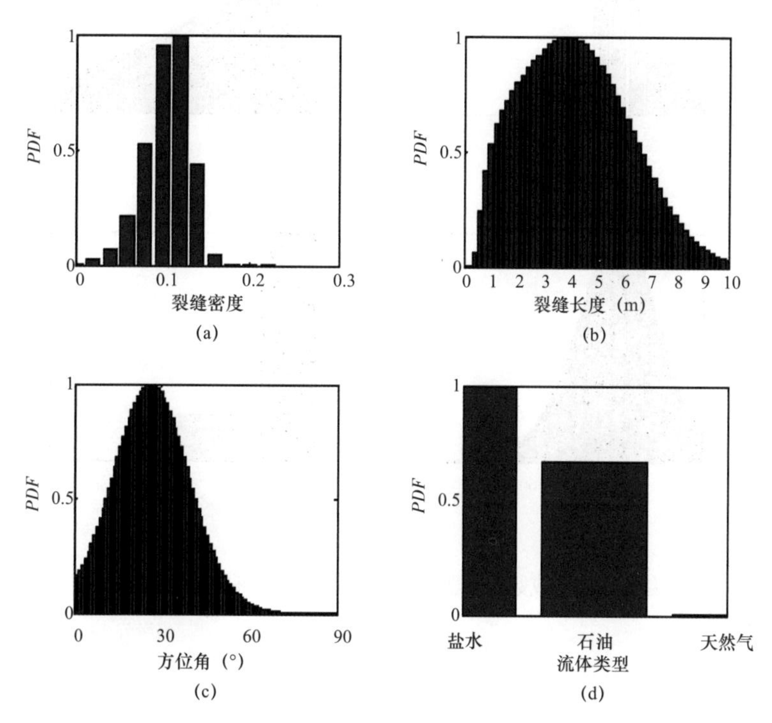

图 5–13　先验信息与合成数据的模型不一致时裂缝性质后验概率分布

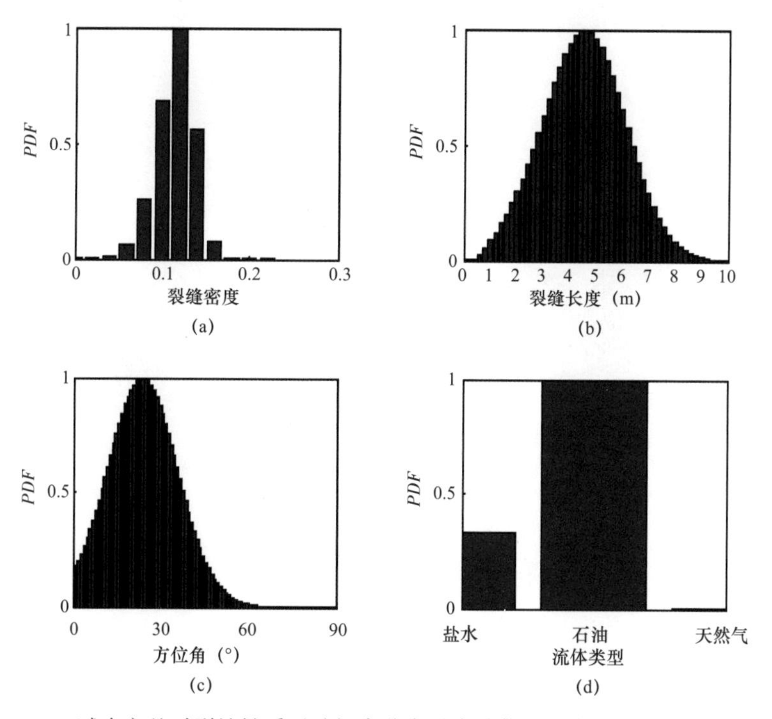

图 5–14　减小方差时裂缝性质后验概率分布（先验信息与合成数据模型不一致）

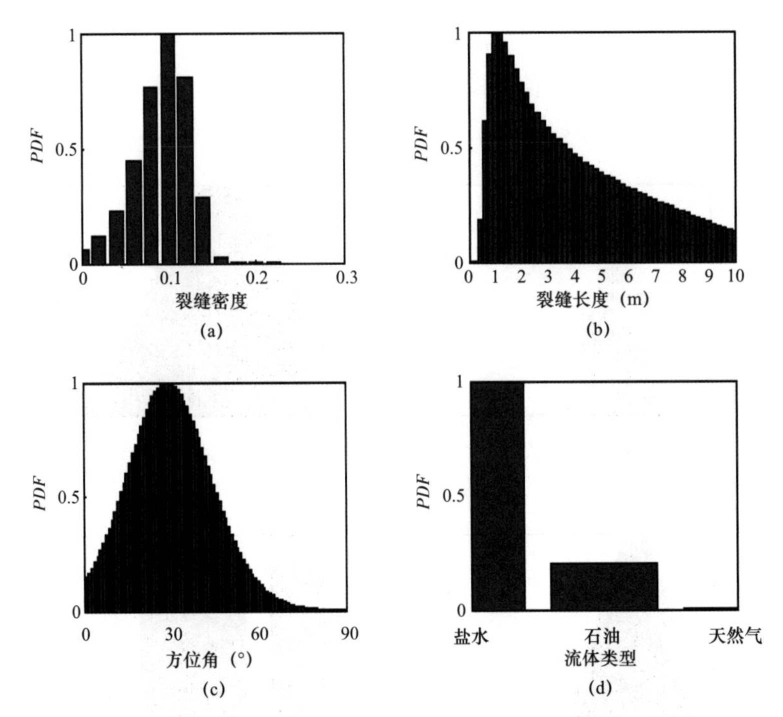

图 5-15 先验信息与合成数据模型不一致且增大方差时裂缝性质后验概率分布

第六章　页岩油气“甜点”预测模型与综合评价

非常规页岩油气储层一般低孔低渗，自然情况下不具有产能。因此寻找地质、工程“甜点”是实现页岩油气商业开发的关键。本章主要介绍页岩油气储层“甜点”要素密度和压力反演预测方法以及页岩油气“甜点”综合预测。

第一节　页岩密度参数非线性反演方法与“甜点”预测模型

Zoeppritz 方程是进行 AVO 叠前弹性反演的理论基础，但是由于方程过于复杂，通常人们使用其近似方程用于各种计算。Gidlow 等（1992）按照波阻抗反射系数对 Aki 和 Richards 方程进行重新整理，给出了以波阻抗反射系数表示的近似方程，即

$$\begin{aligned}R_{\mathrm{PP}}(\theta)&\approx\frac{\sec^2\theta}{2}\left(\frac{\Delta v_{\mathrm{P}}}{v_{\mathrm{P}}}+\frac{\Delta\rho}{\rho}\right)-4\frac{v_{\mathrm{S}}^2}{v_{\mathrm{P}}^2}\sin^2\theta\left[\frac{\Delta v_{\mathrm{S}}}{v_{\mathrm{S}}}+\frac{\Delta\rho}{\rho}\right]+\frac{1}{2}\left(4\frac{v_{\mathrm{S}}^2}{v_{\mathrm{P}}^2}\sin^2\theta-\tan^2\theta\right)\frac{\Delta\rho}{\rho}\\&=A(\theta)R_{\mathrm{P}}+B(\theta)R_{\mathrm{S}}+C(\theta)R_{\mathrm{D}}\end{aligned}\tag{6-1}$$

式中，$R_{\mathrm{P}}=\frac{1}{2}\left(\frac{\Delta v_{\mathrm{P}}}{v_{\mathrm{P}}}+\frac{\Delta\rho}{\rho}\right)$，$R_{\mathrm{S}}=\frac{1}{2}\left(\frac{\Delta v_{\mathrm{S}}}{v_{\mathrm{S}}}+\frac{\Delta\rho}{\rho}\right)$，$R_{\mathrm{D}}=\frac{\Delta\rho}{\rho}$ 分别为纵、横波反射系数和密度梯度。$A(\theta)=\sec^2\theta$，$B(\theta)=8\frac{v_{\mathrm{S}}^2}{v_{\mathrm{P}}^2}\sin^2\theta$，$C(\theta)=\frac{1}{2}\left(4\frac{v_{\mathrm{S}}^2}{v_{\mathrm{P}}^2}\sin^2\theta-\tan^2\theta\right)$。$v_{\mathrm{P}}=(v_{\mathrm{P1}}+v_{\mathrm{P2}})/2$，$v_{\mathrm{S}}=(v_{\mathrm{S1}}+v_{\mathrm{S2}})/2$，$\rho=(\rho_1+\rho_2)/2$，$\Delta v_{\mathrm{P}}=v_{\mathrm{P2}}-v_{\mathrm{P1}}$，$\Delta v_{\mathrm{S}}=v_{\mathrm{S2}}-v_{\mathrm{S1}}$，$\Delta\rho=\rho_2-\rho_1$，$\theta$ 为纵波入射角和透射角的平均值，即 $\theta=(\theta_1+\theta_2)/2$，$\theta_2=\arcsin(\sin\theta_1/v_{\mathrm{P1}}*v_{\mathrm{P2}})$。

采用 Walker 和 Ulrych（1983）提出的对反射系数的近似方法，可将反射系数的表达式直接转化为地层的弹性参数，实现弹性参数的离散化：

$$r_{v\mathrm{P}}\approx\frac{\Delta Z_{\mathrm{P}}}{2\overline{Z_{\mathrm{P}}}}=\frac{\Delta\ln(Z_{\mathrm{P}})}{2}=\frac{1}{2}(\ln Z_{\mathrm{P}i+1}-\ln Z_{\mathrm{P}i})\tag{6-2}$$

根据上述近似方法，可以将连续多界面的纵波 AVO 反射系数方程近似表示为式（6-3）（Buland 和 More，2003）：

$$R_{\mathrm{PP}}(t,\theta)\approx\frac{\sec^2\theta}{2}\frac{\partial}{\partial t}\ln I_{\mathrm{P}}(t)-4\frac{v_{\mathrm{S}}^2}{v_{\mathrm{P}}^2}\sin^2\theta\frac{\partial}{\partial t}\ln I_{\mathrm{S}}(t)+\frac{1}{2}\left(4\frac{v_{\mathrm{S}}^2}{v_{\mathrm{P}}^2}\sin^2\theta-\tan^2\theta\right)\frac{\partial}{\partial t}\ln\rho(t)\tag{6-3}$$

通过式（6-3）建立线性反演方程组，加入子波矩阵 $\boldsymbol{W}$ 以考虑地震资料的带限特征及

调谐效应，综合噪声的影响，则可得到如下 K 个界面 N 个入射角度的单道反演公式：

$$\mathrm{d}(t,\theta)=\frac{1}{2}A(\theta)W_{\theta}\cdot\boldsymbol{D}L_{\mathrm{P}}+\frac{1}{2}B(\theta)W_{\theta}\cdot\boldsymbol{D}L_{\mathrm{S}}+C(\theta)W_{\theta}\cdot\boldsymbol{D}L_{\mathrm{D}}+\boldsymbol{n} \tag{6-4}$$

即

$$\boldsymbol{d}_{KN\times1}=\boldsymbol{G}_{KN\times3K}\boldsymbol{m}_{3K\times1}+\boldsymbol{n} \tag{6-5}$$

式中，$\boldsymbol{d}$ 为 KN 行实际地震观测数据；$\boldsymbol{m}$ 为 $3K$ 行待求反演的参数（纵波阻抗、横波阻抗和密度）；$\boldsymbol{G}$ 为 KN 行 $3K$ 列的正演算子，由子波矩阵 $\boldsymbol{W}$，一阶差分矩阵 $\boldsymbol{D}$ 和系数矩阵组成；$\boldsymbol{n}$ 为 KN 行地震数据包含的噪声；$L_{\mathrm{P}}=\ln(I_{\mathrm{P}})$，$L_{\mathrm{S}}=\ln(I_{\mathrm{S}})$，$L_{\mathrm{D}}=\ln(I_{\mathrm{D}})$：

$$\boldsymbol{d}=\begin{bmatrix}d_{11}\\ \vdots\\ d_{1N}\\ \vdots\\ d_{K1}\\ \vdots\\ d_{KN}\end{bmatrix},\quad \boldsymbol{G}=\begin{bmatrix}\boldsymbol{WD}A_1 & \boldsymbol{WD}B_1 & \boldsymbol{WD}C_1\\ \vdots & \vdots & \vdots\\ \boldsymbol{WD}A_N & \boldsymbol{WD}B_N & \boldsymbol{WD}C_N\end{bmatrix},\quad \boldsymbol{m}=\begin{bmatrix}\ln I_{\mathrm{P1}}\\ \vdots\\ \ln I_{\mathrm{P}K}\\ \ln I_{\mathrm{S1}}\\ \vdots\\ \ln I_{\mathrm{S}K}\\ \ln\rho_1\\ \vdots\\ \ln\rho_K\end{bmatrix} \tag{6-6}$$

适定反问题的实质是要求其正演算子的逆存在且连续，而实际情况下多数反问题都不能满足此条件，具有明显的不适定性，即反问题的解不连续依赖于原始数据。从 AVO 正演原理推导可以看出，矩问题本身是对连续正问题在一定精度下的离散表达，而平面波近似理论下对 Zoeppritz 方程的近似的正演方程本身并非是地震波的精确表达，加上实际情况下数据有效带宽的固有特征和各类噪声的影响使得地球物理 AVO 反演问题严重病态，存在严重的不适定性。

对于不适定叠前反演问题的求解，常在求解目标函数的过程中加入先验信息来约束反演过程，以获得唯一、稳定的解，这种方法称为正则化方法。近年来广泛地应用于地球物理领域的贝叶斯参数估计理论能够有效地利用各方面资料作为先验信息对反演过程进行约束，提高反演结果精度，增加实际地质意义，其本质也是正则化方法的一种。

借助贝叶斯稀疏反演的基本原理可以加入各种先验信息，通过误差最小二乘拟合和反射系数正则化约束构造目标函数，采用高效循环迭代方案求解弹性参数。通过贝叶斯框架构建反演方程为

$$P(m\mid d)=\frac{P(d\mid m)P(m)}{P(d)}\propto P(d\mid m)P(m) \tag{6-7}$$

式中，$P(d|m)$ 为观测数据分布的条件概率；$P(m)$ 为待求参数的先验分布函数；$P(m|d)$ 为待求参数的后验概率分布函数。如果仅关心 $P(m|d)$ 的形状，则对于给定数据 $\boldsymbol{d}$，分母 $P(d)$ 可以被忽略，即待求参数最大后验估计（MAP）等价于观测数据的最大似然估计

与待求参数的先验分布的乘积。

由于观测数据中噪声的存在，所以观测数据的后验分布等价于

$$P(d\,|\,m) \propto \frac{1}{(2\pi)^{1/2}\sigma_n}\exp\left[\frac{-(\boldsymbol{d}-\boldsymbol{Gm})^{\mathrm{T}}(\boldsymbol{d}-\boldsymbol{Gm})}{2\sigma_n^{\ 2}}\right] \tag{6-8}$$

式中，$\sigma_n^{\ 2}$ 为噪声的方差；T 表示矩阵的转置。在贝叶斯反演中，为便于计算，一般假设误差项符合高斯概率分布的假设，也有学者研究过假设噪声为非高斯分布的情况，但在实现计算的过程中往往引入较大的人为因素，算法并不稳定。

先验分布 $P(m)$ 的引入可以提高反演的稳定性，对先验信息不同的假设条件会影响最大后验解（MAP）的求取结果。但对先验信息 $P(m)$ 目前并无统一的概率分布假设，常用的有 Gaussian 分布、改进的 Laplace 分布、Sech 分布、Cauchy 分布、Huber 分布及修正 Cauchy 分布等。其中，Cauchy 分布的假设可以根据模型参数变化特征自适应调整正则化项的大小，使结果具有更好的稀疏性，其窄峰值宽度和“长尾巴”的分布特征使其能较好保护弱反射信息，使反演结果在界面变化更加尖锐和真实，因此常被应用于图像处理、地震反褶积等其他多个反问题领域。其分布形式为

$$P_{\text{Cauchy}}(m)=\frac{1}{(\pi\sigma_m)^M}\prod_{i=1}^{M}\left[\frac{1}{1+m_i^2/\sigma_m^2}\right] \tag{6-9}$$

式中，M 为模型参数个数；$\sigma_m^{\ 2}$ 为 m 个模型参数变量的方差。则由贝叶斯公式可得参数后验概率分布为

$$P(m,\sigma_n|d,I) \propto \exp\left[\frac{-(\boldsymbol{d}-\boldsymbol{Gm})^{\mathrm{T}}(\boldsymbol{d}-\boldsymbol{Gm})}{2\sigma_n^{\ 2}}\right]\times\prod_{i=1}^{M}\left[\frac{1}{1+m_i^2/\sigma_m^2}\right] \tag{6-10}$$

式中，I 为先验信息。求解式（6–10）的最大值等同于求解式（6–11）的最小解：

$$F(m)=F_{\mathrm{G}}(m)+F_{\text{Cauchy}}(m)=(\boldsymbol{d}-\boldsymbol{Gm})^{\mathrm{T}}(\boldsymbol{d}-\boldsymbol{Gm})+2\sigma_n^2\sum_{i=1}^{M}\ln(1+m_i^2/\sigma_m^2) \tag{6-11}$$

式（6–11）相当于对原目标函数施加了一个先验信息的正则化约束函数，也称作罚函数或者势函数。对待反演参数求导得最小化目标函数，可得

$$\frac{\partial F}{\partial m}=\frac{\partial F_{\mathrm{G}}}{\partial m}+\frac{\partial F_{\text{Cauchy}}}{\partial m}=\boldsymbol{G}^{\mathrm{T}}\boldsymbol{Gm}-\boldsymbol{G}^{\mathrm{T}}\boldsymbol{d}+2\frac{\sigma_n^2}{\sigma_m^2}\boldsymbol{Qm} \tag{6-12}$$

相对应的初步正则化方程为

$$\left(\boldsymbol{G}^{\mathrm{T}}\boldsymbol{G}+2\frac{\sigma_n^2}{\sigma_m^2}\boldsymbol{Q}\right)\boldsymbol{m}=\boldsymbol{G}^{\mathrm{T}}\boldsymbol{d} \tag{6-13}$$

式中，$\mu=2\sigma_n^{\ 2}/\sigma_m^{\ 2}$ 为 Cauchy 分布因子；$\boldsymbol{Q}$ 为对角矩阵，即 $\boldsymbol{Q}=\operatorname{diag}\left[\dfrac{1}{(1+m_i^2/\sigma_m^2)^2}\right]$。

可以看出，柯西正则化约束使得自相关矩阵的对角线元素加入了一个正则化因子，提高了计算稳定性。

虽然通过先验分布 $P(m)$ 的引入可以提高反演的稳定性，但通常情况下对待求参数纵波阻抗、横波阻抗和密度的扰动变化量的特征呈正态分布的假设忽略了三者之间的关系。而 AVO 三参数反演问题本身受高度病态性的影响，其反演结果（尤其是密度项）往往极不稳定。前人曾尝试对三参数方程进行转换，去除方程中的密度项以稳定反演，但不可避免地要权衡提高反问题稳定性和损失信息程度之间的矛盾，故而主流的做法均为引入足够多的地质条件，如弹性参数之间的关系来约束反演结果。

图 6–1 为焦石坝南页岩气工区叠前三参数反演的纵横波速度和密度结果，所采用的低频模型为依据地震层位和测井数据建立，特别是因为本区叠前道集品质不太理想，密度的模型约束权重较大，以确保三个弹性参数的结果具有较强的一致性。可以看出，三个弹性参数对储层的宏观刻画基本一致，体现声学性质的纵波阻抗除了反映龙马溪组—五峰组下段的优质页岩，其余较差品质页岩也被红黄暖色调所反映。而密度结果则主要体现了最下一段优质页岩，对好品质储层具有更强的区分性。

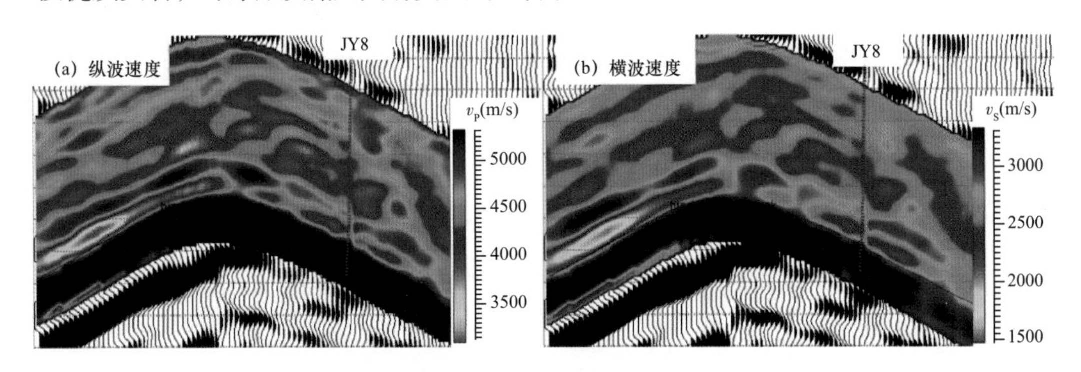

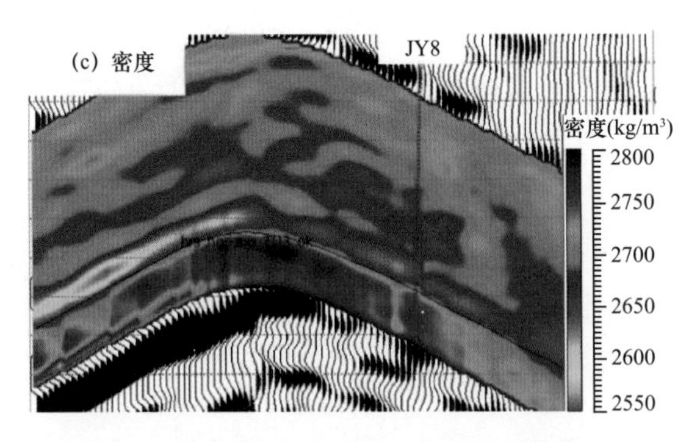

图 6–1　过 JY8 井的叠前三参数反演结果

在页岩油气储层预测中，虽然孔隙度和脆性等品质参数可以通过改写叠前反演公式利用非线性算法直接算得，但其影响因素众多操作复杂，不适合资料品质较差的地区。更加有效的是依据叠前弹性反演的结果和弹性参数建立的标准，即可对页岩“甜点”参数予以预测。以孔隙度为例，多参数交会分析的结果显示在焦石坝南地区孔隙度 ϕ（实际孔隙度值 ×100）主要为归一化的纵波阻抗 PI、横波阻抗 SI 和杨氏模量 E 函数。焦石坝南页岩气工区具体依靠三元建立的混合拟合公式为

$$\phi=11.99077-2.079PI-2.142SI-1.1831E \tag{6-14}$$

图 6-2 为 JY8 井处依据纵波阻抗、横波阻抗和杨氏模量基于式（6-14）预测的孔隙度曲线（窗口四）与测井解释曲线（窗口五红线）结果对比，可以看出，二者基本主体趋势完全一致，整体误差范围均在 10% 之内，尤其在页岩目标范围内十分可靠。

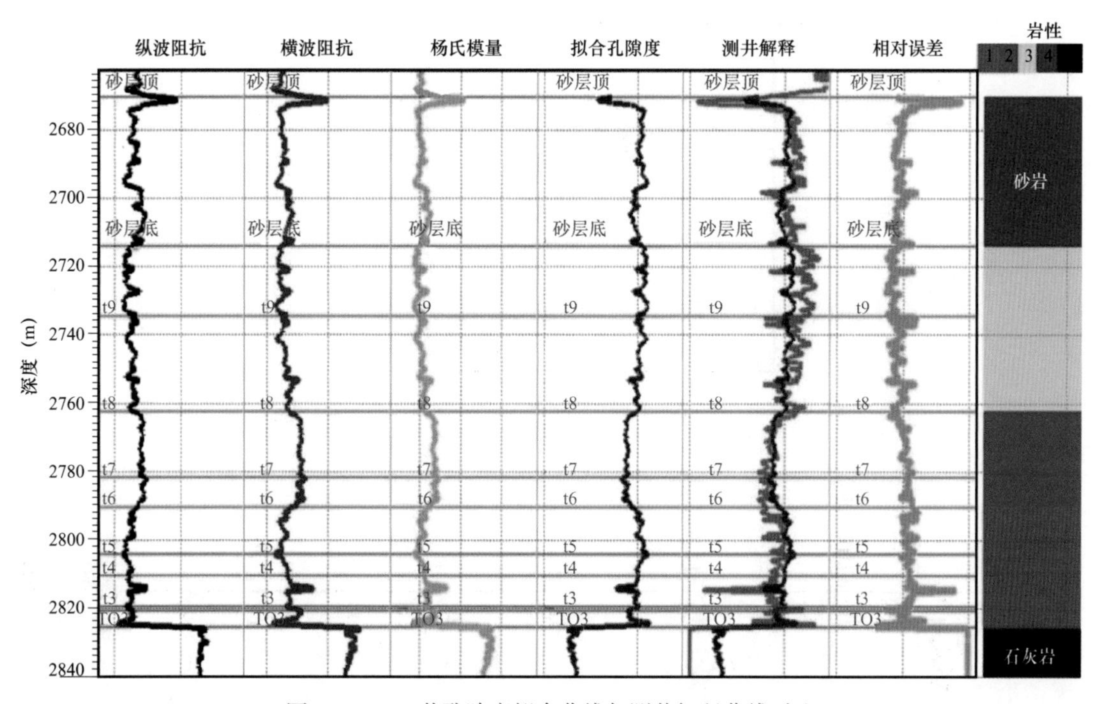

图 6-2　JY8 井孔隙度拟合曲线与测井解释曲线对比

与之类似，可以建立弹性参数与脆性 $FRAG$、TOC 和测井解释含气量 $XGAS$ 之间的关系，如图 6-3 所示。在所有可以直接反演的弹性参数中，密度 Den 与之关系最强，所得拟合公式为

$$FRAG=3000-0.093Den \tag{6-15}$$

$$FRAG=3000-0.093Den \tag{6-16}$$

$$XGAS=44.8626-0.01574Den \tag{6-17}$$

图 6-4 为 JY8 井处依密度曲线基于式（6-15）至式（6-17）预测的脆性指数、TOC、总含气量和相应测井解释曲线结果对比，可以看出，预测结果与实际解释结果十分吻合，较好地满足了预测的需求。图 6-5 为依据叠前弹性反演预测的孔隙度、TOC、脆性指数和总含气量剖面，所得结果与实际井信息比较吻合，为最终“甜点”综合评价奠定基础。

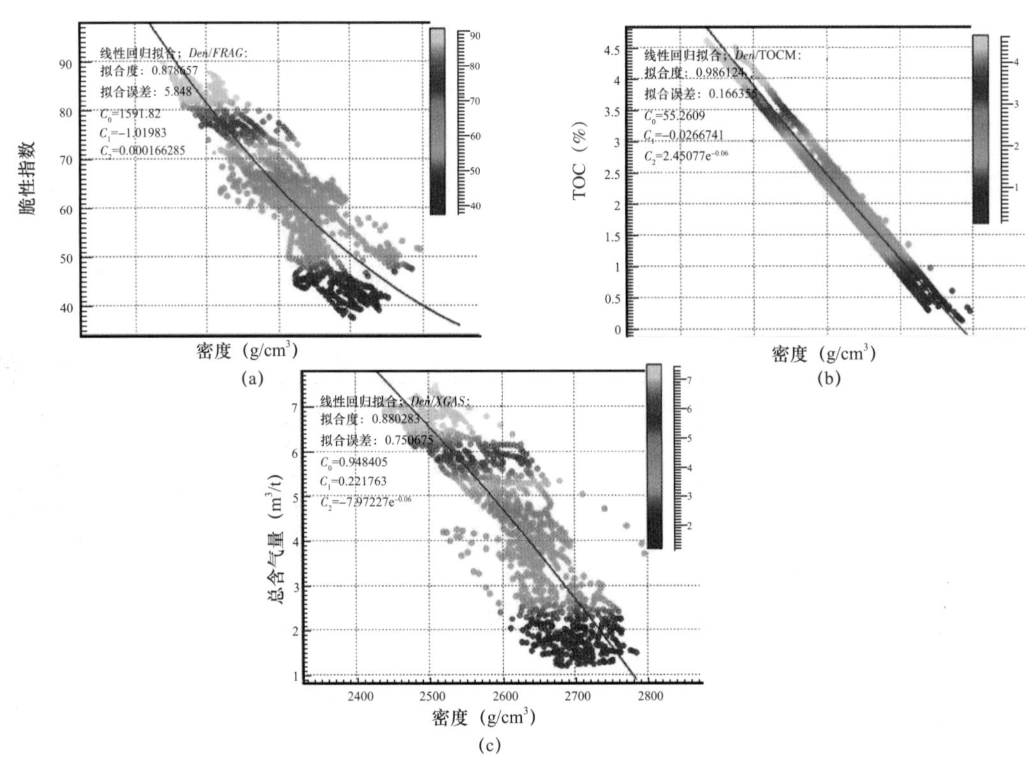

图 6-3　JY5 井至 JY8 井密度与脆性指数、TOC 和总含气量的关系

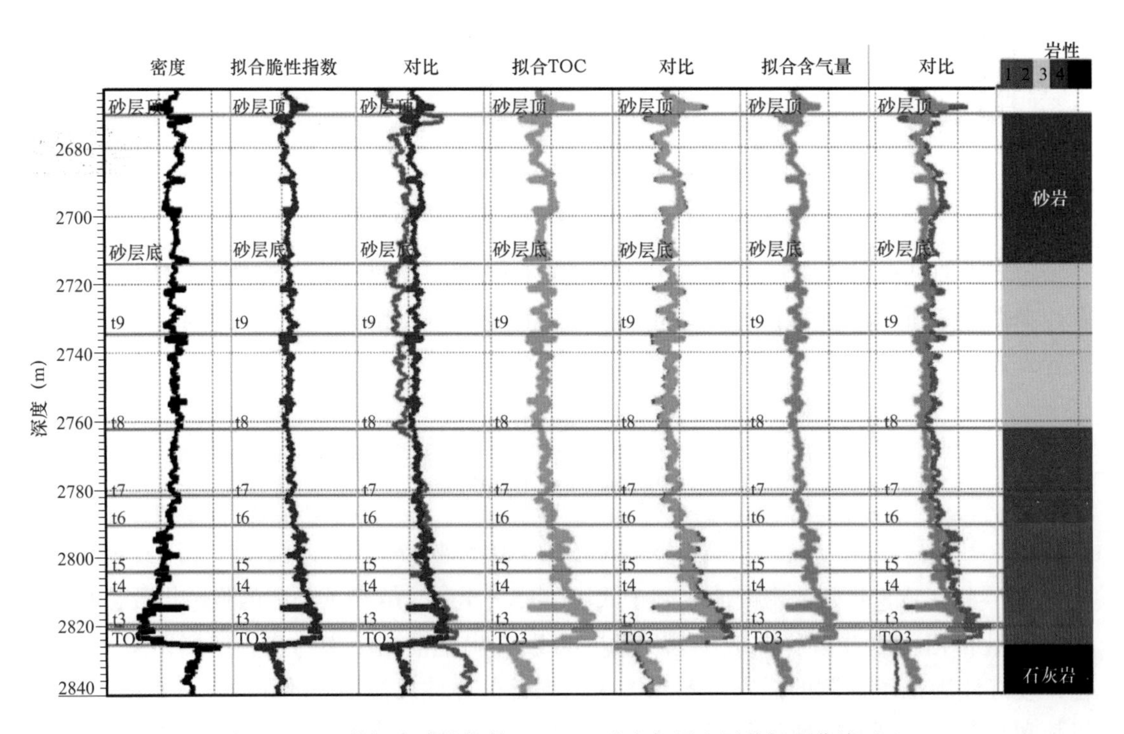

图 6-4　JY8 井拟合脆性指数、TOC、总含气量和测井解释曲线对比

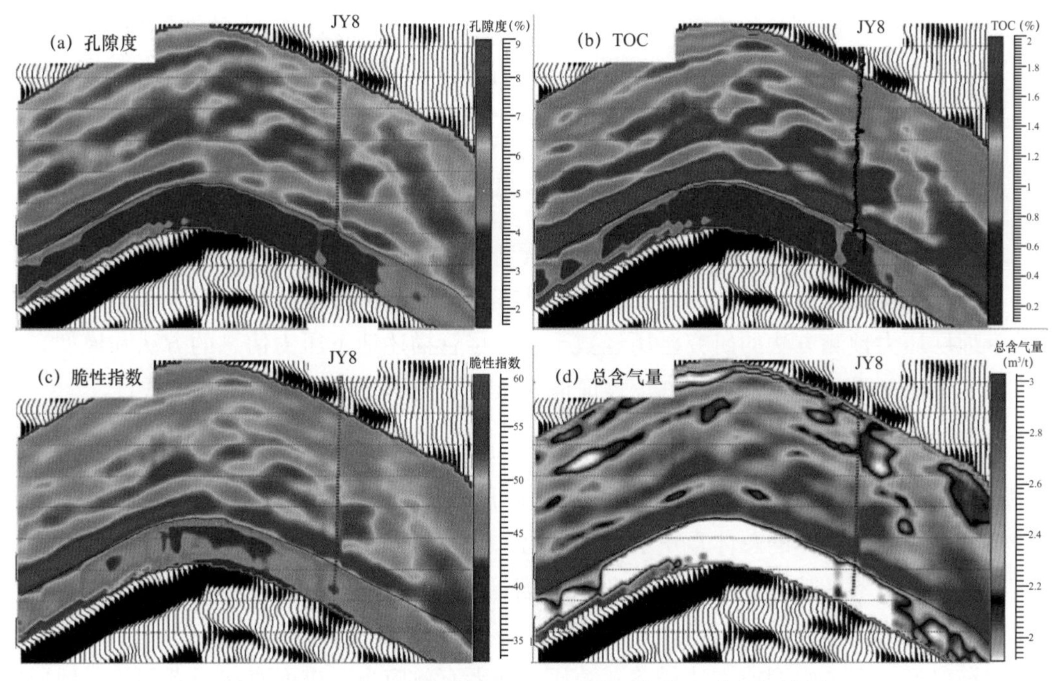

图 6-5　过 JY8 井的孔隙度、TOC、脆性指数和总含气量剖面

第二节　三元指数法地层压力预测

地层孔隙压力实质地层孔隙或裂缝中流体（石油、天然气、水）所具有的压力，而异常高压或低压是指孔隙压力高于或者低于静液压力。形成地层压力异常可以有多种因素，比如不平衡压实（快速沉积）、构造挤压（断层）、水热增压、生烃作用、蒙皂石脱水、浓差与逆浓差、石膏 / 硬石膏转化、流体密度差异、水势面的不规则性（山脚钻井）、深部气体充填封存箱的分隔和抬升等。而对于焦石坝地区龙马溪组—五峰组的页岩地层压力异常，一般认为主要是由于页岩层有机质富集造成巨大的生烃作用，是的优质页岩层段和区域富集了大规模的气体，形成异常高压的机制。实验室的岩心实验测量也证实：对于 TOC 含量不同的页岩岩样，随着地层压力的增加，其吸附气体的含量也是逐渐增加的。四川盆地东南部及其周缘实际勘探的效果也表明，无论是中国石油区块还是中国石化区块范围，地层流体压力系数越高往往对应越高的页岩气体产量，比如齐岳山断裂以西的焦石坝一期区块，其压力系数可到 1.5，对应的试气日产量为（11～50）$\times 10^4 m^3$，而齐岳山断裂以东的彭页区块压力系数仅为 1.0 左右，实际试气日产量仅为 $2\times 10^4 m^3$。而在焦石坝一期主体与周边多口井的实际测试产量结果与其地层压力系数均有良好的正相关关系，即页岩地层压力系数越高，对应的最终页岩气体产量也越大。可以说，异常高压是海相页岩气富集高产的关键因素。

此外，地层压力的预测可以降低钻井风险、提高效率、降低成本，对于页岩“甜点”品质预测和工程施工布置至关重要。然而，焦石坝南地区的构造变动十分剧烈，现有的钻探资料相对较少，特别是没有实际压力测试数据，难于开展地层压力的有效预测。为此，本书基于压力平衡法和弹性参数拟合原理，分别开展了焦石坝南地区龙马溪组—五峰组的地层压力预测探索。

一、地层压力的预测方法及其基本原理

地层压力预测方法，一般分为钻前地震资料预测、随钻地层压力监测及钻后测井检测三类，在勘探阶段，主要关注的是如何利用地震资料预测异常地层压力的分布特征。国内外关于地层压力预测方法的研究已历经数十年，尽管描述地下压力信息的方法和模型有多种，从各方法的思路原理来看，真正表征地下压力平衡的公式是 Terzaghi 公式：

$$p_p - p_o = p_e \tag{6-18}$$

式中，p_p 为地层孔隙压力；p_o 为上覆地层压力；p_e 为垂直有效应力。上覆压力是指上覆岩石骨架和孔隙空间流体的总体重量引起的压力，与上覆岩层的厚度、骨架密度和空隙流体密度有关。垂直有效应力是指地层骨架或者岩层承受的垂直方向的压实作用产生的应力，也称为骨架应力，不可直接测量。

目前已经有多种模型或方法描述孔隙压力或者有效应力，进而直接或者间接对地层压力进行预测，如等效深度法、Eaton 法、Bowers 法、Filippone 法、Eberhart–Phillips 法等。这些方法的选择特别是参数的确立都存在极强的区域特征，整体看来，操作相对烦琐。

由于上述压力预测模型均为区域性的实验室或者井筒测试参数筛选后所建立，常常与某些敏感参数存在较强的对应关系，比如地层速度、声波时差和密度等参数。因而，在压力资料比较丰富的情况下，可以进行弹性参数筛选，建立适合区域性压力预测的特有模型。比如 API 法等。本章后续部分基于焦石坝南区实际资料，分别开展两类方法的压力预测研究，研究思路如图 6–6 所示。

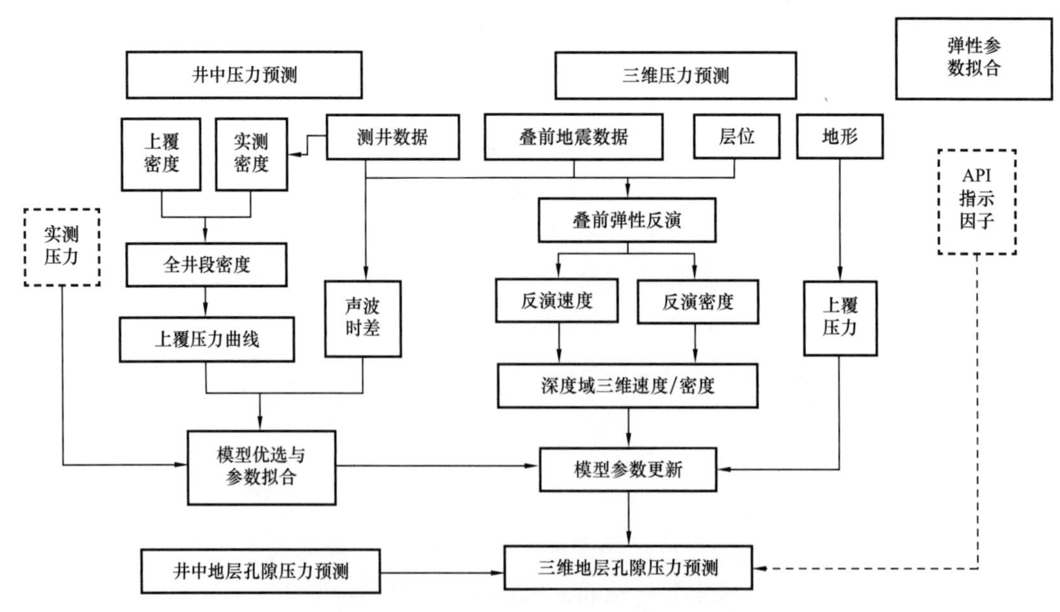

图 6–6 焦石坝南地层孔隙压力预测流程图

二、基于压力平衡法的页岩地层压力预测

基于压力平衡法的页岩地层压力预测的主要思想：（1）依据井点处的各类资料计算上覆地层压力；（2）优选合适的压力预测模型和参数；（3）结合三维地震反演的结果进行三维压力预测。

1. 井点处压力预测

在压力平衡框架下，井点处的压力预测及模型参数筛选主要分为生成上覆沉积密度、分段拼接密度曲线、计算上覆压力梯度、优选压力预测模型和计算地层孔隙压力五个部分。其中上覆压力梯度计算和预测模型优选是最为关键的环节。利用体积密度曲线计算上覆地层压力梯度的公式为

$$p_{o}(H)=g\int_{0}^{H}\rho(z)\mathrm{d}z\ ,\quad OBG=p_{o}/z=\frac{1}{z}g\int_{0}^{H}\rho(z)\mathrm{d}z \tag{6-19}$$

式中，p_o 为上覆岩层压力；OBG 为上覆压力梯度；H 为上覆岩层的垂直高度；g 为重力加速度；ρ 为上覆沉积体的密度。

由于密度测井曲线常存在浅层缺失，一般借助 Miller 拟合公式来合成密度曲线：

$$\rho=(1-\phi_{1}-\mathrm{e}^{-AH^{1/B}}\phi_{2})\rho_{m}+(\phi_{1}+\mathrm{e}^{-AH^{1/B}}\phi_{2})\rho_{w} \tag{6-20}$$

式中，ρ_m 为骨架密度；ρ_w 为流体密度；ϕ 为压实深度 H 处的孔隙度；ϕ_2 为初始沉积的孔隙度；ϕ_1 为趋势压实结束孔隙度；A、B 为常数。实际处理中，通过不断测试系数拟合密度曲线与实际测量密度曲线进行对比，以二者相近的标准确立相关参数。在参数确定的情况下，在密度测井曲线缺失的地方利用 Miller 预测结果，最终和实际测量结果合并成为整体的密度曲线。如图 6–7 所示，可以看出，在有实际测量曲线的位置，两条曲线基本一致。

在获得密度曲线之后，即可依据式（6–19）计算全井段任一深度点处的上覆压力和压力梯度，进而开展压力预测模型的优选和地层孔隙压力的计算。如前文所述，目前已有多种公式描述孔隙压力或者有效应力，比较典型的有以下几种。

（1）等效深度法。

最早的地层压力预测方法由 Hottman 和 Johnson（1965）基于测井曲线提出，后人将他们在测井曲线的压力预测方法与速度谱分析相结合，形成了等效深度图解法。该方法基于两条理论：① 等效深度原理，即孔隙度相同的泥岩层，其有效上覆压力也相同，与埋藏深度无关；② 压实平衡方程，即在地层封闭条件下，有效上覆压力等于上覆压力与地层流体压力的差值。那么，当泥岩地层为欠压实时，其孔隙度会比正常压实的地层大，层速度会比正常压实的地层低；当泥岩地层为过压实时，其孔隙度会比正常压实的地层小，层速度会比正常压实的地层大。

该方法在实际应用中的技术思路是先通过测井曲线建立正常压实条件下速度与深度的趋势线，再利用地震资料求取地层的层速度和深度的关系曲线，最后将关系曲线与正常压实趋势线进行对比，从而划分出异常压力层段。

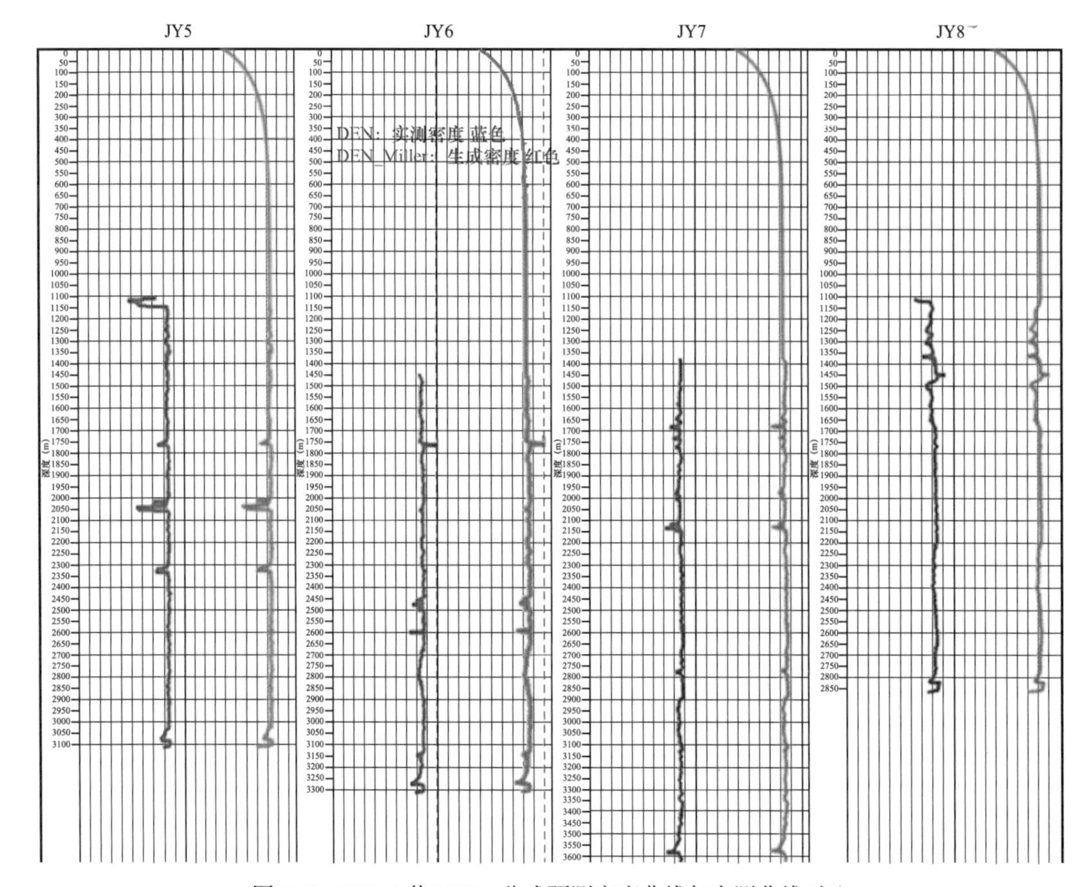

图 6-7　JY5-8 井 Miller 公式预测密度曲线与实测曲线对比

从该方法的技术思路中可以看出，等效深度图解法仅为欠压实成因异常地层压力的判别方法，并不能实现定量的地层压力预测。为了进一步计算地层压力，Magara（1976）提出了等效深度计算法。其计算公式如下：

$$p=H_1\rho_w g+(H_2-H_1)\rho_s g \tag{6-21}$$

式中，H_1 为正常压实趋势线上某一深度值，m；H_2 为异常压力对应的深度值，m；p 为求取的 H_2 深度处的地层压力，MPa；ρ_w 为地层水密度，kg/m^3；ρ_s 为地层密度，kg/m^3；g 为重力加速度，9.8N/kg。

但是，等效深度法的应用和推广一直存在很大争议，该方法中泥岩正常压实趋势线的确定问题、速度谱求取的精度问题都会影响它的实际应用效果，此外，近年来，等效深度原理的合理性也受到学者们的质疑。

（2）Eaton 公式法。

为了满足地层压力预测的需要，Eaton（1972）通过研究地震速度与垂直有效应力的关系，提出了基于正常地层压实条件下速度变化的趋势线来求取地层压力的新方法，其计算公式如下：

$$p=p_o-(p_o-p_w)\times(\Delta t_n/\Delta t_i)^N \tag{6-22}$$

式中，p 为预测的地层压力，MPa；p_o 为上覆地层静岩压力，MPa；p_w 为静水压力，MPa；Δt_n 为正常压实泥岩的声波时差，μs/m；Δt_i 为异常压力地层的实测声波时差，μs/m；N 为幂指数，无量纲。这样，在计算出上覆地层静岩压力，且地震波速度与垂直有效应力呈幂指数关系时，就可以进行异常地层压力的求取。

但是，Eaton 公式法在实际研究中未能广泛应用。首先，Eaton 公式法的应用前提是垂直有效应力与纵波速度呈幂指数关系，如果这种关系不成立，则该方法不适用；此外，虽然这种方法考虑了除压实作用以外其他高压形成机制的作用，但该方法要求构建的正常压实趋势线与等效深度法中的压实趋势线并没有本质区别，在实际研究中存在两个问题制约着该方法的应用效果：① 建立的正常压实趋势线往往带有较大主观性，而压实趋势线又会直接影响到预测精度；② 对于非连续的沉积地层，需要建立多条正常压实趋势线才可进行地层压力计算。

（3）Bowers 法。

Bowers 方法是在确定垂直有效应力的基础上，利用上覆岩层压力来求取孔隙流体压力。垂直有效应力通常是使用声波速度，通过线性回归法来确定。一般来说，Bowers 法对由于不均衡压实产生的高压预测较为准确，对于存在其他成因机制的异常高压，Bowers（1995）方法则需要更多的参数及额外信息。首先，需要知道先前沉积物的最大有效应力 p_{emax}，为了确定该参数，则需要做出声波速度—有效应力交会曲线图，这种交会图是由加载及卸载曲线组成，由于欠压实成因高压垂直有效应力理应比其他成因高压偏大，在声波速度—有效应力交会曲线图上表现为加载曲线，其他成因高压（这里主要指流体膨胀成因高压）则表现为卸载曲线状态，现以声波速度—垂直有效应力交会曲线图为基础，介绍使用 Bowers 方法计算加载及卸载状态所代表的两种高压成因的地层压力数学模型。

当卸载初始发生时所对应的地层深度 d_{vmax} 大于某深度 d，即 $d_{vmax}>d$ 时，地层孔隙压力计算如下：

$$p_p = \frac{\left(\dfrac{v - v_0}{A}\right)^{\frac{1}{B}}}{d} \tag{6-23}$$

当 $d_{vmax} \leqslant d$，则地层孔隙压力计算如下：

$$p_p = p_t - \frac{(1-U)\left(\dfrac{v - v_0}{A}\right)^{\frac{U}{B}}}{d} \tag{6-24}$$

$$p_{emax} = \left(\frac{v_{max} - v_0}{A}\right)^{\frac{1}{B}} \tag{6-25}$$

式中，p_p 为地层的压力梯度；v 为测井的层速度；A，B，U 为经验值，不同地区经验值有所差异；p_t 为地层上覆载荷的大小变化（压力梯度）；v_0 为卸载发生时所对应的地层速度。v_{max} 为卸载过程初始发生时所对应的地层声波速度值，当 $d_{vmax}>d$ 时，说明在深度 d 以浅未曾发生过“卸载”事件，可由式（6–23）计算求得该深度的异常孔隙压力；当 $d_{vmax} \leqslant d$ 时，说明在深度 d 以深发生了“卸载”，从而通过式（6–24）求取异常地层压力。此外，沉积物先前最大有效应力 p_{emax} 取决于一系列参数，具体见式（6–25）。

（4）Fillippone 法及其改进。

为了解决建立正常压实趋势线较困难的问题，Fillippone（1982）提出了一种不依赖正常压实趋势线的新的计算方法，并在墨西哥湾等地区进行了较为成功的应用实践。其理论基础是考虑地震波层速度是岩性、孔隙度和超压等因素的函数，超压会导致层速度减小。对于欠压实形成的超压，孔隙度又是超压的函数，而对于流体膨胀形成的超压，若孔隙度响应特征不明显则可以不用考虑孔隙度的影响。其计算公式如下：

$$p = p_o \times \frac{v_{max} - v_i}{v_{max} - v_{min}} \quad (6\text{–}26)$$

式中，p 为预测的地层压力，MPa；p_o 为上覆地层静岩压力，MPa；v_i 为预测层段层速度，m/s；v_{max}、v_{min} 分别为孔隙度接近零和刚性接近零时的地层速度，m/s，实际应用中 v_{max}、v_{min} 分别为地层的最大和最小压实速度，计算公式如下：

$$v_{max} = 1.4v_0 + 3KT \quad (6\text{–}27)$$

$$v_{min} = 0.7v_0 + 0.5KT \quad (6\text{–}28)$$

式中，$K=(v_\delta - v_{\delta 0})/(T-T_0)$；$v_\delta$、$v_{\delta 0}$ 分别为 T、T_0 时刻的均方根速度；T、T_0 分别为某一底界和顶界的双程旅行时间。

上覆地层静岩压力 p_o，一般采用密度对深度的积分形式获取：

$$p_o = \int_0^h \rho_h \mathrm{d}h \quad (6\text{–}29)$$

式中，ρ_h 为深度 h 处地层的密度，g/cm^3；h 为计算点的深度，m。

在利用 Fillipone 公式进行实际地区的地层压力预测时，先求取 v_{max}、v_{min} 以及上覆地层静岩压力，再通过速度谱分析获得叠加速度数据体，最后通过 Dix 公式将叠加速度转换为地震波层速度，将以上参数代入上述公式中即可进行地层压力数据体的求取。

Fillippone 公式消除了等效深度法和 Eaton 公式法对正常压实速度趋势线的依赖，且该方法能够得到地层压力的空间分布特征，因而在过去的几十年中得到了较大推广。为了进一步提高地层压力预测的精度，国内外学者们在不同地区利用各种理论对 Fillippone 法进行了改进，在与“压实”相关的异常地层压力预测中均取得较好的应用效果。在这些改进方法中较为著名的是中国学者提出的刘震（1993）公式法以及云美厚（1996）公式法。

由于焦石坝南工区缺乏实测地层压力数据，本书采用钻井液密度与单井预测的地层孔隙压力系数作交会分析，对 Bowers、Eaton 和 Fillippone 压力预测模型进行筛选。图 6–8 为焦石坝南三种模型预测的压力值与钻井液密度等拟合的关系图，图 6–8 上的散点代表在某一模型框架下选择一定的模型参数获取的压力值与钻井液密度参考对比，如果二者交会的关系存在很强的规律性，即可很好地被曲线拟合，则代表该模型适合本区压力特征描述。从图 6–8 上可以看出，Fillippone 法是本区最为合适的压力预测模型。

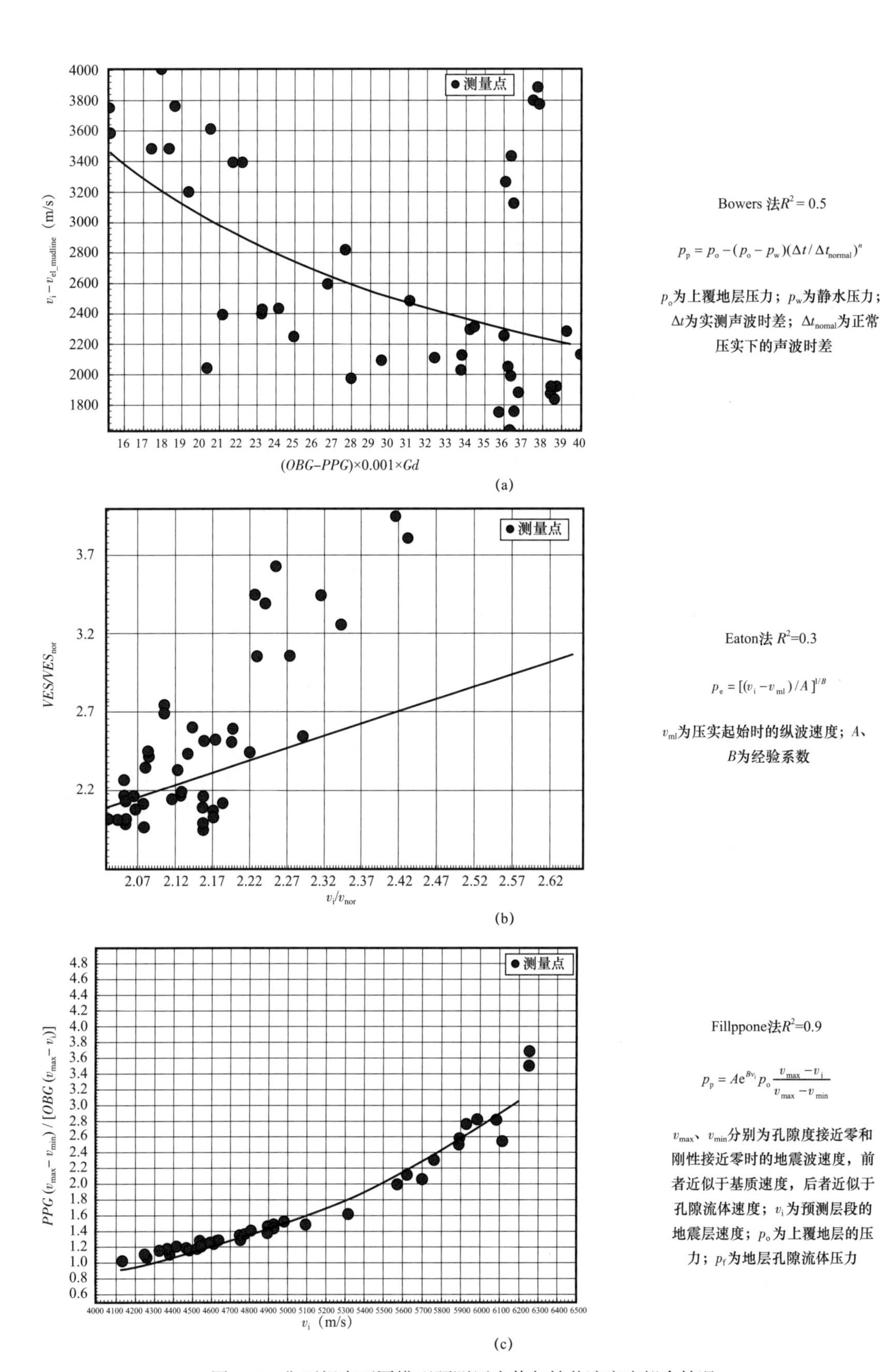

图 6-8　焦石坝南不同模型预测压力值与钻井液密度拟合情况

进一步依据三种模型对焦石坝南工区内几口井进行全井段压力预测，挑选有实际钻井液密度测试数据的三口井对比如图 6-9 所示。可以看出不同模型预测的趋势类似，但精度不同，特别是在红框页岩目标层范围内，Fillippone 法预测结果更加准确。

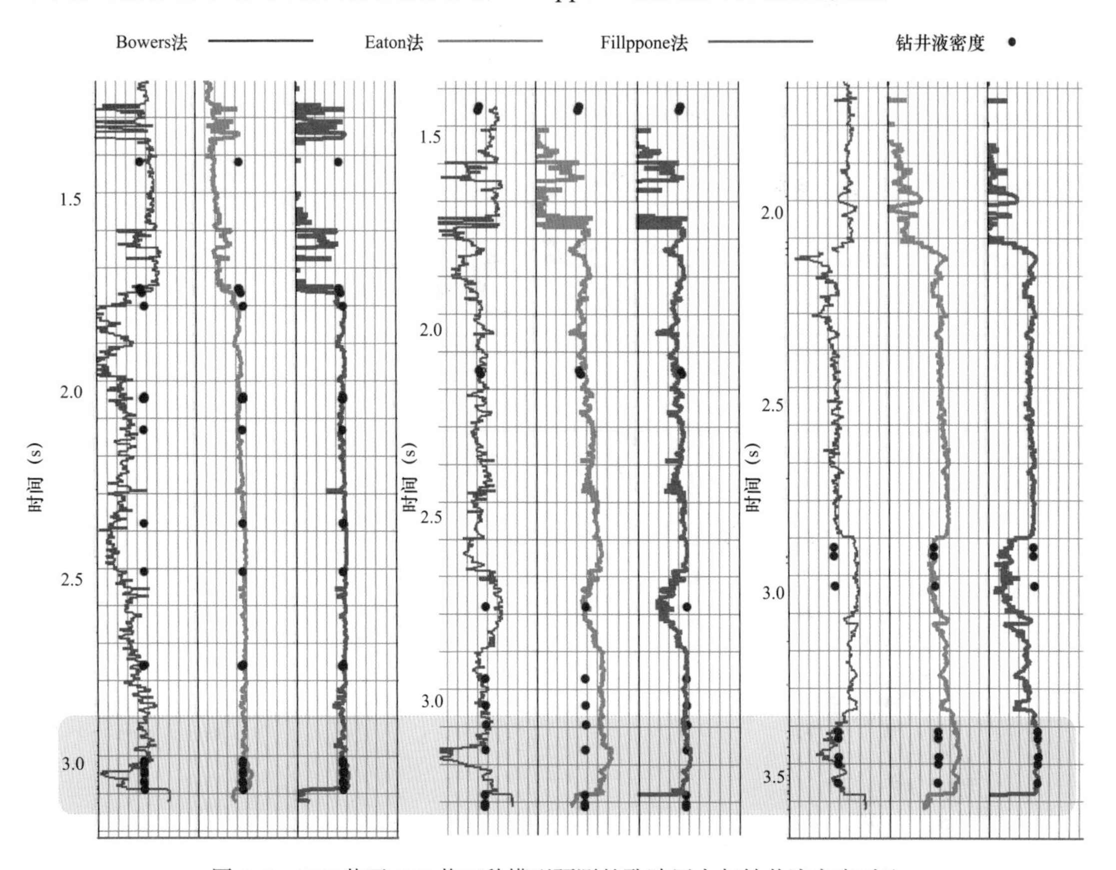

图 6-9　JY5 井至 JY7 井三种模型预测的孔隙压力与钻井液密度对比

2. 三维地层压力预测

在井上确立了压力预测的模型和参数，即可用于三维地层孔隙压力预测，首先仍然需要计算三维的上覆地层压力。

在三维上覆地层压力的预测过程中，对起伏地表信息描述的准确程度往往决定了上覆压力的预测精度。而一般地震资料处理都采用的是稳定的基准面，对密度信息的直接积分丢失了地表信息产生的压力，特别是焦石坝地区地表为复杂的山地和峡谷，其地表形成的重量势必会影响地下的压力结构。鉴于此，本书参考美国国防部和宇航局（STRM）发布的世界地形数据（90m×90m 面元；图 6-10），利用 Traugott（1997）模型对焦石坝地区三维上覆压力数据进行计算：

$$p_{\mathrm{o}}=\left[W\rho_{\mathrm{sea}}+(D-W+A)\rho_{\mathrm{ave}}\right]/D \tag{6-30}$$

式中，ρ_{ave} 为海底地层的平均密度；ρ_{sea} 为海水密度；D 为计算点到井口垂深；W 为水深；A 为补心高；$\rho_{\mathrm{ave}}=\rho_0+AH^B$；$H$ 为压实深度；B 为经验系数。

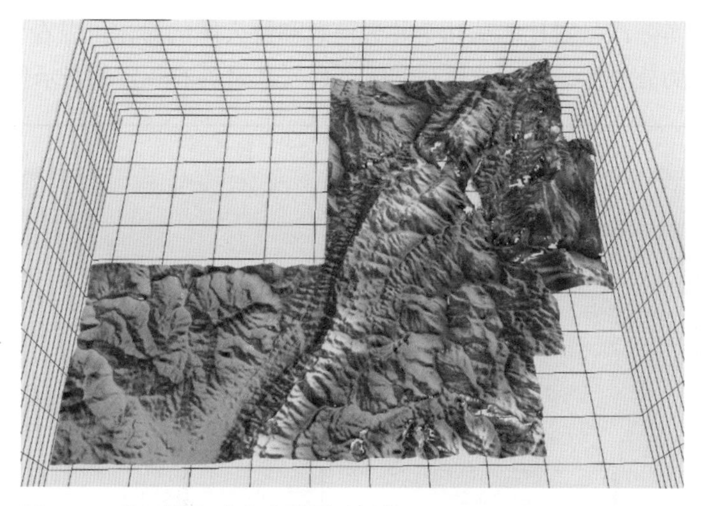

图 6–10 焦石坝南地表地形图（据美国 STRM；90m×90m 面元）

以 Traugott模型生成上覆地层压力曲线与通过井上密度积分求取的上覆地层压力曲线进行对比，以二者基本吻合为指标优选 Traugott 模型参数用于体数据生成。图 6–11 为过 JY5 井至 JY8 井的上覆地层压力数据体。可以看出，由于地表信息的考虑，在蓝色虚线海平面之上仍然计算出了压力数据。

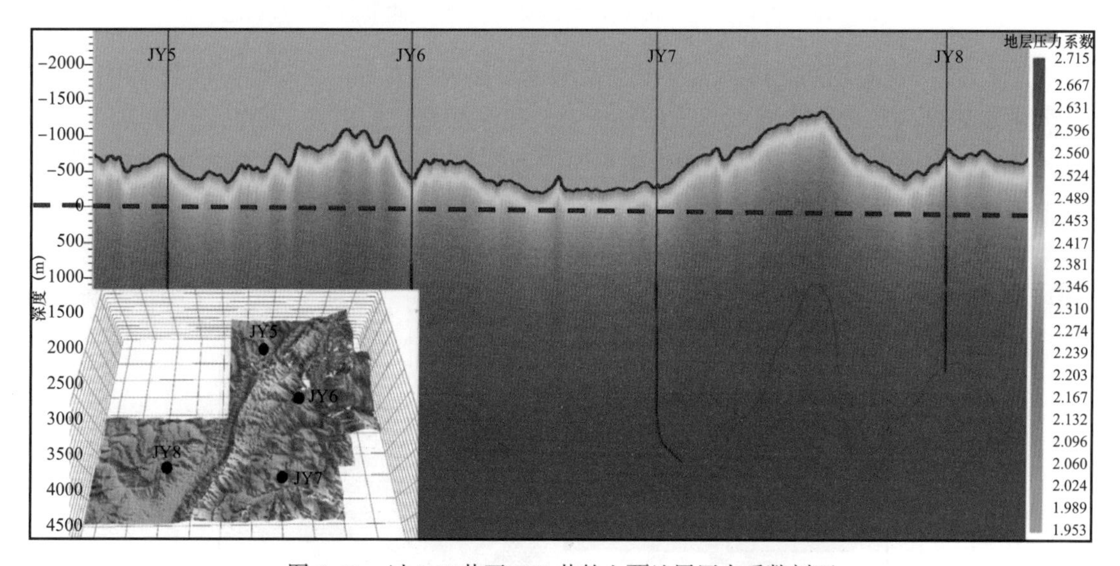

图 6–11 过 JY5 井至 JY8 井的上覆地层压力系数剖面

确立了三维上覆压力，还需要其他用于地层压力预测的弹性参数，比如速度密度信息等。在地震资料空间范围内，可以采用偏移速度构建基本的速度场信息，结合 Gardner 等经验公式获得三维密度信息。另外，利用偏移速度将时间域资料转换为深度域资料，以匹配上覆压力用于孔隙压力预测。为了确保时深转换速度的准确性，可以将其与滤波后的测井声波速度进行对比分析，以二者趋势一致为检验标准。

为了进一步提高用于压力分析资料的准确程度，采用叠前反演的速度和密度结果替换相应范围内的数据构成尽可能准确的数据。图 6–12 为过 JY5 井至 JY8 井最终预测的地层压力剖面与现在实际产量对比。从几个井旁信息和放大图的对比可以看出，压力预测结果存在横向和纵向的分异性，预测结果与实际页岩气产量具有一定的指示作用。

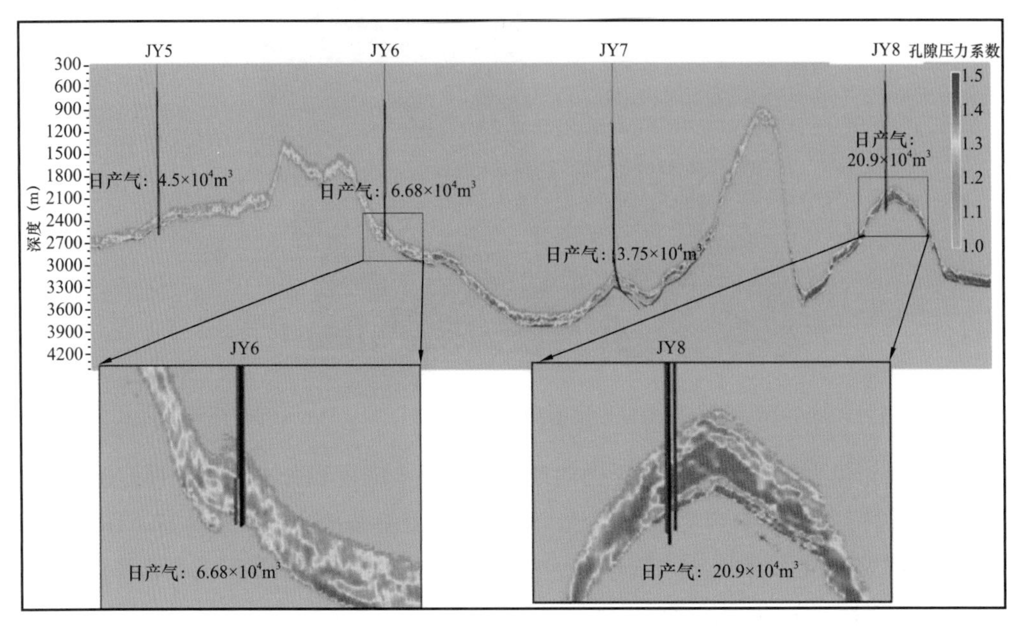

图 6–12　过 JY5 井至 JY8 井的孔隙压力系数预测剖面与产量对比

图 6–13 为焦石坝南优质页岩层段预测的地层压力与井旁产量对比。可以看出，主要的异常高压带分布于平桥断背斜、白马向斜、白家断裂以东以及平桥断背斜以西北的缓坡地带。JY5、JY6、JY8 井的预测结果与实际井旁产量比较吻合，但 JY7 井显然不吻合。造成不吻合的原因有多种，可能是施工问题，也可能由于资料和方法参数的不准确。整体看来，基于压力平衡法的地层压力预测流程主要包括上覆压力的预测和压力模型及参数的选择，前者精度受控于地表地形和现地下构造，而后者的精度则主要受控于弹性参数的精度、时深转换准确性等多个因素。

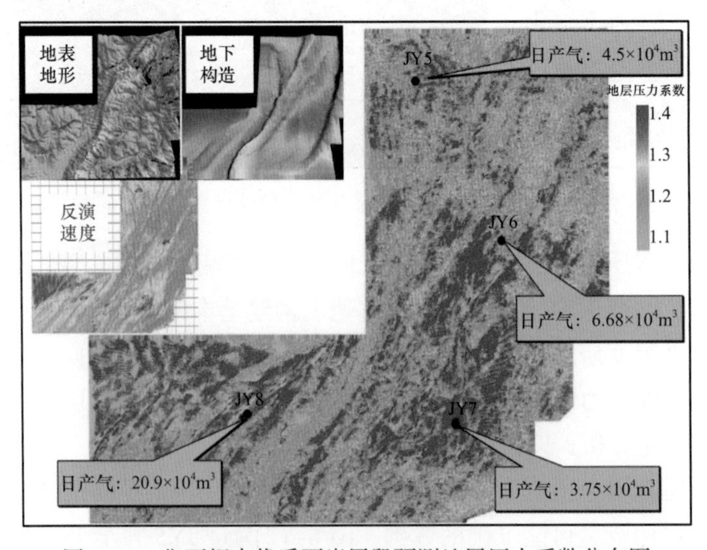

图 6–13　焦石坝南优质页岩层段预测地层压力系数分布图

3. 基于弹性参数拟合的地层压力预测

地层压力的预测精度取决于资料的准确和详细程度，实际工作中应该分阶段进行。此外，压力平衡法预测手段操作流程复杂，影响因素较多，在资料完备情况下应开展区域压力预测模型研究。如压力预测原理所述，地层压力常与某些敏感参数存在较强的对应关系，比如地层速度、声波时差和密度等参数。因而，在压力资料比较丰富的情况下，可以进行弹性参数筛选，建立适合区域性压力预测的特有模型。比如 API 法：

$$\text{API} = C\frac{\sigma 10^{10}}{{I_\text{P}}^2} \tag{6-31}$$

式中，API 为 API 法的地层压力；σ 为泊松比；I_P 代表纵波阻抗；C 为压力系数因子。

依据 JY5 井至 JY7 井四十多个深度处的实际钻井液密度数据，研究反算了该位置处对应的理论孔隙压力值。实际工作中，变量间未必都有线性关系，如服药后血药浓度与时间的关系；疾病疗效与疗程长短的关系；毒物剂量与致死率的关系等常呈曲线关系。曲线拟合（curve fitting）是指选择适当的曲线类型来拟合观测数据，并用拟合的曲线方程分析两变量间的关系。用连续曲线近似地刻画或比拟离散点组成坐标之间的函数关系，可以通过简单变量直接表征非线性化的资料和问题。图 6–14 为焦石坝南 JY5 井至 JY7 井垂直井段 42 个实测钻井液密度点处压力数据和相应位置处的弹性参数交会图，可以看出，采用指数形式对不同交会组合有不同吻合程度的拟合。

拟合的形式则需要根据其与实际非线性点的吻合关系予以评价，一般采用拟合优度来表示。拟合优度是指回归直线对观测值的拟合程度，是表达因变量与所有自变量之间的总体关系。度量拟合优度的统计量是可决系数（亦称确定系数）R^2，取值范围是［0，1］。具体 R 等于回归平方和在总平方和中所占的比率，即回归方程所能解释的因变量变异性的百分比。R^2 的值越接近 1，说明回归直线对观测值的拟合程度越好；反之，R^2 的值越接近 0，说明回归直线对观测值的拟合程度越差。表 6–1 为图 6–14 中 8 个交会图对应的指数拟合公式和相应拟合优度。

可以看出，压力—纵波阻抗、压力—纵波速度有最高的拟合优度，高于压力—横波波阻抗和压力—横波速度，因为页岩有机质孔隙内大量生烃，导致含气量升高和地层压力增加，对应的纵波速度往往会降低，而横波为沿岩石骨架传播的剪切波，敏感程度不高。此外，压力—杨氏模量、压力—泊松比均有较强的拟合优度。

选取弹性参数中拟合优度最高的几个，开展压力预测的多元拟合公式构建。由于压力—密度具有最低的拟合优度，纵波阻抗与纵波速度本身又有极强的相关性，故只选择拟合优度最高的压力—纵波阻抗组合，结合压力—杨氏模量、压力—泊松比等两个较高拟合优度的组合构建三元指数预测模型。不同弹性参数的指数拟合通用形式为

$$p_\text{p} = A_i\text{e}^{B_i X_i} \tag{6-32}$$

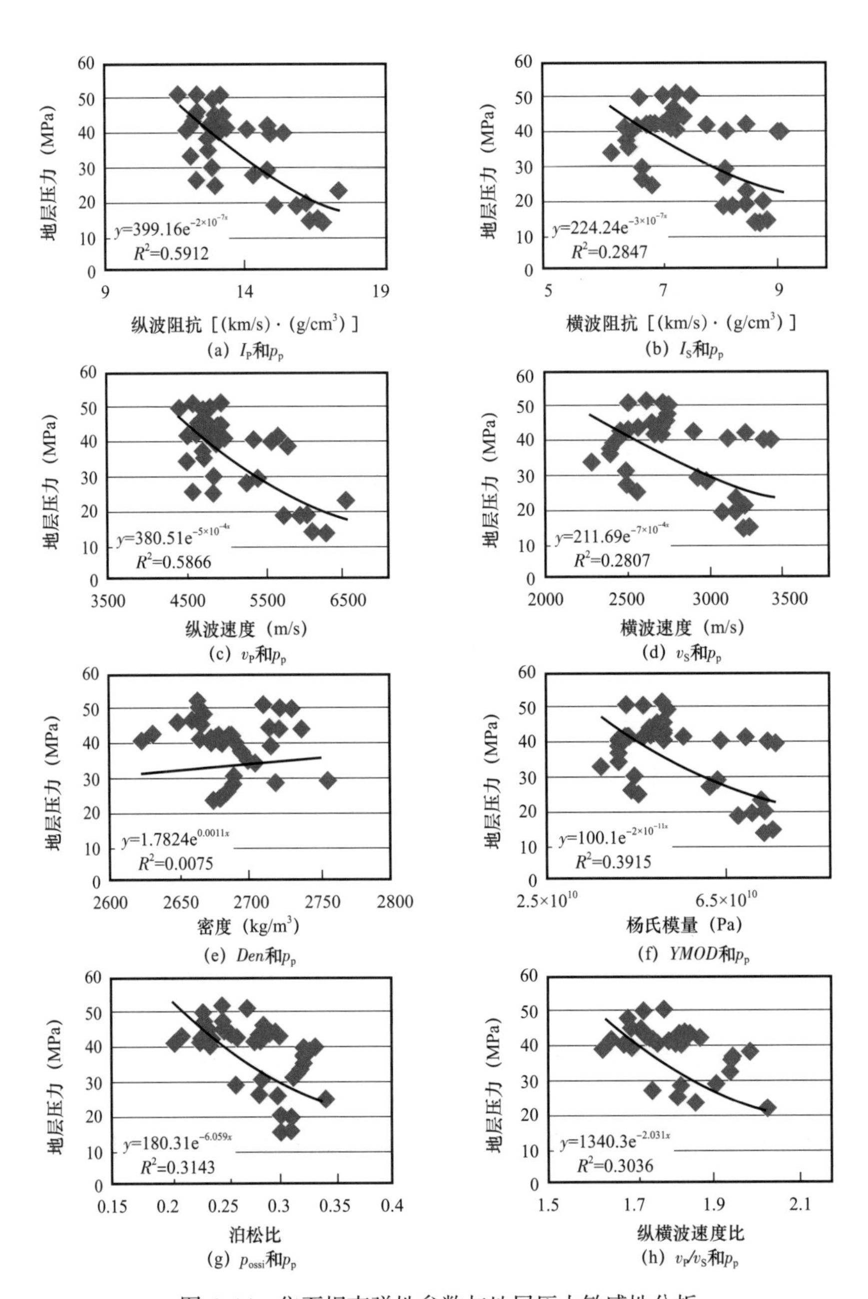

图 6-14　焦石坝南弹性参数与地层压力敏感性分析

表 6-1　不同弹性参数与压力的指数拟合形式和拟合优度

序号	组合形式	指数形式	拟合优度
1	压力—纵波阻抗	$p_p = 399.16e^{-2\times10^{-7} I_P}$	0.5912
2	压力—横波阻抗	$p_p = 224.24e^{-3\times10^{-7} I_S}$	0.2847
3	压力—纵波速度	$p_p = 380.51e^{-5\times10^{-4} v_P}$	0.5866
4	压力—横波速度	$p_p = 211.69e^{-7\times10^{-4} v_S}$	0.2807

续表

序号	组合形式	指数形式	拟合优度
5	压力—密度	$p_{\mathrm{p}}=1.7824\mathrm{e}^{-1.1\times10^{-3}\rho}$	0.0075
6	压力—杨氏模量	$p_{\mathrm{p}}=100.1\mathrm{e}^{-2\times10^{-11}Y_{\mathrm{mod}}}$	0.3915
7	压力—泊松比	$p_{\mathrm{p}}=180.31\mathrm{e}^{-6.059\sigma}$	0.3143
8	压力—纵横波速度比	$p_{\mathrm{p}}=1340.3\mathrm{e}^{-2.031v_{\mathrm{P}}/v_{\mathrm{S}}}$	0.3036

式中，p_{p} 为地层孔隙压力；X 为对应的弹性参数；i=1、2、3 为选择的优势元；A、B 为不同弹性参数对应指数拟合公式的系数。进一步引入拟合优度构建页岩油气层孔隙压力地震三元指数预测模型为

$$p_{\mathrm{p}}=\sum_{i=1}^{3}\frac{R_i}{\sum_{i=1}^{3}R_i}A_i\mathrm{e}^{B_iX_i} \tag{6-33}$$

式中，R 为不同优势元对应的拟合优度。

依据以上分析，则压力与纵波阻抗、杨氏模量和泊松比对应的三元指数预测公式为

$$p_{\mathrm{p}}=180.61\mathrm{e}^{-2\times10^{-7}I_{\mathrm{P}}}+30.03\mathrm{e}^{-2\times10^{-11}Y_{\mathrm{mod}}}+43.27\mathrm{e}^{-6.059\sigma} \tag{6-34}$$

式中，I_{p} 为纵波阻抗；Y_{mod} 为杨氏模量；σ 为泊松比。

据此可构建页岩油气层孔隙压力地震三元指数预测方法，主要步骤如下。

（1）步骤 1：对地震资料进行保幅处理，抽取高品质共反射点（CRP）道集。

（2）步骤 2：基于高品质 CRP 道集，采用叠前弹性反演获得纵波阻抗、杨氏模量和泊松比等弹性参数。

（3）步骤 3：基于式（6–34）的预测方法根据反演的弹性参数进行页岩油气层孔隙压力地震三元指数预测。

图 6–15 和图 6–16 为焦石坝南龙马溪组—五峰组优质页岩层段分别依据 API 方法和本书提出的地震三元指数预测方法预测的地层压力分布。两种方法所采用的纵波阻抗、杨氏模量和泊松比等弹性参数为依据该区叠前弹性反演而得，叠前反演前利用多次波和线性噪声去除、随机噪声衰减和地表一致性剩余静校正等手段提高道集品质，反演过程中采用严格质控策略特别是加重密度模型约束程度来提高反演精度。

可以看出，两种方法预测的地层异常高压区域均位于平桥断背斜、白马向斜优势部位、乌江背斜带、沙子沱断鼻中北部以及平桥断背斜以西北的大片区域。然而，两者在细节上有所差别，基于页岩油气层孔隙压力地震三元指数预测方法预测的地层压力变化更加连续，而且在上述几个目标地带范围更大，与地质情况更加吻合。特别地，传统 API 方法预测的结果在 JY8 井位置处压力值较低，与实际产量不符，而新方法预测的结果显示 JY8 井位于平桥断背斜异常高压带的边部，对应高的页岩气产量，与实际生产情况吻合。

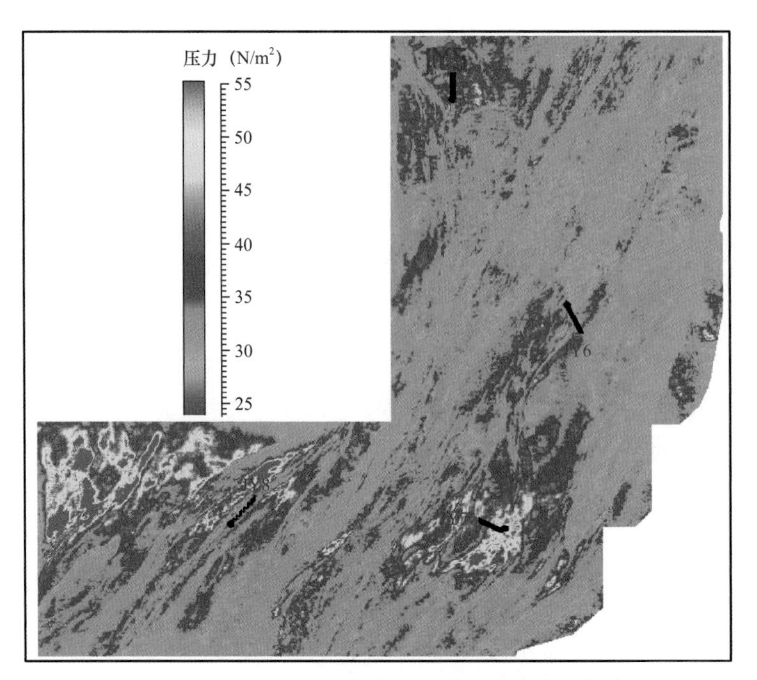

图 6-15　API 法预测的优质页岩层段异常压力值分布

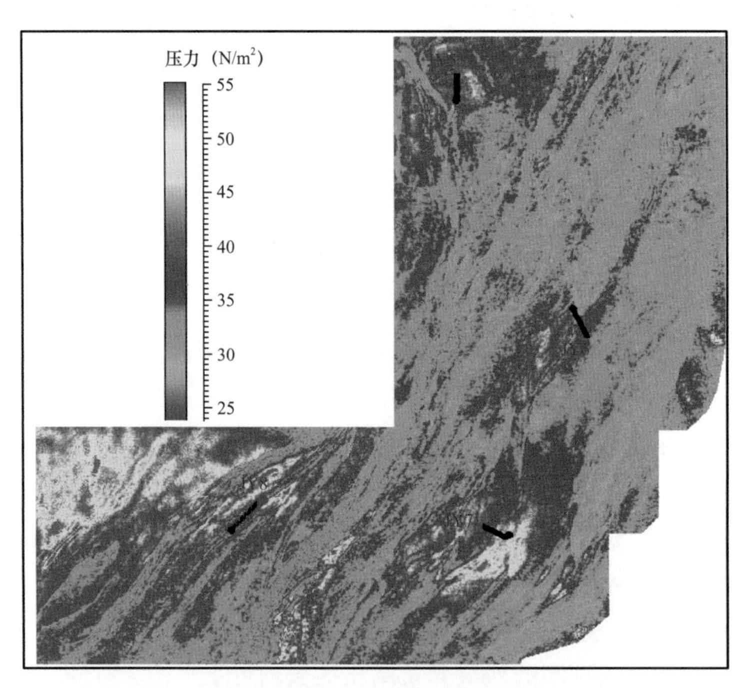

图 6-16　新方法预测的优质页岩层段异常压力值分布

地层压力的预测精度取决于资料的准确和详细程度，基于压力平衡法的实际预测应分阶段进行。Fillippone 法是焦石坝南地区较为适合的压力预测模型，但实际操作对上覆压力的求取仍然十分烦琐，而据本区弹性数据构建的地震三元指数预测模型则是更易于操作的压力预测手段。资料测试证明：提出的页岩油气层孔隙压力地震三元指数预测方法能够高效率、高精度地计算页岩层压力数据，获得比传统 API 法精度更高的结果。

第三节　页岩气“甜点”要素综合评价模型

为了实现多“甜点”要素的定量融合，本书提出页岩“甜点”要素综合评价模型，将TOC、脆性、孔隙度、页岩厚度、波形属性、含气性、孔隙压力、裂缝信息、埋藏深度和构造信息等十余项与地质和工程性质相关的“甜点”要素先分别归一化（图6–17），依据各个要素与原生和保存条件的相关性加权定量融合最终“甜点”预测结果：

$$SP=\sum_{i=1}^{n}\left[A_i\text{norm}(S_i)\right] \tag{6-35}$$

式中，S_i 为归一化“甜点”要素；A_i 为权系数。

图6–17　用于页岩“甜点”综合预测的各种“甜点”要素

具体地，TOC、脆性、孔隙度、页岩厚度、波形属性、含气性和孔隙压力等要素实行正向归一化，埋藏深度实行逆向归一化（即埋藏越深、品质越差），构造圈闭信息采用突出优势构造（背斜）的方式进行归一化。特别地，对于裂缝信息的描述，依据焦石坝一期的实际勘探经验，结合页岩气的保存和压裂施工因素，本书利用AFE属性确立不利于页岩气保存的大尺度断裂区域，利用Likelihood预测的小尺度裂缝表征有利于压裂的范围，按照60%的比例对前者进行逆向归一化，按照40%的比例对后者进行正向归一化，然后将二者合并后平分获得最终后的归一化的表征断裂和裂缝信息的“甜点”属性（图6–18）。

依据“甜点”要素与页岩原生和保存条件的相关性，本书分别对前文提到的TOC、脆性、孔隙度、页岩厚度、波形属性、含气性、孔隙压力、裂缝信息、埋藏深度和构造信息分别按照0.5、0.5、0.5、1.0、1.5、1.0、0.5、1.5、2.0、1.0等权系数进行加权融合，最终再实行归一化获得焦石坝南融合后的页岩“甜点”综合预测图，如图6–19所示。图6–20是该区域的构造及各评价区的面积。可以看出，页岩综合品质最好的地方仍然位于平桥断背斜、白马向斜高部位、乌江背斜高部位等区域，而平桥背斜西北部页岩虽然各项指标良好，但由于埋藏较深而被评价为次类目标。

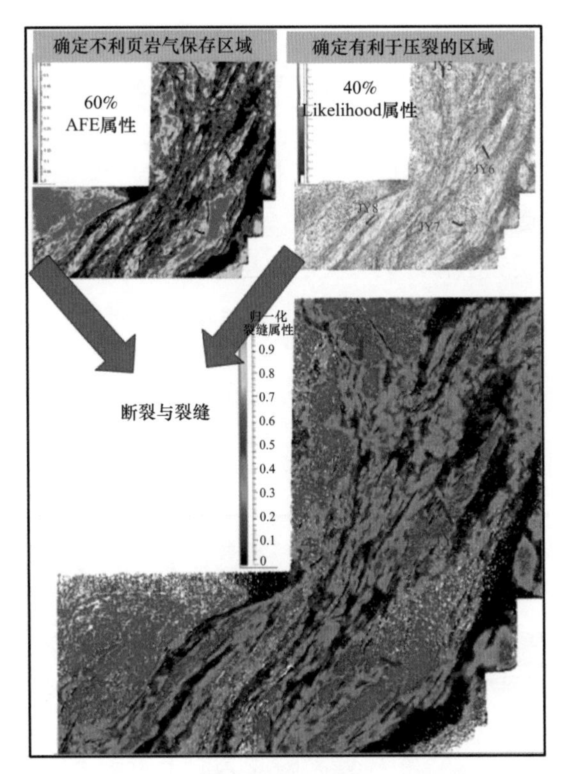

图 6-18　焦石坝南优质页岩层段断裂与裂缝要素融合图

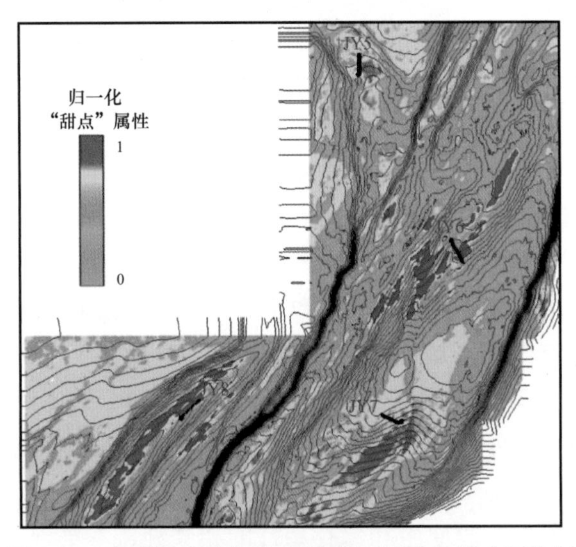

图 6-19　焦石坝地区优质页岩层段“甜点”综合评价图

在上述“甜点”预测的基础上综合评价，评价出 5 个有利目标区。评价的原则是将页岩地质和工程“甜点”要素归一化，依据其与原生和保存条件的相关性加权定量获得综合预测结果（图 6-20），将“甜点”评价综合图的结果叠加到 TO3 构造图上，分别评价出 JY5 井区、JY6 井区、JY7 井区及 JY8 井区等 5 个有利目标区，依据归一化后“甜点”评价的数值大小，将有利目标区分为三类，其中Ⅰ类区 2 个，面积为 75.5km^2；Ⅱ类区 2 个，面积为 89km^2；Ⅲ类区 1 个，面积为 48km^2。

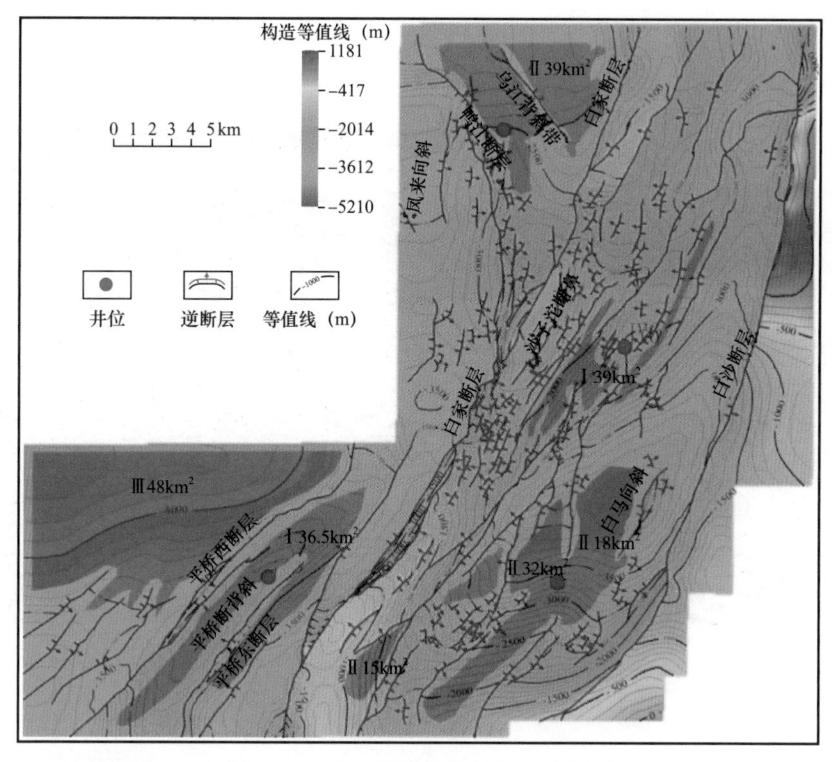

图 6-20　焦石坝南有利目标区评价图

一、Ⅰ类有利目标区

（1）JY8 井区：构造上处于平桥背斜上，“甜点”预测综合评价有利范围 36.5km²，区域内 JY8 井获得焦石坝南三维区最高产量，有利区域目前已经部署开发，页岩气产量高。该区范围、不同方向地震剖面分别见图 6-21 至图 6-23。

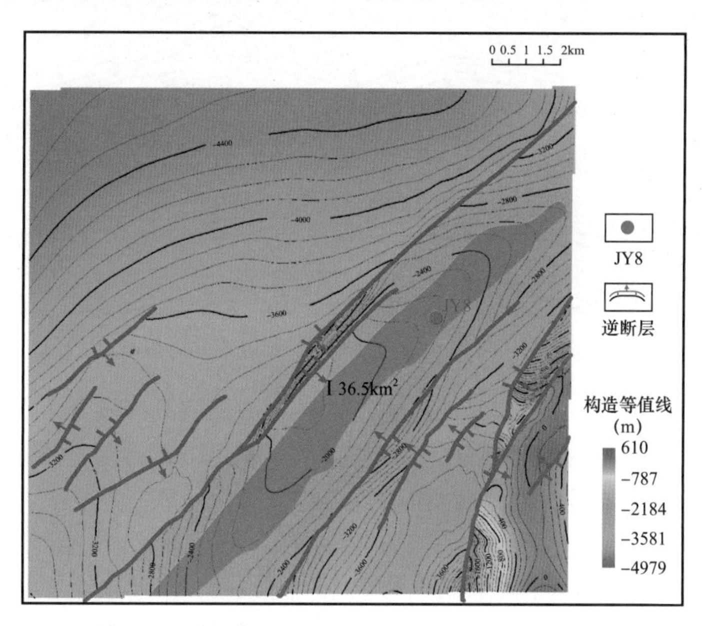

图 6-21　焦石坝工区 JY8 井区有利目标区分布范围

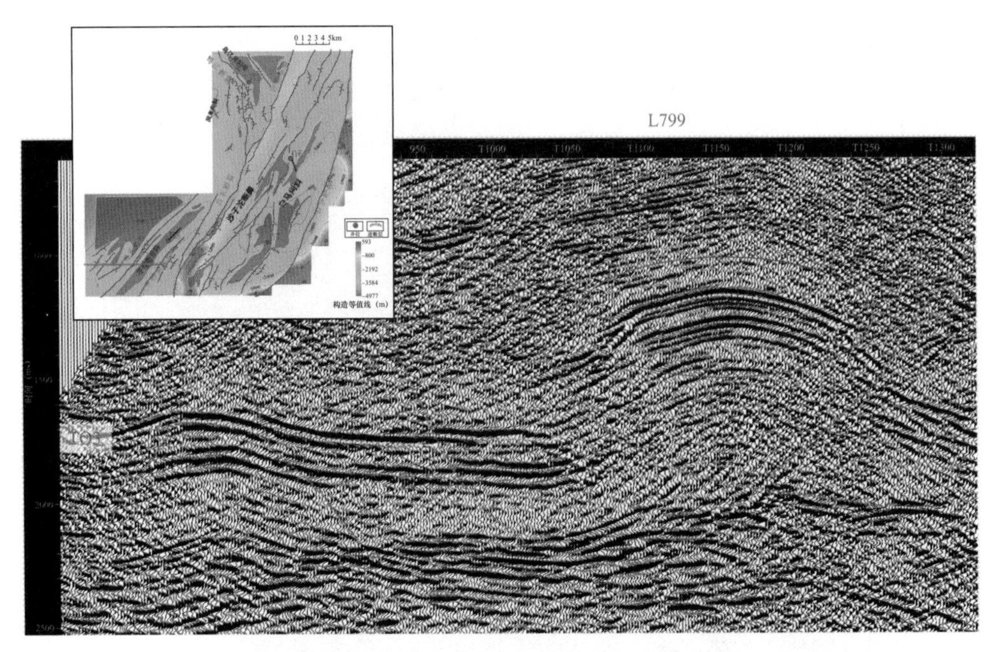

图 6-22　过焦石坝工区 JY8 井区有利目标区东西向典型地震剖面

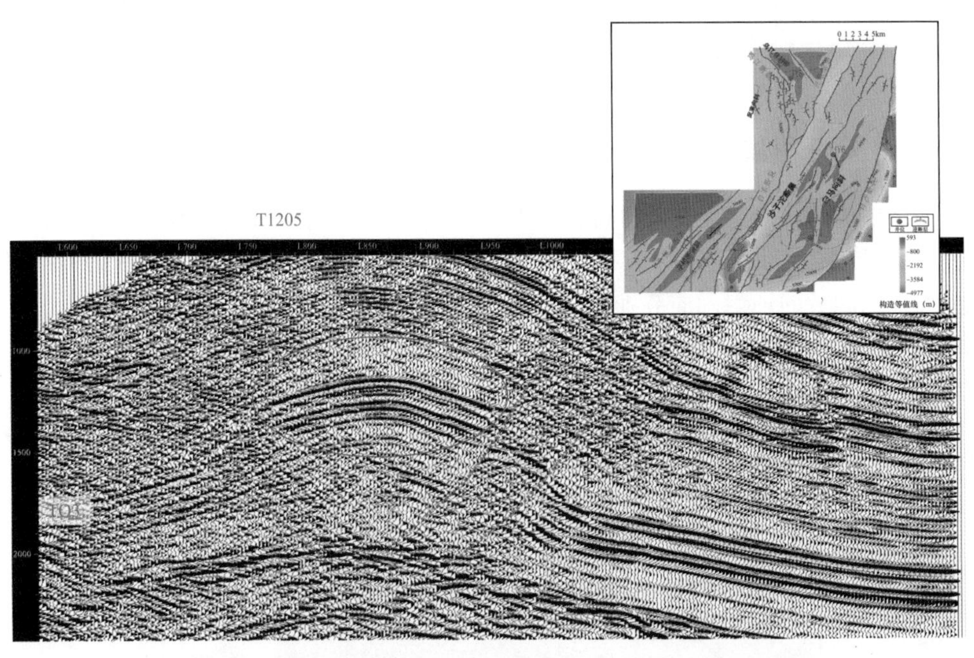

图 6-23　过焦石坝工区 JY8 井区有利目标区南北向典型地震剖面

（2）JY6 井区：构造上位于白马向斜内，“甜点”预测有利区域分为两部分，左边的圈闭面积为 29.487km^2，构造上处于沙子沱断鼻的东翼，构造非常有利，裂缝、波形、属性及含油气性检测预测非常有利，右边圈闭面积为 22.37km^2，构造上处于沙子沱断鼻东翼的一个局部低幅度隆起上，构造非常有利，裂缝、波形、属性及含油气性检测预测非常有利。区内 JY6 井钻探效果不够理想，从构造上看，JY6 井位于北东向断裂上，推测是由于断裂带裂缝的多发，造成油气的散失。该区范围、不同方向地震剖面分别见图 6-24 至图 6-26。

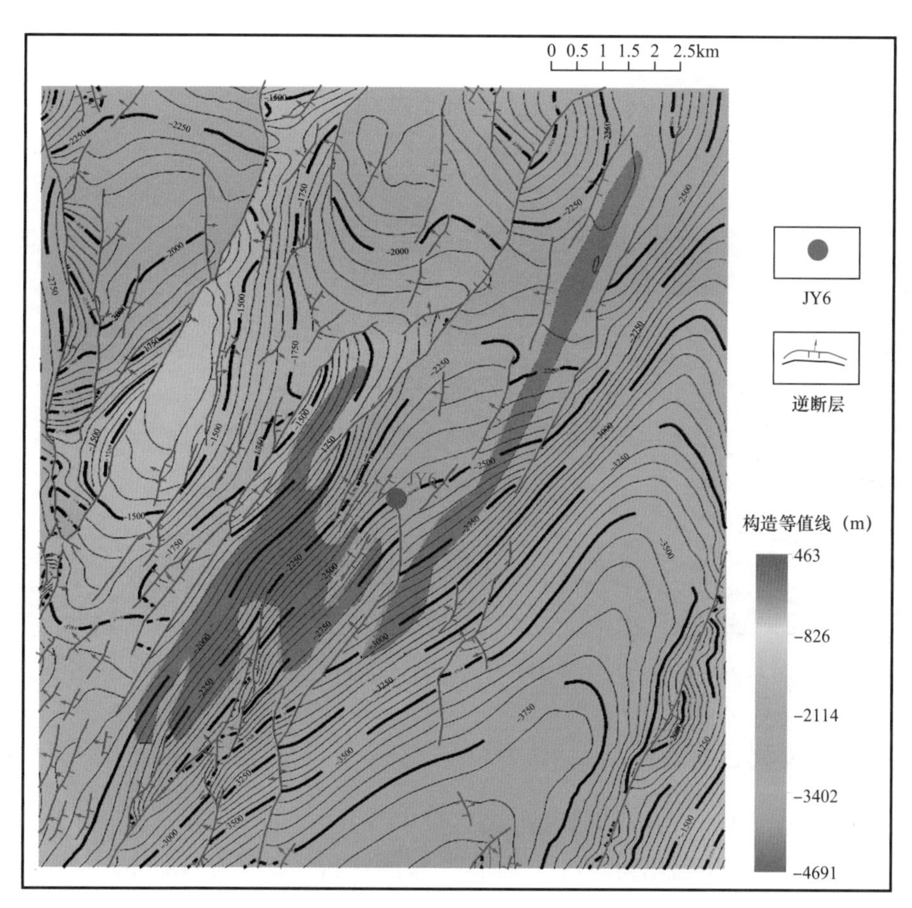

图 6-24　焦石坝工区 JY6 井区有利目标区分布范围

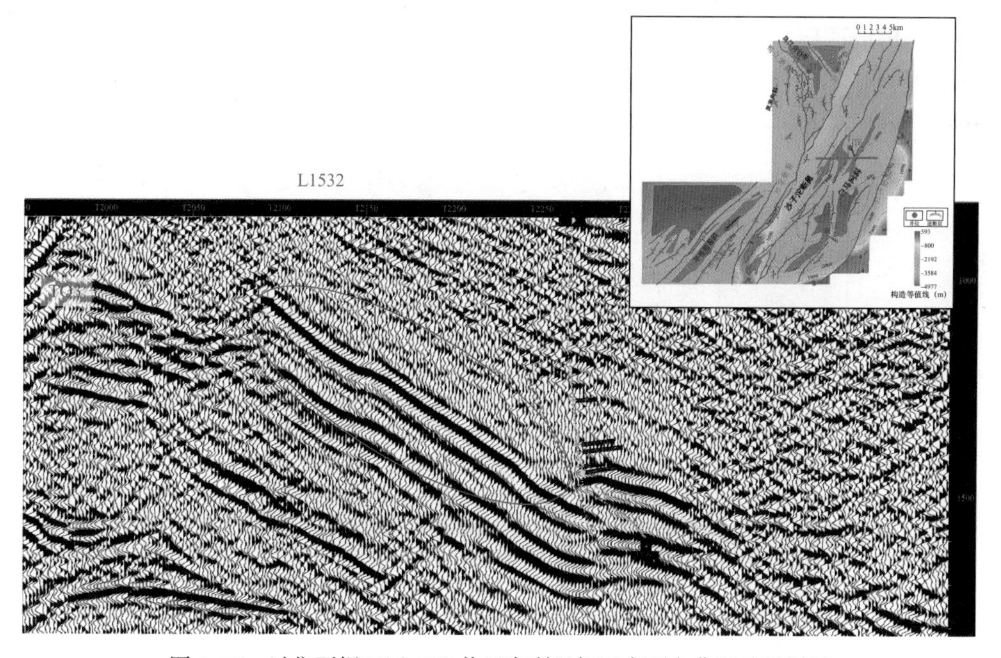

图 6-25　过焦石坝工区 JY6 井区有利目标区东西向典型地震剖面

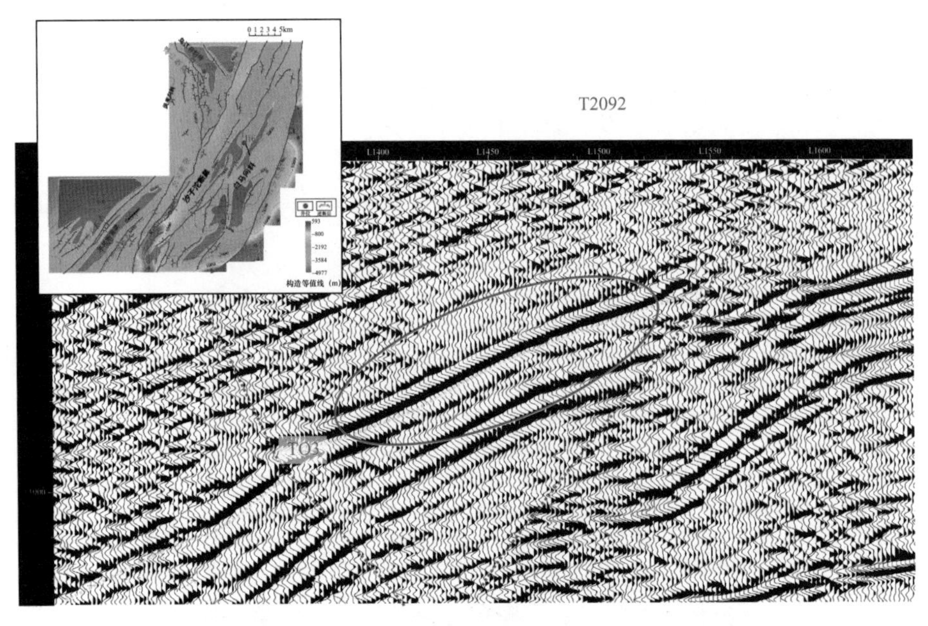

图 6-26　过焦石坝工区 JY6 井区有利目标区南北向典型地震剖面

二、Ⅱ类有利目标区

Ⅱ类有利目标区 2 个，分别位于 JY7 井区及 JY5 井区。

（1）JY7 井区：位于白马向斜内，“甜点”预测有利区域分为两部分，左边的圈闭面积为 9.645km^2，构造上处于沙子沱断鼻的东翼斜坡带上，裂缝、波形、属性及含油气性检测预测非常有利；右边的面积为 48.393km^2，高于 3500m 等深线的面积为 28.4km^2，构造上处于南部构造向白马向斜延伸的鼻状构造上，构造非常有利，裂缝、波形、属性及含油气性检测预测非常有利。该区范围、不同方向地震剖面分别见图 6-27 至图 6-29。

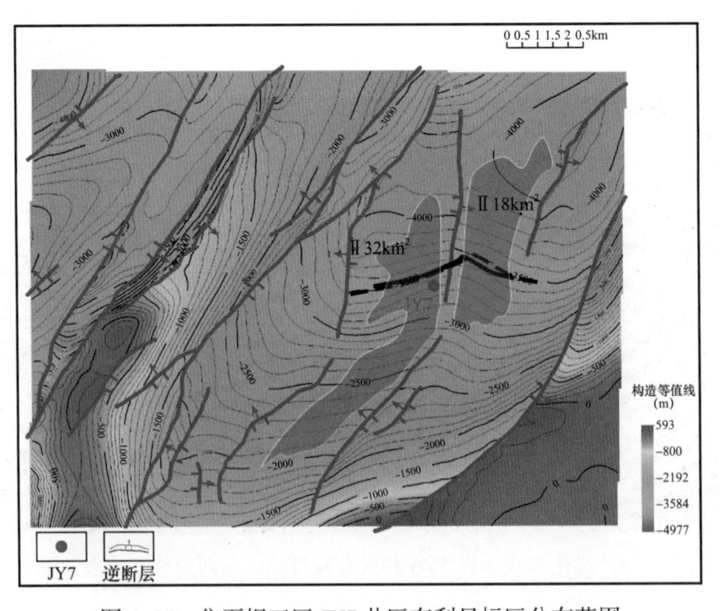

图 6-27　焦石坝工区 JY7 井区有利目标区分布范围

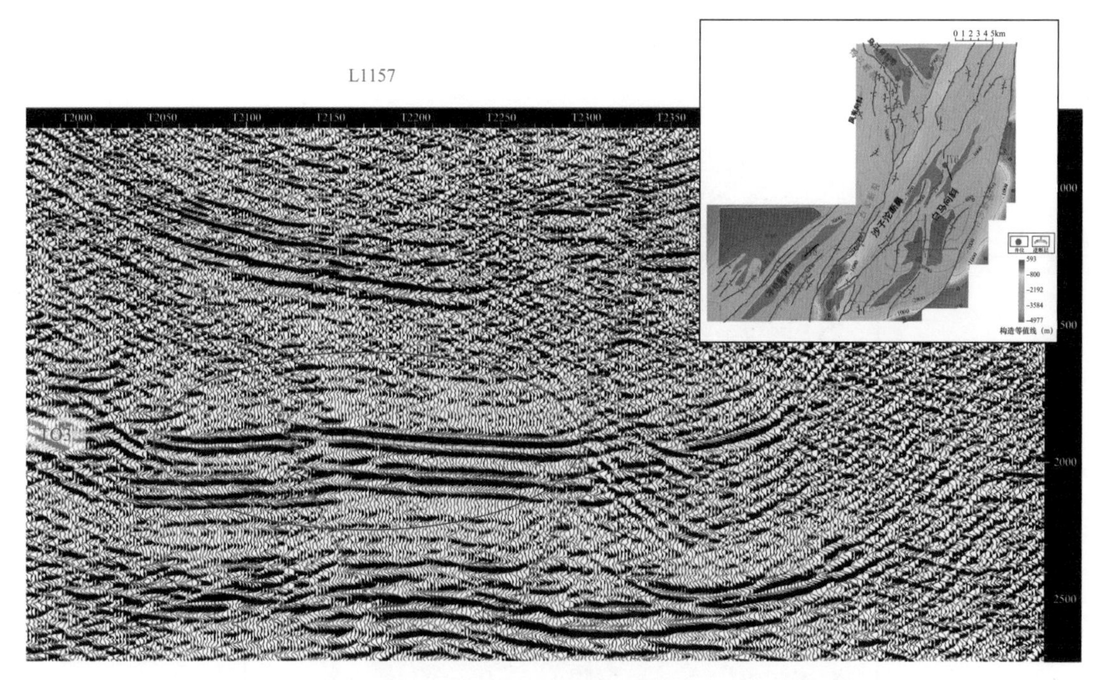

图 6-28　过焦石坝工区 JY7 井区有利目标区东西向典型地震剖面

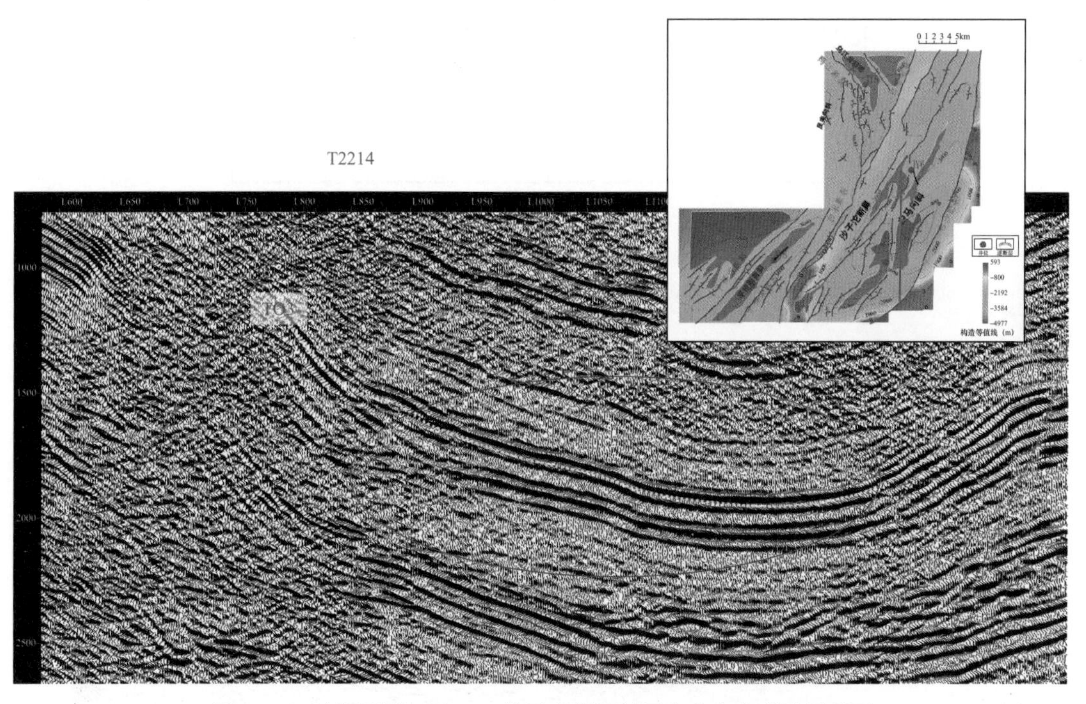

图 6-29　过焦石坝工区 JY7 井区有利目标区南北向典型地震剖面

（2）JY5 井区：构造上处于乌江背斜带南部，“甜点”预测有利区域分为两部分，总面积为 39km^2，裂缝、波形、属性及含油气性检测预测比较有利。该区范围、不同方向地震剖面分别见图 6-30 至图 6-32。

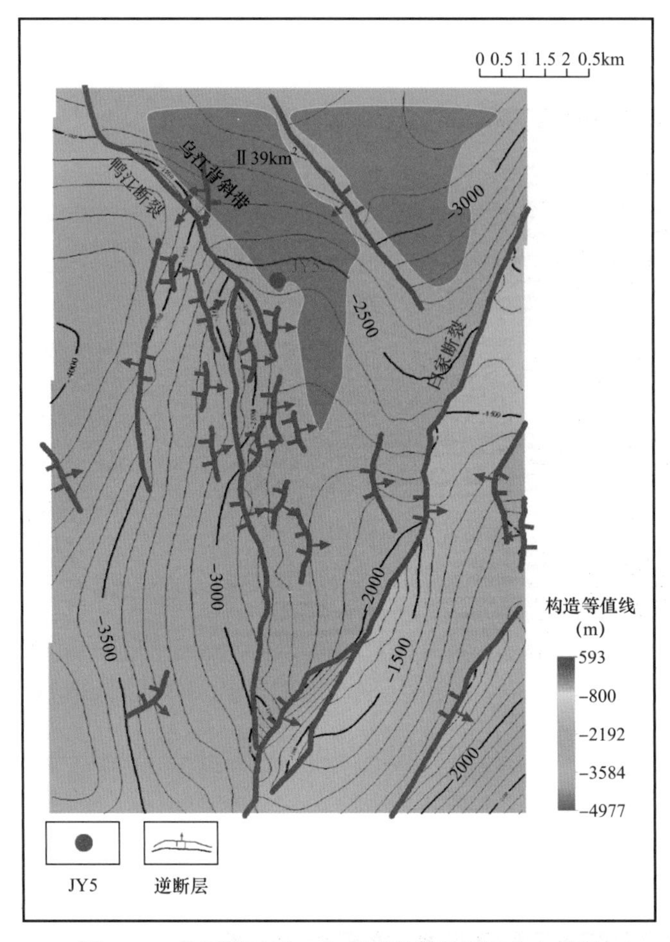

图 6-30　焦石坝工区 JY5 井区有利目标区分布范围

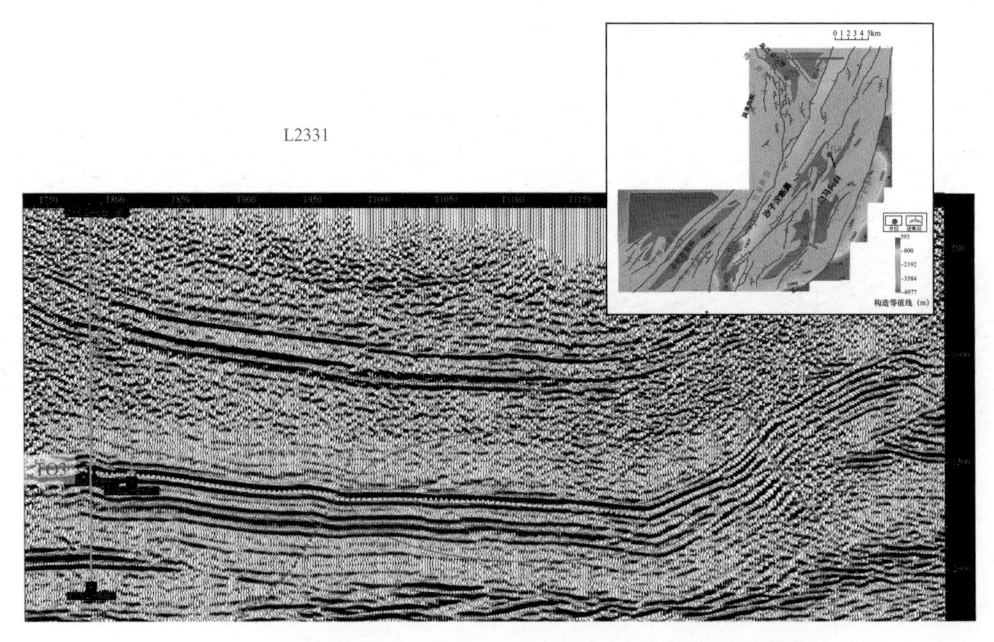

图 6-31　过焦石坝工区 JY5 井区有利目标区东西向典型地震剖面

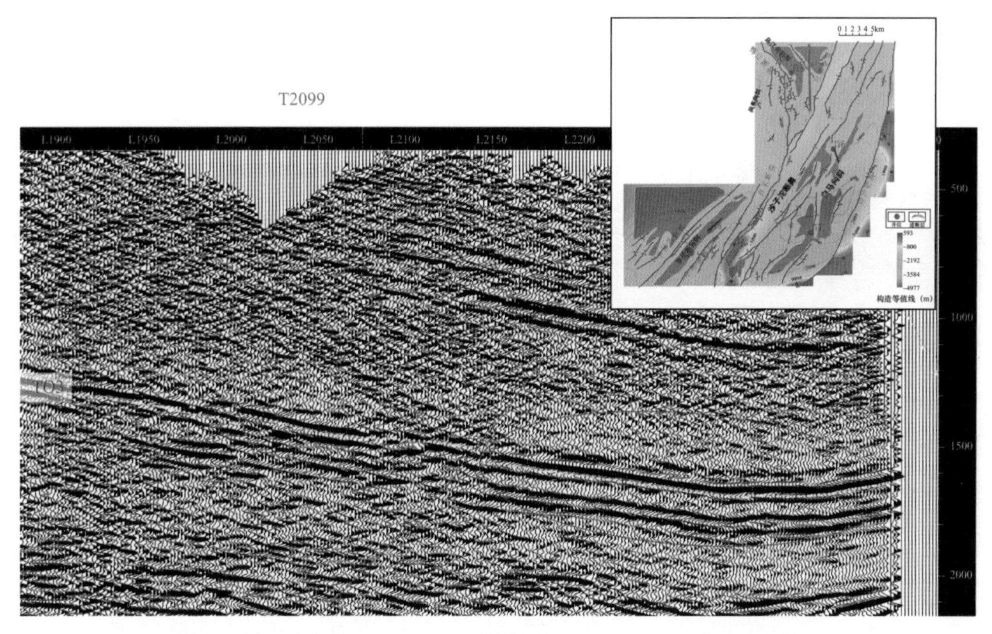

图 6-32　过焦石坝工区 JY5 井区有利目标区南北向典型地震剖面

三、Ⅲ类有利目标区

Ⅲ类有利目标区主要位于深洼区，如 JY8 井区西部的深洼区，地震反射特征良好，裂缝、波形、属性及含油气性检测预测比较有利，但是由于埋深过大，目前工艺不支持开采，因此列为Ⅲ类有利目标区，也是页岩油气勘探开发的潜力区。该区范围、不同方向地震剖面分别见图 6-33 至图 6-35。

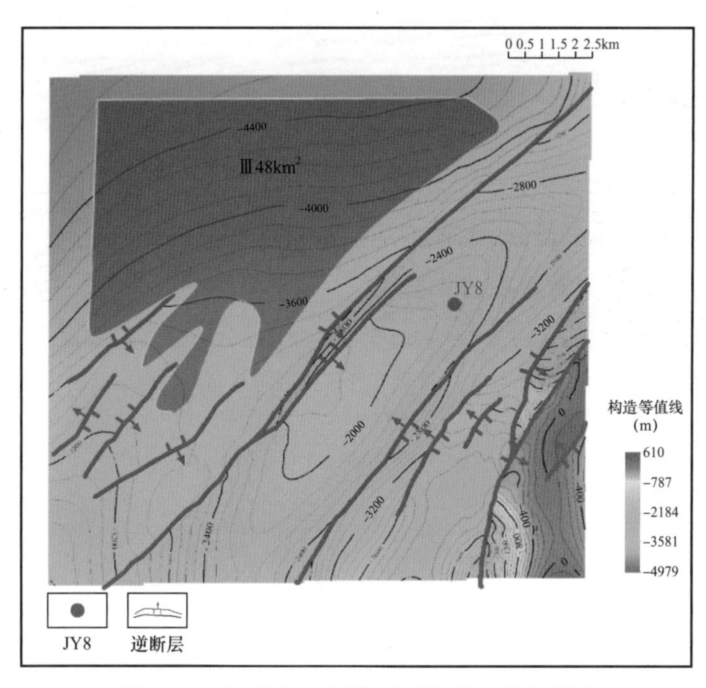

图 6-33　焦石坝工区Ⅲ类有利目标区分布范围

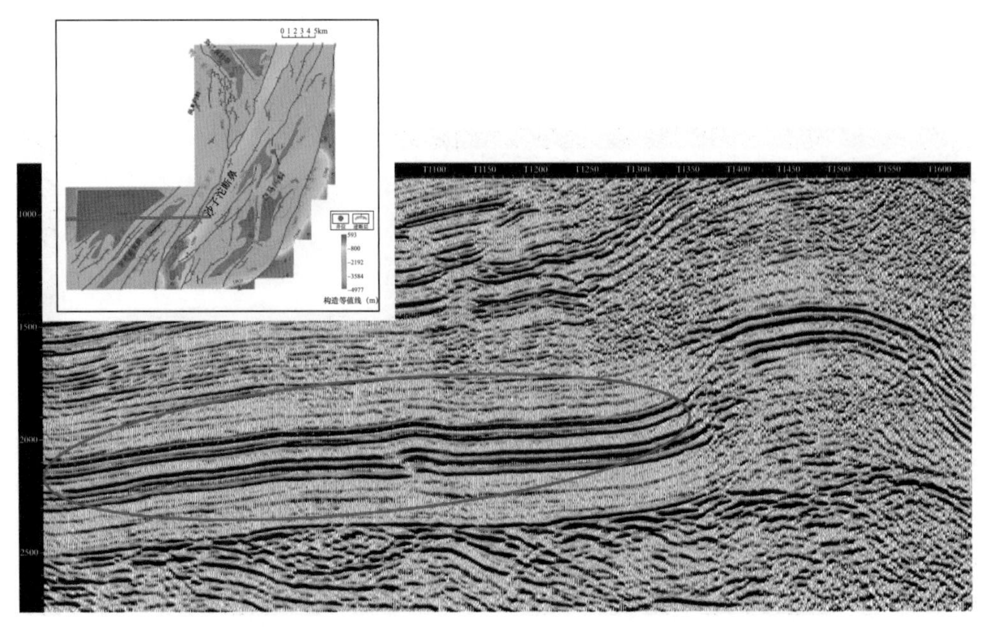

图 6-34　焦石坝工区Ⅲ类有利目标区东西向典型地震剖面

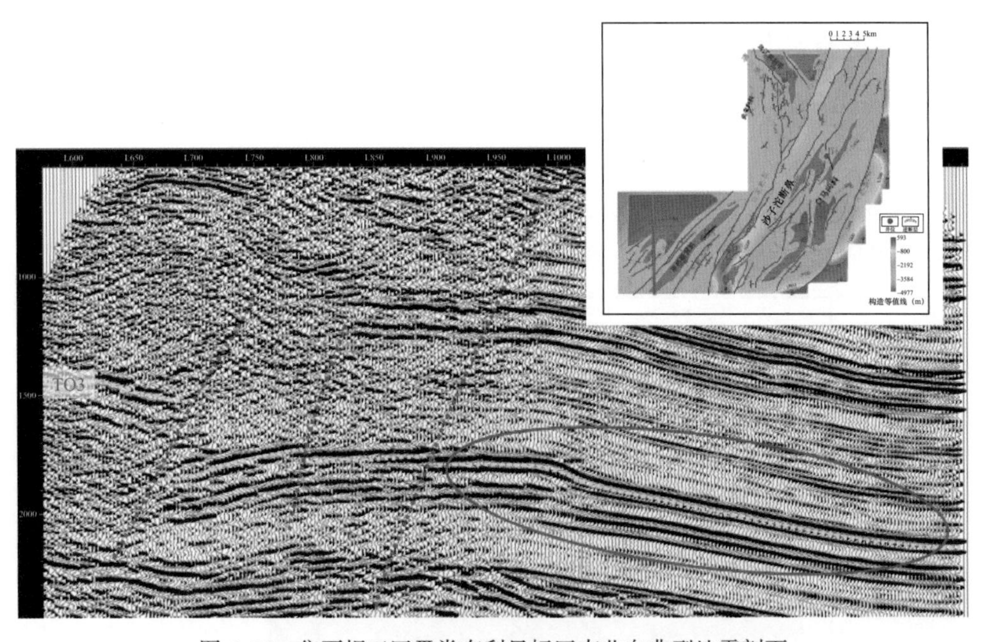

图 6-35　焦石坝工区Ⅲ类有利目标区南北向典型地震剖面

参考文献

杜金虎，胡素云，庞正炼，等 . 2019. 中国陆相页岩油类型，潜力及前景［J］. 中国石油勘探，（5）.

贾承造，庞雄奇，宋岩 . 2021. 论非常规油气成藏机理：油气自封闭作用与分子间作用力［J］. 石油勘探与开发，48（03）：437–452.

金之钧 . 2019. 中国页岩油发展战略研究［R］. 北京：中国科学院 .

匡立春，唐勇，雷德文，等 . 2012. 准噶尔盆地二叠系咸化湖相云质岩致密油形成条件与勘探潜力［J］. 石油勘探与开发，39（6）：657–667.

黎茂稳，马晓潇，蒋启贵，等 . 2019. 北美海相页岩油形成条件、富集特征与启示［J］. 油气地质与采收率，26（1）：13–28.

李超，印兴耀，张广智，等 . 2015. 基于贝叶斯理论的孔隙流体模量叠前 AVA 反演［J］. 石油物探，54（004）：467–476.

李大荣 . 2004. 美国页岩气资源及勘探历史［J］. 石油知识，（1）：61.

刘震，张万选 . 1993. 辽西凹陷北洼下第三系异常地层压力分析［J］. 石油学报，14（001）：14–24.

聂海宽，张培先，边瑞康，等 . 2016. 中国陆相页岩油富集特征［J］. 地学前缘，023（2）：55–62.

邵树勋 . 1997. 民和盆地窑街地区上侏罗统沉积相的马尔可夫链数学模拟［J］. 沉积学报，15（S1）：127–132.

王丽萍，顾汉明，李宗杰 . 2014. 塔中奥陶系碳酸盐岩缝洞型储层贝叶斯叠前反演预测研究［J］. 石油物探，（6）：720–726.

王晓川，吴根，闫金定 . 2018. 世界页岩气开发及技术发展现状与趋势［J］. 科技中国，（12）：17–21.

尹冰洁 . 2017. 美国页岩革命及其影响［D］. 沈阳：辽宁大学 .

云美厚 . 1996. 地震地层压力预测［J］. 石油地球物理勘探，31（4）：575–586.

张金川，薛会，张德明，等 . 2003. 页岩气及其成藏机理［J］. 现代地质，17（4）：466

周志，阎玉萍，任收麦，等 . 2017. 松辽盆地页岩油勘探前景与对策建议［J］. 中国矿业，26（3）：171–174.

周志华 . 2016. 机器学习［M］. 北京：清华大学出版社 .

Ahmadov R S O. 2011. Microtextural，elastic and transport properties of source rocks［M］. Stanford University.

Aki K，Richards P G. 2002. Quantitative seismology［M］. New York：W H Freeman.

Bachrach R，Sengupta M，Salama A，et al. 2009. Reconstruction of the layer anisotropic elastic parameter and high-resolution fracture characterization from P-wave data：a case study using seismic inversion and Bayesian rock physics parameter estimation［J］. Geophysics Prospecting，57：253–62

Backus G E. 1962. Long-wave elastic anisotropy produced by horizontal layering［J］. Journal of Geophysical Research，67（11）：4427–4440.

Banik N C. 1987. An effective anisotropy parameter in transversely isotropic media［J］. Geophysics，52（12）：1654–1664.

Bansal R，M Matheney. 2010. Wavelet distortion correction due to domain conversion［J］. Geophysics，

75 (6): 77–87.

Berryman J G. 1980. Long–wavelength propagation in composite elastic media– Ⅱ . Ellipsoidal inclusions [J] . Journal of the Acoustical Society of America, 68 (6): 1820–1831.

Berryman J G. 1995. Mixture theories for rock properties [J] . Rock physics and phase relations : A handbook of physical constants, 3: 205–228.

Bickel S H, R R Natarajan. 1985. Plane–wave Q deconvolution [J] . Geophysics, 50: 1426–1439.

Bowers G L. 1995. Pore pressure estimation from velocity data : Accounting for overpressure mechanisms besides undercompaction [J] . SPE Drilling & Completion, 10 (2): 89–95.

Brown R J S, Korringa J. 1975. On the dependence of the elastic properties of a porous rock on the compressibility of the pore fluid [J] . Geophysics, 40 (4): 608–616.

Buland A, More H. 2003. Bayesian linearized AVO inversion [J] . Geophysics, 68 (1): 185–198.

Chapman M, Maultzsch S, Liu E, et al. 2003. The effect of fluid saturation in an anisotropic multi–scale equant porosity model [J] . Journal of applied geophysics, 54 (3–4): 191–202.

Chapman M. 2003. Frequency–dependent anisotropy due to meso–scale fractures in the presence of equant porosity [J] . Geophysical prospecting, 51 (5): 369–379.

Ciz R, Shapiro S A. 2007. Generalization of Gassmann equations for porous media saturated with a solid material [J] . Geophysics, 72 (6): A75–A79.

Daley P F, Hron F. 1977. Reflection and transmission coefficients for transversely isotropic media [J] . Bulletin of the seismological society of America, 67 (3): 661–675.

Eaton, Ben A. 1972. The Effect of Overburden Stress on Geopressure Prediction from Well Logs [J] . Journal of Petroleum Technology, 24 (08): 929–934

EIA. 2020. Annual Energy Outlook 2020 [R] .

EIA. 2019c. Growth in Argentina's Vaca Muerta shale, tight gas production leads to LNG exports [EB/OL] .

EIA. 2019b. Weekly petroleum status report [EB/OL]

Fillippone W R. 1982. Estimation of formation parameters and the prediction of overpressures from seismic data [M] //SEG Technical Program Expanded Abstracts. Society of Exploration Geophysicists, 502–503.

Gidlow P M, Smith G C, Vail P J. 1992. Hydrocarbon detection using fluid factor traces, a case study : How useful is AVO analysis [C] //Joint SEG/EAEG summer research workshop. Technical Program and Abstracts. 78: 79.

Guo Z Q, Li X Y. 2015. Rock physics model–based prediction of shear wave velocity in the Barnett Shale formation [J] . Journal of Geophysics and Engineering, 12: 527–534.

Hargreaves N D, A J Calvert. 1991. Inverse *Q* filtering by Fourier transform [J] . Geophysics, 56: 519–527.

Hashin Z, Shtrikman S. 1963. A variational approach to the theory of the elastic behaviour of multiphase materials [J] . Journal of the Mechanics and Physics of Solids, 11 (2): 127–140.

Hornby B E, Schwartz L M, Hudson J A. 1994. Anisotropic effective–medium modeling of the elastic properties of shales [J] . Geophysics, 59 (10): 1570–1583.

Hottman C E, Johnson R K. 1965. Estimation of formation pressures from log–derived shale properties [J] .

AAPG Bulletin，49（10）：1754–1754.

Hudson J A. 1980. Overall properties of a cracked solid［C］. Mathematical Proceedings of the Cambridge Philosophical Society. Cambridge University Press，88（2）：371–384.

Hughes J D. 2014. Drilling Deeper，Part3：Shale Gas［R］. Post Carbon Institute：151–302.

IEA. 2019a. World oil market report 2019［M］. Paris：OECD/IEA.

Kaiser M J. 2012. Haynesville shale play economic analysis［J］. Journal of Petroleum Science and Engineering，82：75–89.

Kanitpanyacharoen W，Parkinson D Y，De Carlo F，et al. 2013. A comparative study of X–ray tomographic microscopy on shales at different synchrotron facilities：ALS，APS and SLS［J］. Journal of synchrotron radiation，20（1）：172–180.

Longbottom J，Walden A T，White R E. 1988. Principles and application of maximum kurtosis phase estimation［J］. Geophysical Prospecting，36：115–138.

Magara K. 1976. Thickness of removed sedimentary rocks，paleopore pressure，and paleotemperature，southwestern part of Western Canada Basin［J］. AAPG Bulletin，60（4）：554–565.

Margrave G F，Lamoureux M P，Henley D C. 2011. Gabor deconvolution：Estimating reflectivity by nonstationary deconvolution of seismic data［J］. Geophysics，76（3）：W15–W30.

Margrave G F，Gibson P C，Grossman J P，et al. 2004. The Gabor transform，pseudo differential operators，and seismic deconvolution［J］. Integrated Computer–Aided Engineering，9：1–13.

Merryn Thomasa，Nick Pidgeona，Michael Bradshawb. 2018. Shale development in the US and Canada：a review of engagement practice［J］. The Extractive Industries and Society，5（4）：557–569

Oldenburg D W，Levy S，Whittall K P. 1981. Wavelet estimation and deconvolution［J］. Geophysics，46：1528–1542.

Paul S. 2012. The ‘Shale Gas Revolution’：Developments and Changes［R/OL］. Chatham House.

Porsani M J，Ursin B. 1998. Mixed–phase deconvolution［J］. Geophysics，63：637–647.

Pšenčík I，Martins J L. 2001. Properties of weak contrast PP reflection/transmission coefficients for weakly anisotropic elastic media［J］. Stud Geophys Geod，45：176–99.

Robinson E A. 1954. Predictive decomposition of time series with applications to seismic exploration［D］. Massachusetts Institute of Technology.

Robinson E A. 1957. Predictive decomposition of seismic traces predictive decomposition of time series with applications to seismic exploration［J］. Geophysics，22：767–778.

Robinson E A. 1967. Predictive decomposition of time series with application to seismic exploration［J］. Geophysics，32：418–484.

Robinson E A，S Treitel. 1967. Principles of digital Wiener filtering［J］. Geophysical Prospecting，15（3）：311–332.

Rüger A. 1997. P–wave reflection coefficients for transversely isotropic models with vertical and horizontal axis of symmetry［J］. Geophysics，62（3）：713–722.

Rüger，Andreas. 1998. Variation of P–wave reflectivity with offset and azimuth in anisotropic media［J］.

Geophysics, 63 (3) : 935–947.

Sayers C M. 2013. The effect of kerogen on the elastic anisotropy of organic–rich shales[J]. Geophysics, 78(2): D65–D74.

Schoenberg M, Helbig K.1997. Orthorhombic media : Modeling elastic wave behavior in a vertically fractured earth [J] . Geophysics, 62 (6) : 1954–1974.

Smith G C, Gidlow P M. 1987.Weighted stacking for rock property estimation and detection of gas [J] . Geophysical prospecting, 35 (9) : 993–1014.

Thomsen L, Castagna J P, Backus M. 1993. Weak anisotropic reflections [J] // Offset–dependent reflectivity—Theory and practice of AVO analysis : Soc. Expl. Geophys : 103–111.

Traugott M. 1997. Pore/fracture pressure determinations in deep water [J] . World Oil, 218 (8) : 68–70.

van der Baan M. 2008. Time–varying wavelet estimation and deconvolution by kurtosis maximization [J] . Geophysics, 73 (2) : V11–V18.

Vapnik V, Chapelle O. 2000. Bounds on error expectation for support vector machines [J] . Neural computation, 12 (9) : 2013–2036.

Vernik L, Liu X. 1997. Velocity anisotropy in shales : A petrophysical study [J] . Geophysics, 62 (2) : 521–532.

Vernik L, Nur A. 1992. Ultrasonic velocity and anisotropy of hydrocarbon source rocks[J]. Geophysics, 57(5): 727–735.

Walker C, Ulrych T J. 1983. Autoregressive recovery of the acoustic impedance [J] . Geophysics, 48 (10) : 1338–1350.

Wang Y. 2002. A stable and efficient approach of inverse Q filtering [J] . Geophysics, 67 : 657–663.

Wang Y. 2006. Inverse Q–filter for seismic resolution enhancement [J] . Geophysics, 71 (3) : V51–V60.

Wang Y. 2008. Seismic inverse Q filtering [M] . Blackwell, Oxford.

Wang Y. 2015a. Frequencies of the Ricker wavelet [J] . Geophysics, 80 (2) : A31–A37.

Wang Y. 2015b. Generalized seismic wavelets [J] . Geophysical Journal International, 203 : 1172–1178.

Xu S, White R E.1995. A new velocity model for clay–sand mixtures 1 [J] . Geophysical prospecting, 43 (1): 91–118.

Yenugu M. 2014. Source Rock Maturation : Its Effect on Porosity and Anisotropy in Unconventional Resource Plays [J] .

Zhou B Z, Mason I M, Hatherly P J. 2007. Tuning seismic resolution by heterodyning [J] . Journal of Geophysics and Engineering, 4 : 214–223.